无损检测人员取证培训教材

磁 粉 检 测

（I、II级适用）

叶代平　编著

机 械 工 业 出 版 社

本书是无损检测技术的公共培训教材。内容包括：磁粉检测的物理基础、磁粉检测设备与材料、磁化基本技术、磁粉检测操作与安全防护、磁痕分析与评定、磁粉检测标准与质量控制、磁粉检测工艺卡及其编制，以及磁粉检测应用、磁粉检测试验等。

本教材主要适用于制造业磁粉检测人员培训，也可供生产一线的相关工作人员、质量管理人员、安全监察人员使用。

图书在版编目（CIP）数据

磁粉检测：Ⅰ、Ⅱ级适用/叶代平编著 . —北京：机械工业出版社，2019.7

无损检测人员取证培训教材

ISBN 978-7-111-62860-6

Ⅰ.①磁… Ⅱ.①叶… Ⅲ.①磁粉检验—技术培训—教材 Ⅳ.①TG115.28

中国版本图书馆 CIP 数据核字（2019）第 102179 号

机械工业出版社（北京市百万庄大街 22 号 邮政编码 100037）
策划编辑：吕德齐 责任编辑：吕德齐
责任校对：张晓蓉 封面设计：鞠 杨
责任印制：张 博
三河市宏达印刷有限公司印刷
2019 年 7 月第 1 版第 1 次印刷
184mm×260mm · 14 印张 · 346 千字
0001—3000 册
标准书号：ISBN 978-7-111-62860-6
定价：49.00 元

电话服务 网络服务
客服电话：010-88361066 机 工 官 网：www.cmpbook.com
010-88379833 机 工 官 博：weibo.com/cmp1952
010-68326294 金 书 网：www.golden-book.com
封底无防伪标均为盗版 机工教育服务网：www.cmpedu.com

前　言

　　改革开放 40 年来，伴随我国经济建设高速发展，无损检测专业人员技术培训与资格鉴定工作也日益受到重视。而要做好培训与考核工作，需要一本合适的培训教材。

　　笔者多年从事国防工业无损检测技术培训与考核工作，特别是在从事磁粉检测专业人员培训与考核工作方面，积累了较丰富的经验。因而萌发了编写一本适应面较广，知识较为全面的图书的想法，希望这本书能为多数读者解决培训与考核中遇到的实际问题。而本教材就是按照这一想法编写的培训教材。

　　本教材主要针对兵器、航空、航天和船舶工业的特点，并考虑到其他行业（如机械、铁道、压力容器）的要求进行编写。适用于国家和行业标准规定的磁粉检测Ⅱ级人员（并兼顾Ⅰ级人员）的培训和资格鉴定，对其他级别的检测人员也有很好的参考作用。

　　本教材内容包括：磁粉检测的物理基础、磁粉检测设备与材料、磁化基本技术、磁粉检测操作与安全防护、磁痕分析与评定、磁粉检测标准与质量控制、磁粉检测工艺卡及其编制，以及磁粉检测应用、磁粉检测试验等。本教材适用于航空、航天、兵器、船舶等行业磁粉检测人员培训使用，其他机械行业，如通用机械、汽车、铁道、压力容器、核工业等无损检测人员培训也可参考使用。本教材还可供生产第一线的相关工作人员、质量管理人员、安全监察人员使用。

　　在本教材编写过程中，强调了教材的定位是培训，学习的目的是应用。因此，本教材尽可能使用通俗易懂的语言，紧密围绕相关的培训大纲，强调解决实际问题，体现我国科技工业无损检测的工作特色，特别充实和加强了检测实际技术、标准、规范、工艺规程编制及质量控制等内容。

　　本教材的编写主要有以下特点：

　　①兼顾Ⅱ级和Ⅰ级人员的不同要求，对通用的检测原理、磁化设备和技术部分较过去的教材进一步充实，加强了与检测实际操作相关的内容，以利于检测中对实际问题的分析。由于Ⅰ级人员的培训重点是实际操作，除了在相关内容中加强叙述外，还在试验部分加强了操作技能的练习项目，以供培训实际操作时选择。对Ⅰ级需要掌握的知识内容，在每章复习题中用 * 标明；对一些与Ⅱ级相关的不予考试的拓展知识，在正文中用 ＊＊ 标明，以供学习时参考。

　　②结合新修订的国家和行业标准以及检测技术规范，书中的技术问题尽可能地与新标准统一，以更有利于在实际执行中贯彻新的标准和规范。由于各行业标准较多，特色也不一样，建议培训时各行业结合本行业标准和实际特点选用。

　　③根据对Ⅱ级和Ⅰ级人员的职责要求，本教材中加强了对实际操作应用和缺陷识别与评定技术的叙述，除增加了相关操作技能介绍外，为帮助读者识别不同缺陷，增加了许多典型缺陷的图片，并结合相关标准介绍了不同验收技术条件的评定方法和要求，以供实际检测评定时参考。

　　④由于Ⅱ级及以上人员要进行检测工艺文件的编制，本教材结合多年来工艺规程编制培

训与考试中出现的问题，加强了这方面的内容。本教材较详细地叙述了工艺图表的一般编制方法和要求，并介绍了相关的编制实例以及容易出现的问题，供读者练习时举一反三，更好地完成工艺文件编制。

⑤针对磁粉检测的质量管理工作，本教材对质量控制内容结合相关技术标准进行了较多的介绍。

⑥为了帮助读者能更好地掌握书中内容，本教材在章后增加了复习题。其题型以选择题和问答题为主，并适当增加了计算题，基本与考试题型一致。由于Ⅱ级和Ⅰ级人员的考试要求不同，Ⅱ级人员要求全面掌握所有练习题目内容，而Ⅰ级人员必须掌握带＊号的题目所包括的知识。

本教材由叶代平编著。在本教材编写过程中，张越、张虎彪、刘连仲、郑世才、林猷文、尹磨难、鞠清龙、权祥林、曹正常等为编写做了很多的工作，赵青华、黄丽、刘可、吴成芸、廖小宁、刘素萍、瞿才渊、舒君、马丽、王武平、卢刚等对本教材的内容提出过很多宝贵的意见并提供了不少资料，李龙、林云、杨建、刘长青等生产厂家人员也为本教材编写做了不少工作，使本教材的编写能在较短的时间内完成。615、408、479、132、331、172、847、420等厂和严大卫、陈罕新、朱芳镇、姚力等为本教材提供了不少典型缺陷图片；倪培均、任学冬、邱斌、罗新平等为本教材在各部门的应用做了不少努力；在此一并感谢。由于编者水平有限，加之时间仓促，本教材中的疏漏和错误在所难免，希望读者不吝赐教，以便改正。

编　者

目　　录

第1章 绪 论

1.1 磁粉检测发展简介

磁粉检测无损检测技术（简称磁粉检测，用 MT 表示）是工业上五种常规无损检测技术之一，又叫作磁粉检验或磁粉探伤。它是漏磁检测方法最常用的一种，检测对象是铁磁材料及其制件。

磁粉检测是利用磁现象来检测工件中缺陷的。磁现象的发现很早，早在公元前，我国就发现磁石吸铁现象，并发明了指南针。但真正用于磁粉检测，还是在 17 世纪一大批科学家对磁力、电流周围存在的磁场、电磁感应规律以及铁磁物质等进行了系统研究之后。

关于磁粉检测的设想是美国人霍克于 1922 年提出的。他在切削钢件的时候，发现铁末聚集在工件上的裂纹区域。于是，他第一个提出可利用磁铁吸引铁屑这一人所共知的物理现象来进行检测。但是，在 1922—1929 年的七年间，他的设想并没有付诸实施，原因是受到当时磁化技术的限制以及缺乏合格的磁粉。

1928 年，Forest 为解决油井钻杆断裂检测的问题，发明了周向磁化技术，使用了尺寸和形状受控并具有磁性的磁粉，获得了可靠的检测结果。Forest 和 Doane 开办的公司，在 1934 年演变为生产磁粉检测设备和材料的磁通公司（Magnaflux），对磁粉检测的应用和发展起了很大的推动作用，在此期间，用来演示磁粉检测技术的第一台实验性的固定式磁粉检测装置问世。

磁粉检测技术早期被用于航空、航海、汽车和铁路部门，用来检测发动机、车轮轴和其他高应力部件的疲劳裂纹。在 20 世纪 30 年代，固定式、移动式磁化设备和便携式磁轭相继研制成功，湿法技术得到应用，退磁问题也得到了解决。

1938 年，德国发表了《无损检测论文集》，对磁粉检测的基本原理和装置进行了描述。

1940 年 2 月，美国编写了《磁通检验原理》教科书，1941 年荧光磁粉投入使用。磁粉检测从理论到实践，已初步形成为一种无损检测方法。

第二次世界大战后，磁粉检测在各方面都得到迅速的发展。各种不同的磁化方法和专用检测设备不断出现，特别是在航空、航天及钢铁、汽车等行业，不仅用于产品检验，还在预防性的维修工作中得到了应用。在 20 世纪 60 年代工业竞争时期，磁粉检测向轻便式系统方向发展，并出现磁场强度测量、磁化指示试块（试片）等专用检测器材。由于硅整流器件的进步，磁粉检测设备也得到完善和提高，检验系统也得到开发。1978 年将可编制程序的元件引入，代替了磁粉检验系统的逻辑继电器。高亮度的荧光磁粉和高强度的紫外线灯的问世，极大地改善了磁粉检验的检测条件。如今，湿法卧式磁粉检验系统已发展到使用微机控制，磁粉检验法已包括适配的计算机化的数据采集系统。

苏联航空材料研究院的学者瑞加德罗毕生致力于磁粉检测的试验、研究工作，为磁粉检测做出了卓越的贡献。20 世纪 50 年代初期，他系统地研究了各种因素对探伤灵敏度的影响，在大量试验的基础上，制定出了磁化规范，被许多国家认可并采用，我国各工业部门的磁粉检测也大都以此为依据。

随着无损检测工作日益得到重视，磁粉检测Ⅰ、Ⅱ、Ⅲ人员的培训与考核也成为重要工作。目前，无损检测人员三级考核鉴定已成为世界各国的共识。

在我国，磁粉检测基本上经历了以下阶段：

在 20 世纪 70 年代以前，我国磁粉检测属于起步时期。当时主要采用苏联的设备和技术，检测也是以磁粉探伤为主。国产设备仅有上海和营口探伤机厂等少数几家生产，主要是仿制苏联及欧洲部分产品，技术也比较落后。

20 世纪 80 年代后，随着改革开放的进行，我国磁粉检测领域获得了快速的发展，涌现了一大批以江苏射阳无线电厂为代表的设备厂家，利用当时出现的晶闸管技术，生产出了相位断电控制器、利用电子调压的交直流磁粉探伤装置、超低频退磁三相全波整流以及可编程序的半自动磁粉探伤机等。磁粉检测应用也在国内大为普及，从原来主要在国防工业系统应用向民用系统迅速发展，机械、铁路、汽车、石油、化工、锅炉压力容器、压力管道和特种设备等都广泛采用磁粉检测设备和技术。一些检测器材如荧光磁粉、专用载液、试块试片、紫外线灯等也逐步实现国产。与此同时，对磁粉检测基础理论的研究也取得了很大成果。20世纪 80 年代初期，兵器工业组织了对常用近 200 种钢材的磁参数进行测试，为较好地确定磁化规范打下了基础。一些重点基础科研项目，如缺陷漏磁场有限元解析、磁偶极子等漏磁场理论，对磁化磁场中缺陷漏磁场分布、磁粉颗粒的受力等进行了模拟和计算，并在此基础上发展出磁化磁场分布分析、缺陷漏磁信号特征分析、漏磁场测试和复合磁化等技术。进入21 世纪，磁粉检测人工智能技术也得到了迅猛发展。

20 世纪 90 年代，标准化工作取得重要进展，磁粉检测方法、设备、器材及质量控制标准纷纷出台。特别是一批无损检测国家标准（GB）和军用标准（GJB）以及有关行业标准（HB、WB、JB、CB 等）的实施，极大地推动了磁粉检测工作的开展。

目前为止，磁粉检测已同渗透检测、涡流检测、射线检测、超声检测一道，成为适用于不同场合的五大常规无损检测技术。

1.2　磁粉检测技术的特点

1.2.1　磁粉检测原理和三个基本程序

磁粉检测是一种利用试件上的漏磁场与合适的检测介质作用来发现铁磁性材料试件表面与近表面的不连续的无损检测方法。它是在试件被磁化后，由于材料上的不连续的存在，使试件表面和近表面的磁力线发生局部畸变而产生漏磁场，吸附施加在零件表面的磁粉（一种检测用的磁性粉状颗粒），形成在合适光照下目视可见的磁粉图像，显示出不连续的位置、形状和大小，然后再按照有关标准对这些磁粉的显示加以观察、解释和评定，达到对试件实施检测的目的，如图 1-1 所示。

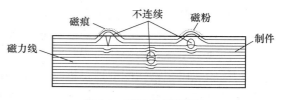

图 1-1　磁粉检测原理

磁粉检测由三个基本程序组成：

1）在被检验的工件中建立一个合适的磁场。

2）将检测用的磁粉介质均匀分布在工件要检查的表面上。

3）观察工件表面积聚的磁粉形成的磁痕（显示），并根据这些显示来评价被检工件使用的可靠性。

从这三个基本程序中发展了一整套磁粉检测的方法。这些方法对保证产品的质量，改进加工工艺和降低制造成本，以及维护设备安全运行起到了重要的作用。

1.2.2 磁粉检测的适用范围和优缺点

1. 适用范围

磁粉检测适用于铁磁性材料的检测，在日常检验中，主要针对钢铁材料及其制品进行检测，检测对象为材料及制品（包括加工过程）中存在的不连续，如裂纹、折叠、近表面的气孔、夹渣、缩孔、疏松等缺陷。磁粉检测不适用于非磁性材料，如非金属及有色金属，钢铁中的奥氏体不锈钢属于非磁性材料，也不能采用磁粉检测。

磁粉检测的对象及可发现的缺陷见表1-1。

表1-1 磁粉检测的对象及可发现的缺陷

应用范围	检 验 对 象	可 发 现 的 缺 陷
焊接件检验	焊接组合件、型材焊缝、压力容器、船体等大型结构件焊缝。包括坡口检查及热影响区	焊缝及热影响区的裂纹、未熔合、气孔、夹渣及坡口材料分层等
成品检验	精加工后的任何形状和尺寸的零件，热处理和吹砂后不再进行机加工的零件。装配组合件的局部检验	淬火裂纹、磨削裂纹、锻造裂纹、发纹、非金属夹杂物和白点
材料及半成品检验	吹砂后的锻钢件、铸钢件、棒材和管材	表面和近表面的裂纹、折叠、冷隔、疏松和非金属夹杂物
工序间检验	半成品在每道机加工序和热处理工序后的检验	淬火裂纹、磨削裂纹、非金属夹杂物等
使用检验	使用过程中的零部件	疲劳裂纹及其他材料缺陷

2. 磁粉检测的优点

钢铁零件采用磁粉检测有以下优点：

1）可发现裂纹、夹杂、发纹、白点、折叠、冷隔和疏松等缺陷，缺陷显现直观，可以一目了然地观察到它的形状、大小和位置。根据缺陷的形态及加工特点，还可以大致确定缺陷是什么性质（裂纹、非金属夹杂、气孔等）。

2）对工件表面的细小缺陷也能检查出来，也就是说，具有较高的检测灵敏度。一些缺陷宽度很小，如发纹，用磁粉检测也能发现。但是太宽的缺陷将使检测灵敏度降低，甚至不能吸附磁粉。

3）只要采用合适的磁化方法，几乎可以检测到工件表面的各个部位。也就是几乎不受工件大小和形状的限制。

4）与其他检测方法相比较，磁粉检测工艺比较简单，检查速度也较快，相对的，所需要的检查费用也比较低廉。

3. 磁粉检测的主要缺点

1）只能适用于铁磁性材料，而且只能检查出铁磁工件表面和近表面的缺陷，一般深度不超过 1～2mm（直流电检查时深度可大一些）。对于埋藏较深的缺陷则难以奏效。磁粉检测不能检测奥氏体不锈钢材料和用奥氏体不锈钢焊条焊接的焊缝，也不能检测铜、铝、镁、钛等非磁性材料。马氏体不锈钢和沉淀硬化不锈钢具有磁性，可以进行磁粉检测。

2）检查缺陷时的灵敏度与磁化方向有很大关系。如果缺陷方向与磁化方向平行，或与工件表面夹角小于 20°，就难以显现。另外，表面浅的划伤、埋藏较深的孔洞及锻造皱纹等，也不容易被检查出来。

3）如果工件表面有覆盖层、漆层、喷丸层等，将对磁粉检测灵敏度起不良影响。覆盖层越厚，这种影响越大。

4）由于磁化工件绝大多数是用电流产生的磁场来进行的，因此大的工件往往要用较大的电流。而且，磁化后一些具有较大剩磁的工件还要进行退磁。

1.2.3　其他漏磁场检测方法

除了磁粉检测以外，还可利用各种传感器件检测漏磁场。也就是利用传感器件来测量缺陷处的漏磁通，将磁信号转换成电信号，然后将电信号处理、分析来发现缺陷。但是，由于磁粉检测应用甚广，习惯性将磁粉检测（MT）和传感器检测分列为两个概念、两种检测方法。利用传感器件测量漏磁场的检测方法被称为漏磁场检测（MFL）。

利用传感器件来测量缺陷处的漏磁场的方法很多，目前多数采用霍尔元件或磁敏晶体管进行漏磁场检测。主要用于钢管、钢丝绳的自动检测。

除漏磁检测外，也有采用磁记录材料（如磁带及其他材料）对工件上的漏磁信号进行记录并对其进行分析以确定缺陷或使用状况的，这就是录磁法；还有利用加载铁磁构件中产生的磁记忆效应来检查构件表面的应力集中区的金属磁记忆法（MMM）。

各种漏磁场检测方法中，由于磁粉检测法方法简便、缺陷显现直观，尽管对漏磁场定量困难，难以实现全自动化检测，但还是得到了最广泛应用。目前，磁粉检测已在除人工评定以外的诸多方面实现了半自动化或自动化，为提高检测速度及减轻劳动强度做了很大贡献。

1.3　常用无损检测方法的比较

常规检测方法有五种，每种检测方法都有其检测特点与范围。在实际检测中，经常需要采用两种或多种方法对同一工件不同部位进行检测才能得出可靠的结论。表 1-2 是五种常规检测方法的比较。

表 1-2 五种常规检测方法的比较

检测方法	原 理	检验项目	缺陷表现形式	适用对象	优点	缺点
磁粉（MT）	漏磁场吸附磁粉	表面与近表面缺陷	磁粉附着在缺陷附近形成磁痕	铁磁性材料	速度快、成本低、灵敏度高、缺陷形象直观	只能检测铁磁材料表面及近表面缺陷
渗透（PT）	毛细渗透作用	表面开口缺陷	渗透液渗出形成缺陷显示	表面非松孔性材料	设备简单、缺陷直观、工艺较方便	只能检验材料致密性固体表面开口缺陷
涡流（ET）	电磁感应作用	表面及近表面缺陷及其他性能测试	检测线圈电压和相位发生变化	导电材料	速度快、实现自动化容易、检测项目多	只能检查导电材料、影响因素较多
超声（UT）	超声波传播与反射	内部面积型缺陷及测厚	屏幕上的回波显示	金属、非金属和胶接件	检测范围广、可携带、容易实现自动化	定性定量困难、形状复杂件影响较大
射线照相（RT）	射线传播与衰减	内部缺陷和结构分析等	胶片上的影像	铸件、焊件和胶接件等	有永久记录、形象直观	成本高、工艺较复杂、安全要求高

复 习 题

一、选择题（含多项选择）

*1. 在磁粉探伤中，对工件进行磁化的正确目的是： （ ）

　　A. 使工件变成一个磁体

　　B. 通过对工件的磁化，在缺陷处得到漏磁场

　　C. 让磁化的工件再去磁化别的物体

　　D. 没有什么目的

*2. 在磁粉探伤中，必须要做的工作是： （ ）

　　A. 对工件进行磁化

　　B. 在磁化工件上施加规定的磁粉

　　C. 在适当光照下对磁粉形成的显示进行观察、解释和评定

　　D. 以上都是

*3. 磁粉探伤适用于下列哪些材料？ （ ）

　　A. 所有金属材料　　　　　　　　　　B. 金属材料和非金属材料

　　C. 铁磁性材料　　　　　　　　　　　D. 铁、钴、镍及其所有合金

*4. 磁粉检测能够检测的钢材缺陷是： （ ）

　　A. 钢板经腐蚀的厚薄　　　　　　　　B. 钢板焊缝近表面的夹渣气孔

　　C. 钢材表面的裂纹　　　　　　　　　D. 锻钢件的过烧

*5. 下列哪些适合采用磁粉检测？ （ ）

　　A. 铁磁性材料的表面和近表面缺陷　　B. 钢铁材料的混料分选

C. 铁磁零件表面镀层测厚　　　　　　　　D. 以上都是

*6. 下列材料中，不能采用磁粉检测的材料是：　　　　　　　　　　（　　）

  A. 低合金钢和碳素钢　　　　　　　　　　B. 奥氏体不锈钢

  C. 3Cr13 不锈钢　　　　　　　　　　　　D. 高锰弹簧钢

7. 下面哪些材料能够采用磁粉检测？　　　　　　　　　　　　　　（　　）

  A. 2A11（LY11）　　　B. ZG30Mn　　　　C. 1Cr18Ni9Ti　　　D. TC4

8. 下面哪些材料不能用磁粉检测？　　　　　　　　　　　　　　　（　　）

  A. 2A11（LY11）　　　B. Q235　　　　　C. 1Cr18Ni9Ti　　　D. 40Cr

9. 漏磁场检测的主要方法有：　　　　　　　　　　　　　　　　　（　　）

  A. 磁场测定法　　　　　B. 磁性记录法　　　C. 磁粉检测法　　　D. 以上都是

*10. 磁粉探伤优于渗透探伤的地方是：　　　　　　　　　　　　　（　　）

  A. 可检查出近表面缺陷　　　　　　　　　B. 单个零件检查速度快

  C. 对工件表面预清洗要求不十分严格　　　D. 以上都是

二、问答题

*1. 磁粉检测有哪些主要特点？其适用范围是什么？

*2. 简述磁粉检测原理。

*3. 磁粉检测的三个基本程序是什么？

复习题参考答案

一、选择题

1. B；2. D；3. C；4. C；5. A；6. B；7. B；8. C；9. D；10. D。

二、问答题

（略）

第2章 磁粉检测的物理基础

2.1 电流和电路

2.1.1 直流电流和电路公式

1. 电流与电路

电荷有规则的运动形成了电流，电流通过的路径就叫作电路。电路一般由电源、负载及其中间环节（导线、开关等）所组成。如果电路是闭合的，有电流通过，通常叫作通路；如果电路断开，没有电流通过，通常叫作开路。

电流在电路中流过的时候，是有一定方向的。如果电流通过的方向和大小都不随时间变化，就叫作直流电流，又叫作稳恒电流。常见的干电池、蓄电池即属于此类。除直流电流外，还有交流电流和整流电流，它们是日常生活和工业中应用最多的电流。

电路的各点上具有一定的电位，不同点上电位间的差值（电位差）就是电压。电压用U表示，其单位为伏特（V），简称伏。电压的正方向规定为电位降低的方向，即从高电位点指向低电位点。在电工学里常以大地或电器外壳为零电位点。

不同电源（如发电机和蓄电池）中，产生电位差的原因是不同的。但都具有一个共同点，就是能把电源内部存在的正负电荷分别推向电源的两极。于是两极间就形成了电场，出现了一定的电位差。电源这种能推动电荷移动的作用力统称为电源力。电源力将单位正电荷从电源负极移到正极所做的功，叫电源的电动势，用符号E表示。单位与电压的单位相同，也是伏特（V）。而电动势的方向规定为沿电源内部从低电位点（负极）指向高电位点（正极），亦即表示电位升高的方向。

电流流过导体时，导体将对电流产生阻力作用，这就是电阻。电阻用符号R表示，单位为欧姆（Ω），简称欧。

2. 电路公式与定律

在磁粉检测中，常用到以下电路公式：

（1）导体电阻的计算　在一定温度条件下，导体电阻的大小与导体的材料有关，并且与导体的长度成正比，与导体的截面积成反比。用公式表示为：

$$R = \frac{\rho L}{S} \tag{2-1}$$

式中　R——电阻（Ω）；

ρ——导体电阻率，（Ω·mm²/m），取决于材料性质；

L——导体长度（m）；

S——导体截面积（mm²）。

公式表明，当导体材料确定后，通电导体长度越长，电阻越大；而导体截面积越大，电阻越小。铁的电阻率远大于铜，所以在各种电气设备中，导线多为铜线。

（2）欧姆定律　在电路中，电流、电压和电阻之间的关系可以用欧姆定律来描述：

$$I = \frac{U}{R} \tag{2-2}$$

式中　I——电流（A）；

$\quad\quad U$——电压（V）；

$\quad\quad R$——电阻（Ω）。

利用欧姆定律可以计算出电路中若干个电阻的串联和并联后电路的变化，得出电路中通过的电流大小。也可以利用欧姆定律解释若干磁化时的现象，如磁化不同长度工件时电流不足或过大以至于影响磁场的大小等。

（3）电功率和电功　电流通过负载时，会在负载上做功。单位时间内电流所做的功叫电功率，用符号 P 表示，为单位时间内电压与电流的乘积，用公式表示为：

$$P = IU \tag{2-3}$$

式中　P——电功率（W）；

$\quad\quad I$——电流（A）；

$\quad\quad U$——电压（V）。

由于负载性质的不同，电功率分有功功率、无功功率和视在功率三种。直流电路中主要是电阻消耗的功，以有功功率形式存在。

电流在一段时间内所做的功叫电功，它是电在负载上所消耗的能量，又称为电能。电能为电功率与时间的乘积，即

$$W = Pt \tag{2-4}$$

式中　W——电能（J）；

$\quad\quad P$——电功率（W）；

$\quad\quad t$——电流通过负载的时间（s）。

（4）设备的负载持续率（暂载率）　设备的负载持续率指设备能够满载工作时间的比率，是磁粉检测设备的一个重要参数，它反映了设备使用时连续工作的能力。

如果一个设备（如探伤机）断续使用，它的负载持续率（利用率）为 α，则该设备断续使用时的电功率（等效连续容量）P_c 为

$$P_c = P\alpha \tag{2-5}$$

式中　P——电功率（W）。

（5）能量　当电流通过负载时，电能转变成其他形式。如果负载是电阻，这时的能量主要以热能的形式消耗，其消耗的能量可以用焦耳定律得出：

$$Q = I^2Rt \tag{2-6}$$

式中　Q——电流通过电阻产生的热量（J）；

$\quad\quad I$——通过电阻的电流（A）；

$\quad\quad R$——导体的电阻（Ω）；

$\quad\quad t$——电流通过导体的时间（s）。

利用焦耳定律可以计算用电器及导线的发热情况，各种用电器，对使用温度的最高值是

有一定要求的，设计与使用时应该限定通过用电器的最大电流（或额定电压），防止设备损坏。对一些断续使用的负载（如磁粉探伤机等），更应该注意其温度的升高。

2.1.2 交流电流

交流电流是磁粉检测中用得最为广泛的电流，即使是整流电流也是交流电流通过改变电流方向的整流技术获得的。在磁粉检测中使用的交流电，多数为低电压大电流，有单相和三相之分，一般探伤机多使用单相交流电流。

交流电流通常由交流发电机产生。其大小和方向随时间按正弦规律变化，所以又叫正弦交流电，如图 2-1 所示，一般简称为交流电，用 AC 表示。

用公式表示为

$$i = I_m \sin(2\pi f t + \varphi) \tag{2-7}$$

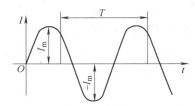

图 2-1 正弦交流电波形图

式中 i——正弦交流电流瞬时值；

I_m——电流变化的最大瞬时值（峰值）；

f——每秒电流变化的次数，称为频率；

φ——起始时的相位（初相角）。

正弦交流电主要有以下特点：

1) 电流（或电压）的大小和方向都随时间按正弦规律变化，有一定的周期 T。磁场特性也是随其时间做有规律的变化。周期和频率互为倒数。峰值、频率和初相角是决定一个正弦电流的三个要素。在我国，交流电的频率为 50 赫（Hz）。

2) 交流电是采用有效值进行计量的。所谓有效值，是用交流电与直流电在热效应方面相比较的方法来确定的。若两种电流在相同时间内分别通过相等电阻所产生的热量相等，则该直流电流的值为所比较的交流电流的有效值。对于交流电压和交流电动势，也是采用有效值进行计量的。

正弦交流电的电流、电压以及电动势的最大值为其有效值的 $\sqrt{2}$ 倍，或近似等于 1.414 倍。换句话说，电流有效值 I 是电流最大值 I_m 的 0.707 倍。

通常所说的照明电压 220V、电动机 380V 等交流电压都是指有效值，它们的峰值应分别为 311V 或 537V。在磁粉检测中，电流产生的最大磁场的变化与峰值有关。

在交流电的半个周期范围内，各瞬间电流（或电压）的算术平均值称为平均值。交流电的平均值（I_d）与峰值的关系是

$$I_d = (2/\pi)I_m \approx 0.637 I_m \tag{2-8}$$

由于交流电在一个周期中存在着正反两个方向，故在一个周期中平均值为零。

3) 交流电流存在着趋肤效应（集肤效应）。即交流电通过导体时，导体横截面上各处的电流密度（单位面积中流过的电流）不相同。在导体中心，电流密度最小，而在导体表面及近表面的电流密度却很大。这是由于导体在变化着的磁场里因电磁感应而产生涡流，在导体表面附近，涡流方向与原来电流方向相同，使电流密度增大；而在导体轴线附近，涡流方向与原来电流方向相反，使导体内部电流密度减弱。这种导体表面及近表面的电流密度增大的现象叫作交流电的趋肤效应。交流电的频率越高，透入的深度越浅。

4) 交流电通过不同的使用对象（负载）时，由于负载的特性不同，所产生对电流的阻

力也不一样。根据负载的特性，有电阻性、电感性和电容性三种。对电阻性负载来说，交流电与直流电相似，只有电阻在阻碍电流。但在通过电感（如线圈）或电容性负载时，除了电阻以外，还有电抗存在，从而引起磁化电流大小的变化，进而对磁化磁场发生影响。

以螺线管为例，在直流电路中由于其阻力主要以电阻方式存在，因而在一定电压下产生的电流可用直流欧姆定律计算。而在交流电路中，不仅要考虑线圈的电阻，还要考虑线圈电感产生的感抗，而后者往往对电流影响很大，在同样的线圈及相同电压下，通入交流电时线圈中的电流一般要比直流电时小得多。

日常使用的交流电有单相交流电与三相交流电之分。单相交流电流通常叫相电流，三相间的电流叫线电流。在磁粉检测磁化电流中，单相交流电流多用于小型探伤机，三相电流主要用作三相半波或全波整流，或采用线电流对周向及纵向磁化电流供电。

2.1.3　整流电流

整流电流是一种单方向电流，它是将交流电通过整流器变换成一个方向的电流，所以叫作整流电流。由于通入整流器的交流电类型和整流器的功能不同，整流电流有半波、全波、三相半波、三相全波整流之分。

1. 半波整流电流（HW）

交流电经过一个只能单方向通过电流的整流装置（二极管）产生的电流叫作半波整流电流。由于交流电有正反两个方向，单方向通过整流器后只有一半波形的电流发生作用，另一半被截止了。

半波整流电流波形如图 2-2 所示。

从波形图上看，经过整流的交流电保留了一个方向的电流脉冲，反方向的脉冲被截止，在负载上就形成了一个具有时间间隔的跳跃的脉冲波。因为只有正弦波的一半，所以叫作半波。半波整流电流通常用符号 HW 表示。

整流电流采用平均值进行测量。单相半波整流电流的平均值 I_d 和峰值 I_m 的关系是

$$I_m = \pi I_d \tag{2-9}$$

2. 单相全波整流电流

单相全波整流电路有变压器次级中心抽头和单相桥式两种方式。在无损检测设备中，用单相桥式整流方式较多。其电流波形图如图 2-3 所示。

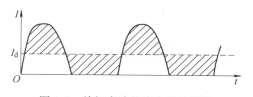

图 2-2　单相半波整流电流波形图

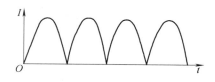

图 2-3　全波整流电流波形图

从波形图中可以看出，全波整流电流中在半波整流中被截止的部分电脉冲得到了利用，因此从效率上全波整流电流高于半波整流电流。再从波的脉冲间隔跳跃程度上前者也比后者好，即电流的脉动性较好。

全波整流电流同样采用平均值进行测量。其平均值 I_d 和峰值 I_m 的关系是

$$I_m = \frac{\pi}{2} I_d \tag{2-10}$$

3. 三相全波整流电流

三相整流电流也有半波和全波整流之分。在实际使用中，多采用三相全波桥式整流电路对三相交流电进行整流，得到的电流波形已经是一个较为平滑的波，其上下波动的幅度（波纹系数）已相当小，大约在 5% 左右，已接近于直流电。其电流波形图如图 2-4 所示。

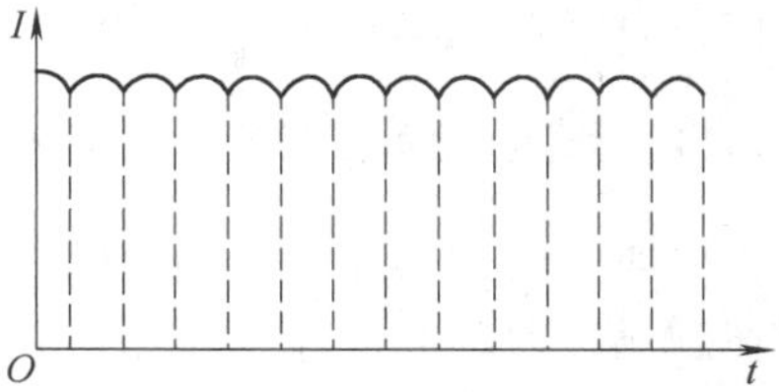

图 2-4　三相全波桥式整流电路

三相全波整流电流用符号 FWDC 表示。

三相全波整流电流也用平均值进行测量。其平均值 I_d 和峰值 I_m 的关系是

$$I_m = \frac{\pi}{3} I_d \tag{2-11}$$

2.2　磁现象和磁场

2.2.1　基本磁现象

能够吸引其他铁磁性材料的物体叫作磁体，有天然磁体和人造磁体之分。磁体具有吸引铁屑等物体的性质，叫作磁性。将一根条形磁铁放在铁粉堆里再取出来，可以看到靠近它的两端的地方吸引铁粉最多，其他地方很少或没有。磁铁上这种磁性最强的区域称为磁极（见图 2-5）。

任何一个磁体都有两个磁极。可以在水平面内自由转动的磁体，静止时总是一个磁极指向南方，另一个磁极指向北方，指向南的叫作南极（S 极），指向北的叫作北极（N 极）。磁极指向南北的原因是地球就是一个巨大的磁体，它也有两极。

每个磁体上的磁极总是成对出现的。自然界中没有单独的 N 极或 S 极存在。如果把条形磁铁分成几个部分，每一部分仍有相应的 S 极和 N 极，如图 2-6 所示。

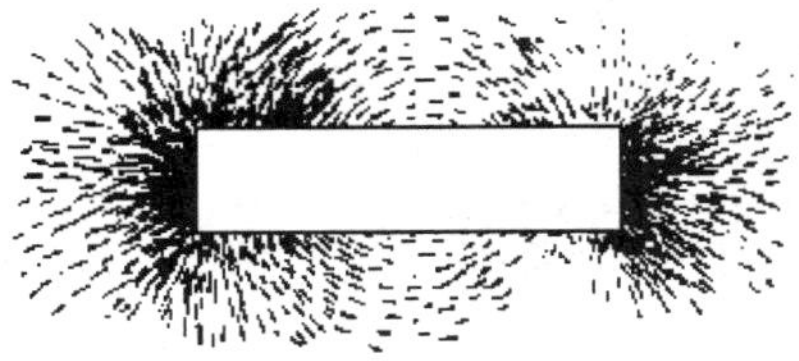
图 2-5　条形磁铁吸引磁粉

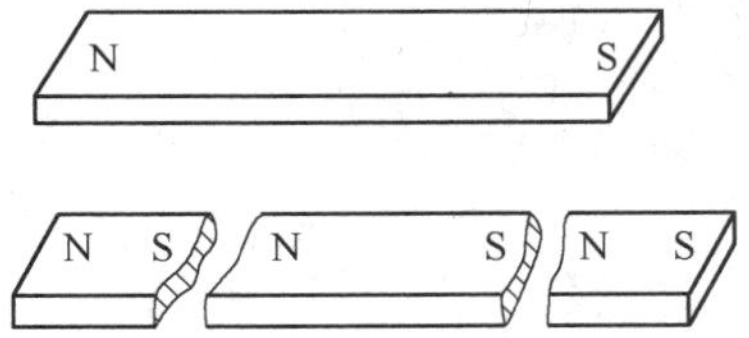

图 2-6　折断后的磁铁棒所形成的磁极

磁铁之间所具有的相互作用力叫磁力。极性相同的磁极（S 极和 S 极、N 极和 N 极）互相排斥；极性相反的磁极（S 极和 N 极）互相吸引。磁力的大小和方向是可以测定的。磁场的方向可以用仪器或小磁针进行测定。

把一个磁体靠近原来不具有磁性的铁磁性物体，该物体不仅被磁体吸引，而且自己也具有了吸引其他铁磁性物质的性质，即有了磁性。这种使原来不具有磁性的物体得到磁性的过

程叫作磁化。铁、钴、镍及其大多数合金磁化现象特别显著。一些物体在磁化的磁体撤离后仍保持有相当的磁性，这种磁性叫剩磁。具有剩磁的磁体也就成了一个新的磁体。

不仅磁铁具有磁性，通电导体也可以对铁及其部分合金产生吸引和磁化，就是说电流也同样具有磁性。这在磁粉检测中应用最为广泛。

2.2.2 磁场与磁力线

磁体间的相互作用是通过磁场来实现的。所谓磁场，是具有磁力作用的空间。磁体周围存在磁场，磁体间的相互作用就是以磁场作为媒介的。

磁场的基本特征是能对其中的运动电荷施加作用力，即通电导体在磁场中会受到磁场的作用力。磁场对电流、对磁体的作用力皆源于此。现代科学早已证明，磁体的磁性来源于电流，电流是电荷的运动，因而概括地说，磁场是由运动电荷或变化电场产生的。

磁力是有大小和方向的，即磁场也有大小和方向。两个磁体间的作用力可以用磁性定律来描述：两个磁体间的作用力与两个磁极的强度乘积成正比，而与它们之间的距离的平方成反比。磁力为斥力还是吸力取决于两个磁极的极性。

为了形象地表示磁场的强弱、方向和分布的情况，可以在磁场内画出若干条假想的连续曲线。使曲线上任何一点的切线方向都跟这一点的磁场方向相同，这些曲线叫磁力线。磁力线是闭合曲线。规定小磁针的 N 极所指的方向为磁力线的方向。

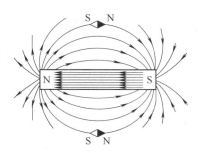

图 2-7 表示了条形磁铁的磁力线。

从图中可以看出，在条形磁铁两极处磁力线紧密相聚，而在远离磁极的中间部位则较稀疏。这说明两极的磁性很强，离磁极较远的地方则较弱。

图 2-7 条形磁铁的磁力线

将一根条形磁铁棒制成 U 形（马蹄形），磁极仍然存在，但磁场和磁力线比条形磁铁更集中，磁性更强。如果磁铁棒做成一个没有间隙的封闭铁环，磁场就全部地包含在铁环之中，如图 2-8 所示。

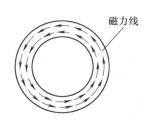

图 2-8 U 形磁铁形状变化时的磁场

磁力线具有以下特点：

1）具有方向性。在磁场中磁力线的每一点只能有一个确定的方向。人为规定，磁铁外部是由 N 极到 S 极。可以用小磁针对磁场方向进行测定。

2）磁力线是立体的、闭合的，彼此互不交叉。

3）磁力线的相对疏密表示磁性的相对强弱，即磁力线疏的地方磁性较弱，磁力线密的地方磁性较强。

4）磁力线总是走磁阻最小（磁导率最大）的路径，因此磁力线通常呈曲线，不存在直角拐弯的磁力线。

了解磁力线的基本特点是掌握和分析磁路的基础。

2.2.3 磁场中的基本物理量

1. 磁场强度

表征磁场大小和方向的物理量称为磁场强度。磁场强度用符号 H 表示。

磁场强度 H 的单位是用稳定电流在空间产生磁场的大小来规定的，国际单位制（SI）中磁场强度的单位为安/米（A/m）。一根载有直流电流 I 的无限长直导线，在离导线轴线为 r 的地方所产生的磁场强度为

$$H = \frac{I}{2\pi r} \tag{2-12}$$

如取 $I=1$ 安，则在离导线距离为 $r=1/(2\pi)$ 米处所得的磁场强度就是单位磁场强度，为 1 安/米（A/m）。

在高斯单位制（CGS）中磁场强度的单位是奥斯特，符号为 Oe。两种单位制间的换算为

$$1\text{Oe} = \left[10^3/4\pi\right]\text{A/m} = 79.577\text{A/m} \approx 80\text{A/m}。$$

2. 磁通量

磁通量又叫磁感应通量。为了使磁力线能定量地表示物质中的磁场，人们规定，通过磁场中某一曲面的磁力线数叫作通过此曲面的磁通量，简称磁通，用符号 $\boldsymbol{\Phi}$ 表示。

在 SI 单位制中，磁通量的单位是韦伯（Wb），而 CGS 单位制中则是麦克斯韦（Mx）。通常把 1Mx 叫作 1 根磁力线。Wb 和 Mx 之间的关系是

$$1\text{Wb} = 10^8\text{Mx}。$$

3. 磁感应强度

在磁场中不同物质磁化的情况是不一样的。为了描述物质中的磁场的方向和强弱程度，人们采用了磁感应强度的概念。意义为磁化物质中与磁力线方向垂直（法向）的单位面积上的磁力线数目，亦即为垂直穿过单位面积上的磁通量。

磁感应强度用符号 $\boldsymbol{B}$ 表示，它具有方向和大小，是一个矢量。

磁感应强度是单位面积上的磁通量。当在均匀磁场中磁感应强度方向垂直于截面 S 时，通过该截面 S 的磁通量可以用式（2-13）表示

$$\boldsymbol{\Phi} = \boldsymbol{B} \cdot S \tag{2-13}$$

物理学中在采用磁力线来描述物质中的磁场时，其磁力线称为磁感应线。由于铁磁性物质中的磁感应强度较高，为了区别于其他弱磁物质，磁粉检测中通常只将铁磁性物质中的磁力线叫作磁感应线，其他物质的磁感应线叫作磁力线。磁感应线的切线方向也表示了磁场的方向。

由于磁感应强度是磁化物质单位面积上的磁通量，所以又叫作磁通密度。

在 SI 单位制中，磁感应强度的单位为特斯拉（T）。

$$1 特斯拉（T）= 1 牛／安米（N/A \cdot m）= 1 韦伯／米^2 （Wb/m^2）。$$

在 CGS 单位制中，磁感应强度单位为高斯（Gs）。T 与 Gs 之间的关系为

$$1T = 10^4 Gs。$$

4. 磁导率

不同物质在相同磁场中磁化时磁感应强度是有区别的。为了反映这种区别，人们采用了磁导率的概念。

磁导率又叫导磁系数，它表示了材料磁化的难易程度，反映了不同物质的磁化特性。

磁导率用符号 μ 表示。它是物质磁化时磁感应强度与磁化该物质所用的磁场强度的比值，反映了物质被磁化的能力。用公式表达为

$$\mu = \frac{B}{H} \tag{2-14}$$

磁导率的单位为亨／米（H/m）。

一般将材料中的 B 与 H 的比值 μ 称为绝对磁导率。它是一个随磁化磁场变化的量。有

$$\mu = \mu_0 \mu_r \tag{2-15}$$

式中　μ_0——真空磁导率，它是一个不变的恒量，$\mu_0 = 4\pi \times 10^{-7} H/m$；

　　　μ_r——相对磁导率，是材料绝对磁导率与真空磁导率的比值。

在 CGS 单位制中，因为真空中的 μ_r 等于 1，所以 μ 和 μ_0 的值是相同的。

由于空气中的 μ 值接近于 μ_0，在磁粉检测中，通常将空气中的磁场值看成是真空中的磁场值，其 μ_r 也等于 1。

在磁粉检测中，还经常用到最大磁导率、有效磁导率等概念。它们的意义是：

最大磁导率：由于铁磁材料的磁导率是随磁化磁场变化的量，从变化曲线中所获得的磁导率的最大值叫作最大磁导率，用 μ_m 表示。最大磁导率通常出现在磁化曲线拐点附近，可以通过查材料磁特性曲线手册或对材料进行磁测量获得。

有效磁导率：又叫表观磁导率，它是指磁化时零件上的磁感应强度与磁化磁场强度的比值。它不完全由材料的性质所决定，在很大程度上与零件形状有关，对零件在线圈中纵向磁化极为重要。

2.3　铁磁材料

2.3.1　磁介质的分类

如果在磁场中放入一种物质，可以发现，这种物质将产生一个附加磁场，使物质所占空间原来的磁场发生变化，即磁场将增加或减少。这种能影响磁场的物质叫作磁介质。一般物质在较强磁场的作用下都显示出一定程度的磁性，所以都是磁介质。

设原来的磁场中磁感应强度为 B_0，磁介质经磁化后得到的附加磁场为 B'，磁化后总磁场的磁感应强度 B 则为

$$B = B_0 + B' \tag{2-16}$$

实验证明，磁介质产生的附加磁场 B' 可以与原磁场 B_0 的方向相同，也可以相反。与原磁场相同方向的磁介质叫顺磁物质，如铝（Al）、钨（W）、钠（Na）以及氯化铜（$CuCl_2$）等都是顺磁物质。与原磁场方向相反的叫抗磁物质（逆磁物质），如汞（Hg）、金（Au）、铋（Bi）、氯化钠（NaCl）以及石英等都是抗磁物质。顺磁物质和抗磁物质在外磁场 B_0 中所引起的附加磁场 B' 是很小的，接近于原磁场，对外基本上不显示磁性，故把它们统称为非铁磁物质。但另外有一类物质所引起的附加磁场 B'，却比原来的磁场 B_0 大得多，是原来磁场 B_0 的几百倍到数千倍，如铁（Fe）、钴（Co）、镍（Ni）、钆（Gd）及其大多数合金。这一类物质叫作铁磁物质。通常称它们为铁磁质或强磁材料。

非磁物质在磁化时的磁导率与真空中的磁导率接近，其 μ_r 近似为 1。

表 2-1 列出了部分非磁物质和铁磁物质的 μ_r 数值。

表 2-1　部分磁介质的 μ_r 数值

顺磁物质	逆磁物质	铁磁物质
铝：1.000021	金：0.999964	铸铁：200～400
氧：1.0000019	铜：0.999991	合金钢：100～7000
空气：1.0000036	水：0.999968	坡莫合金：>10000

2.3.2　铁磁材料及其强烈磁化的原因

1. 铁磁材料

铁磁材料是一种强磁材料。它与非磁质的区别是 $\mu_r \gg 1$。对于铁磁材料来说，不太大的磁化磁场就可以使它强烈磁化以至饱和。也就是说铁磁质产生的附加磁场 B' 远大于原来的磁化磁场。

除了容易磁化、磁化能达到饱和外，铁磁材料还有一个重要性质是有磁滞现象。所谓磁滞，是指磁化物质在磁化后还具有磁性，即具有剩磁。磁滞现象是永久磁铁产生的基础。

容易磁化、磁化能达到饱和、磁化后具有剩磁是铁磁材料的三大基本特性，磁粉检测就是利用这些特性进行检查的。

** 2. 铁磁材料能强烈磁化的原因

为什么铁磁质能被强烈地磁化呢？这与它的物质结构有关。铁磁质元素（铁、镍、钴）是过渡族的金属元素，原子中有着较强的电子自旋磁矩。这些磁矩能在一个小的区域内（约 $10^{-15}\mathrm{cm}^3$）相互作用，取得一致的排列方向，形成一种自发磁化的小区域——磁畴。磁畴是铁磁物质特有的，大小约在 $1\mu m \sim 0.1mm$ 范围内。一个磁畴中包含有 $10^7 \sim 10^{17}$ 个原子。磁畴的开路端具有极性，其排列通常平行于材料结晶的轴线。各个磁畴的小区域因大小不等，它们的磁矩也就不同，但磁化强度却都相等，这一磁化强度叫作自发磁化强度。在未受到外磁场作用时，由于各个磁畴的磁矩取向混乱，互相作用抵消，它们的矢量和为零，因而在整体上并不呈现磁性。当外磁场作用于铁磁物质时，磁畴的取向或自旋排列将平行于磁化磁场，物质内的磁畴迅速改变成与外磁场一致的方向，显示出较强的磁性。这种在外磁场作用下磁畴改变方向的过程，就是铁磁质被磁化的过程，如图 2-9 所示。磁化时，磁场力克服阻力做功。通过磁畴壁的位移和磁矩的转动，使各个不同方向的磁畴改变到与外磁场方向接近的方向上并形成强大的内磁场，强大的内磁场大大地增强了外磁场，使铁磁质对外具有很大的磁性。若克服阻力所需的能量较小，则磁化过程易于实现；反之则难以磁化。

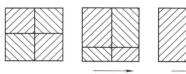

图 2-9 磁化过程中的磁畴方向变化

随着温度的升高，铁磁质内的磁性将逐步降低，即磁化强度数值将会减小。在达到某一个临界温度时，铁磁性将完全消失而呈现出顺磁性。这种铁磁性随温度升高而降低的原因是由于物质内部的热扰动破坏了原子磁矩的平行排列。到达一定程度时，磁畴将完全消失而呈现出顺磁性。这个使磁性完全消失的临界温度叫作该铁磁物质的居里点。不同铁磁物质的居里点不相同，工程纯铁的居里点为 770℃，热轧硅钢的居里点为 690℃，而碳化三铁（Fe_3C）的居里点只有 210℃，一般铁合金的居里点约在 650~870℃ 范围内。

2.3.3 铁磁材料的磁化

1. 铁磁性材料的磁化过程——磁化曲线

铁磁质被磁化的过程，就是材料中磁畴的磁矩方向在外磁场作用下趋于一致的过程。材料的磁化曲线描述了这一过程。当把铁磁材料及其制品直接通以直流电或置于磁化磁场 H 中时，其磁感应强度 B 将明显地增大，产生比原来磁化磁场大得多（$10 \sim 10^5$ 倍）的磁场。但这种增大是随着外磁场的增加而逐渐增大的，B 的变化与 H 间有一定的关系。

可以通过实验来测定 H 和 B 的关系。实验中 H 和 B 都从零开始，逐渐增大磁化磁场 H 的数值并对 B 值进行测定，就能得到一组对应的 B 和 H 值，从而画出 B 与 H 的关系曲线。这种反映铁磁材料磁感应强度 B 随磁场强度 H 变化规律的曲线，叫作材料的磁化曲线。又叫作 B-H 曲线。它反映了铁磁质的磁化程度随外磁场变化的规律。可以看出，铁磁质的磁化曲线是非线性的，各类铁磁质的磁化曲线都具有类似的形状，如图 2-10 所示。

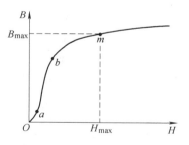

图 2-10 铁磁材料的磁化曲线

从曲线中可以看出，铁磁材料磁化过程可分成四个部分。即初始磁化阶段、急剧磁化阶段、近饱和磁化阶段和饱和磁化阶段。在初始阶段（Oa 段），H 增加时 B 增加得较慢，说明此时磁畴刚开始扩张，磁化缓慢，磁化很不充分。第二阶段（ab 段），H 增加时 B 增加得很快，此时磁畴畴壁位移加速，B 值上升很快，材料得到急剧磁化。第三阶段（bm 段），H 尽管同样增加，但 B 值增加的速度缓慢下来，产生了一个转折，这时磁畴畴壁扩张已近尾声，代之以磁畴磁矩的转动为主。b 点常称为膝点。第四阶段，过了 m 点以后，H 继续增加时 B 值几乎不再增加，磁畴平行排列的过程已基本结束，这时铁磁质的磁化已经达到饱和。

m 点时的磁感应强度称饱和磁感应强度 B_{max}，相应的磁场强度为 H_{max}。

磁化曲线的斜率 $\mu = \mathrm{d}B/\mathrm{d}H$ 就是材料的磁导率。图 2-11 表示了材料磁导率随磁场强度的变化关系。磁化曲线四个阶段的斜率数值都不一样：初始阶段变化较缓；急剧磁化阶段上升很快，在达到最大点后开始下降；近饱和阶段曲线从较快下降到缓慢下降；在饱和磁化阶段磁导率数值则基本不再发生大的改变，而是缓慢地下降。这些变化反映了材料在磁化过程中的不一致。也就是说，μ 是一个随磁场强度 H 变化的量，材料磁导率曲线也是一条随磁场强度变化的曲线。

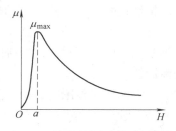

图 2-11 铁磁材料的磁导率曲线

从图中可以看出，曲线随着磁场强度的逐渐增大而升高，当达到顶峰后随着磁场强度的进一步增加而下降。即顶峰上的一点具有磁导率的最大值，该点叫作最大磁导率点，其值即为最大磁导率，用 μ_{max} 表示。

可以证明，在图 2-10 中从坐标原点作一直线与磁化曲线相切，则此切点处具有最大磁导率。

由于相对磁导率 μ_r 和磁导率 μ 之间只差了一个定值 μ_0，且为无量纲的纯数，实际应用中通常用 μ_r 代替 μ 进行计算。

在磁粉检测中，通常应将材料磁化到近饱和状态。这样才能取得较好的磁化效果。

2. 磁滞回线、矫顽力 H_c 和剩磁 B_r

磁滞是铁磁质的另一重要性质。前面讨论的磁化曲线是铁磁材料在 H 初始值为零时，逐渐增加的情况下得到的。如果从磁化曲线上饱和点 m 开始减小 H 值，这时的 B-H 关系并非按原曲线 mO 退回，而是沿着在它上面的另一曲线 mr 变化，如图 2-12 所示。当 H 已经回到零时，B 值并不为零，而是等于 B_r（图中 Or 段）。即铁磁材料在外磁场为零时仍保留一定的磁性。

B_r 称为剩磁感应强度，简称剩磁。这说明当铁磁材料被磁化后撤销外磁场时，材料内部的磁畴不会完全回复到原来未被磁化前的状态。要消除剩磁，必须再施加反方向磁场。当反方向磁场 $H = H_c$ 时，$B = 0$，H_c 称为矫顽力。继续再增大反向磁场，则材料将会在反方向磁化，同样会达到饱和点 m'。如果这时再不断减小反方向磁场到 H 为正值并增加至 H_{max}，则曲线将沿 $m'r'c'm$ 变动，完成一个循环。由图 2-13 可见，在材料的往复交变磁化中，B 的变化总是滞后于 H 的变化，这种现象叫作磁滞现象，又称磁滞。磁滞现象是铁磁材料所特有的，其曲线 $mrcm'r'c'm$ 是一个具有方向性的闭合曲线，称磁滞回线。图 2-13 是铁磁材料的磁滞回线。

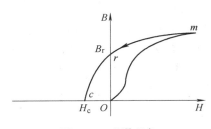

图 2-12 磁滞现象

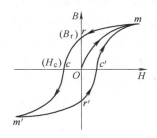

图 2-13 磁滞回线

17

对应的磁场强度变化一周，可以得到一个相应的磁滞回线。可以作出若干个这样的回线。把经过若干个不同大小的磁滞回线的顶点连成曲线，这曲线称基本磁化曲线。随着 P 点的升高，所对应的磁场强度也增加，磁滞回线的面积也随着增加（见图 2-14）。当 P 点在磁饱和状态时，所对应的磁滞回线面积最大，叫作极限磁滞回线，也叫作主磁滞回线或最大磁滞回线。

磁滞回线所包围的面积与该材料在单位体积内的铁磁质循环磁化一次所消耗的功（或能量）成正比。不同的铁磁材料的极限磁滞回线包围的面积不同。磁滞回线比较狭窄的材料磁性较软，所包围的面积较小，磁化时消耗的功也较少，比较容易磁化；而磁滞回线形状比较"肥大"的材料磁性较硬，所包围的面积也比较大。在磁化时消耗的功较多，磁化也比较困难。图 2-15 表示了不同材料的磁滞回线的形态。

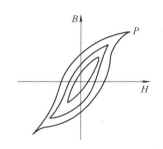

图 2-14　反复磁化的磁滞回线

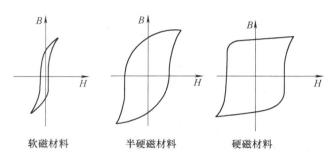

软磁材料　　半硬磁材料　　硬磁材料

图 2-15　不同材料磁滞回线的比较

剩磁感应强度 B_r 的单位与磁感应强度相同，在国际单位制中都是特斯拉（T）。矫顽力 H_c 的单位与磁场强度相同，在国际单位制中为安/米（A/m）。

矫顽力的大小常用来区别磁性的软硬。一般 H_c 小于 10^2A/m 的叫软磁材料，而 H_c 大于 10^4A/m 的叫硬磁（永磁）材料。钢铁材料多数为半硬磁材料，矫顽力大多在这两者之间。

**3. 退磁曲线和磁能积

退磁曲线是指最大磁滞回线在第二象限中的部分，即 H_c 至 B_r 之间的曲线段，如图 2-16 所示。

在退磁曲线上任一点所对应的 B 与 H 的乘积，是标志磁性材料在该点上单位体积内所具有的能量。因为乘积（BH）的量纲是磁能密度，所以叫（BH）为磁能积。（BH）的乘积正比于图中划斜线的矩形面积。可以在退磁曲线上找到一点

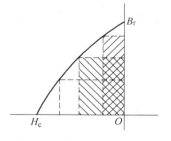

图 2-16　退磁曲线和磁能积

P，其所对应的 B 与 H 的乘积为最大值，这点叫作最大磁能积点，其值（BH）$_{max}$ 叫作最大磁能积。磁能积是 B_r 和 H_c 的综合参数，它表明工件在磁化后所能保留磁能量的大小，亦即剩磁的大小。磁能积的数值越大，表明保留在工件中的磁能越多。这在磁粉检测中是很有意义的。

最大磁能积可采用等磁能曲线法或几何作图法来确定。

几何作图法：在退磁曲线图上，分别过 H_c 和 B_r 点作 H 和 B 轴的垂线，两线交于 Q 点，

连结 OQ，退磁曲线与 OQ 相交的点即为最大磁能积点 P，如图 2-17 所示。

钢铁材料磁化除了随外磁场变化磁感应强度发生变化外，还具有磁各向异性和磁致伸缩等特性。这些特性对磁粉探伤影响不大，本书就不做介绍了。

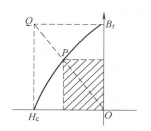

图 2-17 最大磁能积点的确定

2.3.4 钢铁材料的磁化特性

1. 铁磁材料的磁性分类

铁磁性材料品种繁多，磁性各异，钢铁材料就是其中具有代表性的一类。按照材料的磁性，大致可分成硬磁材料、软磁材料和介于二者之间的常用钢铁材料。

（1）硬磁材料　硬磁材料的特点是磁滞回线较宽，具有较大的矫顽力（$H_c > 10^4 \text{A/m}$）和磁能积，剩磁也较大，磁滞现象比较显著。若将硬磁材料放在磁化磁场中充磁后取出，它能保留较强的磁性，而且不易消除。因此常用它制造永久磁铁。最早的硬磁材料为淬火后的高碳钢，或加有钨、铬等元素的碳钢。另外，钴钢、铝镍钴、稀土钴、钕铁硼等都是很好的永磁性材料。

（2）软磁材料　软磁材料的磁滞回线狭窄，具有较小的矫顽力（$H_c < 10^2 \text{A/m}$），磁导率高，剩磁也较小，故其磁滞现象不很显著，磁滞损耗也低。常用的软磁材料有电工纯铁、铁硅合金（硅钢）、铁镍合金（坡莫合金）和软磁铁氧体等。

（3）　常用钢铁材料　工业上常见的钢铁材料绝大多数属于铁磁材料。常用的钢铁材料范围很广，它们的磁性差别很大，有的接近硬磁材料，而有的又类似于软磁材料，也有不具备磁性的钢（如奥氏体不锈钢）。然而更多的是介于软硬磁材料之间，亦即半硬磁状态。

根据工业上常用钢材的成分状态所引起的磁特性参数变化的规律，大致可分为以下四类：

第一类，磁性较软。它们包括供货状态下含碳量（质量分数）低于 0.4% 的碳素钢，含碳量（质量分数）低于 0.3% 的低合金钢，以及退火状态下的高碳钢（组织为球状珠光体）。这类钢磁导率高，矫顽力低，剩磁较小，容易被磁化，剩磁也不大。

第二类，磁性中软。它们包括供货和正火状态下含碳量（质量分数）高于 0.4% 的碳素钢及同种状态下的低中合金钢、工具钢及部分高合金钢（硬度值较低者），同时还包括此类钢在淬火后进行 450℃ 以上回火温度者。这类钢较第一类磁导率有所下降，矫顽力有所提高，磁性有所降低。但总的还是容易被磁化，剩磁也不大。

第三类，磁性中硬。此类材料包括淬火后并进行 300～400℃ 回火的中碳钢、低中合金钢、高合金工具钢的供货状态，半马氏体和马氏体钢的正火和正火加高温回火状态，以及大部分冷拉材料。它们的磁性较前两类为"硬"，磁化和退磁都有所困难，剩磁也较高。

第四类，磁性较硬。包括合金钢淬火后回火温度低于 300℃ 的材料，以及工具钢和马氏体不锈钢热处理后硬度较大的材料。这类钢由于磁性较硬，磁化困难，需要较大的磁化磁场进行磁化。同时，此类材料剩磁也较大，退磁比较困难。

值得说明的是，以上较软、中软、中硬及较硬磁性等提法是区别于常见的软磁和硬磁材料而言的，它们之间没有一个明显的量的差别。在磁粉检测中，应该根据材料各自的磁性以及检测要求来选取磁化的最佳技术条件。

2. 影响钢铁材料磁性的主要因素

在钢铁材料中，不仅不同钢铁材料之间会有较大的磁性差异，就是在同一牌号的钢材中，由于性能要求的不同，也存在较大的磁性差异。影响钢铁材料磁性的主要因素如下：

（1）钢铁的化学成分及杂质含量的影响　钢分为碳素钢和合金钢两大类。在碳素钢中，影响磁特性最大的是碳的含量。一般地说，随着含碳量的增加，钢的磁性将"硬化"。合金钢中的合金组元也与碳相似，随着合金元素种类和含量的增加，磁化曲线斜率下降，初始磁导率和最大磁导率减小，矫顽力增大，最大磁能积也有增大的趋势，磁滞回线也逐渐变得"肥大"。但合金组元对钢的磁性影响也各不相同，一些常用的合金元素如 Si、Mn、Cr、Ni、Mo 的加入影响了钢的磁性并干涉碳与磁性能之间的关系，使材料磁性变"硬"。但 Si 在作为专用的组元加入时，也可能使磁性变"软"（如硅钢）。另外，钢中的杂质元素 S、P 等的失常也将使磁性变"硬"。图 2-18 表示了几种碳钢在退火状态下的磁化情况。

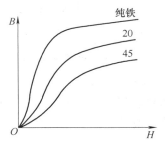

图 2-18　几种碳钢退火状态下的磁化曲线

（2）钢材组织结构与热处理工艺的影响　不同的热处理工艺对材料的磁特性影响很大。在同一材料中，退火材料与正火材料的磁性差别不太大，而淬火或淬火后再进行回火的材料的磁性却大有差异。一般说来，淬火后随着回火温度的增高，最大磁导率、饱和磁感应强度增大，矫顽力下降，磁滞回线变狭窄，磁性也变软。其主要原因是热处理改变了材料的组织形态。在各种金相组织中，铁素体珠光体磁化性能较好（易于磁化），而渗碳体、马氏体则较差。在不同热处理条件下，各种组织成分的含量是不同的，因而磁性也不相同，居里温度也不一样。图 2-19 表明了热处理工艺对材料磁性的影响。

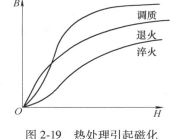

图 2-19　热处理引起磁化曲线的变化

合金钢中组元成分经热处理后形成的组织差异甚大，因而也影响了磁性。如奥氏体不锈钢（1Cr18Ni9Ti）在室温下就具有稳定的面心立方结构，因而不具有磁性。而高铬不锈钢（1Cr13 等）在室温下主要成分为铁素体和马氏体，因而具有一定的磁性。

合金钢中组元成分经热处理后形成的组织差异甚大，因而也影响了磁性。如奥氏体不锈钢（1Cr18Ni9Ti）在室温下就具有稳定的面心立方结构，因而不具有磁性。而高铬不锈钢（1Cr13 等）在室温下主要成分为铁素体和马氏体，因而具有一定的磁性。

（3）其他加工工艺的影响　钢铁材料在冷作业加工时，将使材料的各向异性变大。如冷拔、冷轧、冷挤压等加工工艺都将造成在加工方向和非加工方向磁性的差异。一般说来，经过冷加工工艺制作的材料，表面将硬化。随着表面硬度的增加，材料的磁性也将减弱，即磁性变"硬"。而且在各个方向上的磁性也略有不同。这些都是磁粉检测时应该予以注意的。

不同的钢材，按其使用部位的不同，其磁性也不一样。如制作船体或常规压力容器的钢板、构件多数接近于软磁，这类材料焊接性能良好，但保磁性能较差，一般不宜采用剩磁检查；而火炮身管、飞机起落架等要求具有一定的强度，一般有较大的剩磁，可以根据材料和磁性使用情况采用连续法和剩磁法检查。

（4）试件形状的影响　钢铁材料形状对磁性有很大影响。其主要是退磁因子和退磁场的作用，这在后面将做说明。在磁粉检测中，这种影响是必须注意的。

2.4　电流的磁场

2.4.1　电流产生磁场

电流通过的导体内部及其周围都存在着磁场，这些电流产生的磁场同样可以对磁铁产生作用力，这种现象叫作电流的磁效应。

把一根通过直流电的长直导线垂直穿过一块纸板，在板上均匀撒上铁粉。可以看到铁粉有规则地团团围住导线，形成许多以导线为中心的同心圆。如果上下平行移动纸板，铁粉的排列并不改变。这说明，沿着导线的周围都有磁场，而且沿导线长度方向分布相同。从铁粉图中可以看出，在靠近导线的地方，磁场最强；离导线较远的地方，磁场较弱。把小磁针放在纸板的不同位置上，小磁针将指示出磁场的方向，如图 2-20 所示。而当改变电流的方向时，小磁针的方向也会发生改变。

通电螺线管（螺管线圈）同样可以观察到这种现象。图 2-21 为一个细长螺线管。线圈的一端相当于磁铁的 N 极，另一端相当于 S 极。通过电流时，它们将对小磁针产生吸引。磁场方向指向螺线管中心。当通过线圈电流的方向发生变化时，小磁针的方向也会发生改变，说明螺线管中的磁场方向也发生了改变。

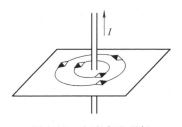

图 2-20　电流产生磁场

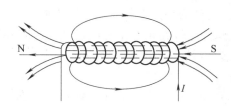

图 2-21　通电螺线管的磁效应

从上面可以看出，磁场的方向与电流的方向之间存在着一定的关系。右手螺旋法则表示了这两者之间的关系。

右手螺旋法则一（用于通电导体）：用右手握住导体并把拇指伸直，以拇指所指方向为电流方向，则环绕导体的四指就指示出磁场的方向。如图 2-22 所示。

右手螺旋法则二（用于螺线管）：

用右手握住线圈，使弯曲的四指指向线圈电流的方向则大拇指所指的方向即为磁场的方向。如图 2-23 所示。

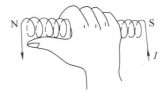

图 2-22　通电导体右手螺旋法则　　　　　图 2-23　螺线管右手螺旋法则

从以上法则可以看出，两种磁场的电流方向都是与磁场的方向垂直的。这两种磁场是磁粉检测中经常用到的：以导线为中心的圆形磁场是沿着圆周闭合的，我们称它为周向磁场；而螺线管的磁场在线圈内部是平行于线圈轴向的（纵向），通常称为纵向磁场。

采用交流电通过长直导线或螺线管时，上述磁场方向交替发生变化，但磁场形状不会改变。但在任何一个瞬时，磁场方向是确定的，是可以用右手螺旋法则确定的。

在物理学中，通电电流的磁场可用安培环路定理来描述。

2.4.2　通电长圆柱导体的磁场与分布

1. 非铁磁材料通电长圆柱导体的磁场

如果将通电长直导线换成长圆柱导体并进行通电，其电流同样能产生磁场，该磁场仍然是一个围绕导体并以导体轴线为中心的周向磁场。这个磁场在导体内外都存在。磁场大小可以进行计算。图 2-24 表示了导体中通过直流电时的磁场。

设长圆柱导体为非磁性导体（铜或铝），半径为 R，均匀通过强度为 I 的直流电流。P 为导体内任一点，距离中心 r。P' 为导体外任一点，距中心 r'。

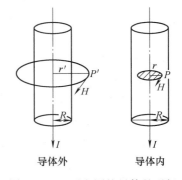

导体外　　　　导体内

图 2-24　通电圆柱导体的磁场

从安培环路定理中可以得知，导体外任一点 P' 处的磁场强度为

$$H' = \frac{I}{2\pi r'} \tag{2-17}$$

导体内任一点 P 处由电流产生的磁场强度为

$$H = \frac{Ir}{2\pi R^2} \tag{2-18}$$

从式（2-17）和式（2-18）可以看出，导体内外的磁场强度都与磁化电流成正比，但内外有所差异。在导体内，中心轴线处磁场为 0，离中心越近磁场越小，越靠近外壁磁场越大。而在导体外，离导体中心距离越大，磁场就越小。在导体表面磁场强度为最大。

可以计算出，通电导体表面磁场强度为

$$H = \frac{I}{2\pi R} \tag{2-19}$$

当通过交流电时，式（2-19）依然成立。不过此时的磁场为交变磁场，磁场方向随电流方向改变而做正反方向变化。图 2-25 是通过实例得出的通电圆柱导体内、外及表面的磁场分布图。

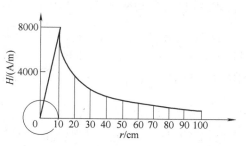

图 2-25　圆柱导体内、外和表面上的磁场分布

【例 1】　一圆柱导体直径为 20cm，通以 5000A 的直流电，求与导体中心轴相距 5cm、10cm、40cm 及 100cm 各点处的磁场强度，并用图示法表示出导体内、外和表面磁场强度的变化。

解：与导体中心轴相距 5cm 的点在导体内，10cm 点在表面上，其余点在导体外。分别代入式（2-10）和式（2-11）并进行单位代换，有

$$H_1 = \frac{Ir}{2\pi R^2} = \frac{5000 \times 0.05}{2 \times 3.14 \times 0.1^2} \text{A/m} \approx 4000\text{A/m}$$

$$H_2 = \frac{I}{2\pi R} = \frac{5000}{2 \times 3.14 \times 0.1} \text{A/m} \approx 8000\text{A/m}$$

$$H_3 = \frac{I}{2\pi r} = \frac{5000}{2 \times 3.14 \times 0.4} \text{A/m} \approx 2000\text{A/m}$$

$$H_4 = \frac{I}{2\pi r} = \frac{5000}{2 \times 3.14 \times 1} \text{A/m} \approx 800\text{A/m}$$

在以上计算中，导体可以是实心导体，也可以是空心导体（筒体）。对于实心导体，从轴中心为零开始，磁场均匀增加，到表面时达到最大值；对于空心导体，则从内表面磁场为零开始，均匀增加，到外表面时达到最大值。也就是说，通电空心导体中磁场为零。在导体外，实心导体与空心导体都随着与导体轴中心的距离增加，磁场强度将逐渐减小。如果导体的半径为 R，外表面的磁场强度为 H，距离轴中心 $2R$ 处的磁场强度为 $H/2$，$3R$ 处的磁场强度为 $H/3$。图 2-26 表示了实心和空心圆柱导体的磁场分布比较。

由于非磁性导体中的相对磁导率近似为 1，故在导体中磁感应强度与磁场强度数值相同，只差了一个真空磁导率值。

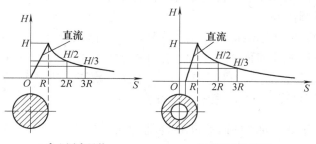

a) 实心通电导体　　　　b) 空心通电导体

图 2-26　通电圆柱导体的磁场分布比较

在工程检测中，通常采用直径计算通电试件表面的磁场强度，根据式（2-19）可以得出

$$H = \frac{I}{\pi D} \tag{2-20}$$

式中　H——磁场强度（A/m）；

　　　　D——圆柱导体直径（m）。

2. 铁磁材料通电长圆柱导体的磁场

　　铁磁材料通电长圆柱导体与非铁磁材料通电长圆柱导体一样，能产生周向磁场。但由于铁磁材料在通电产生磁场的同时，又在通电产生的磁场中得到磁化，因而能产生比非铁磁材料大得多的磁场。其表面磁感应强度为

$$B = \frac{\mu I}{\pi D} \qquad\qquad (2\text{-}21)$$

　　图 2-27 表示了铁磁材料磁场的变化。

　　以上磁化电流采用的是直流电。当采用交流电时，由于趋肤效应的影响，电流多集中在表面，磁场也将集中在表面，如图 2-28 所示。

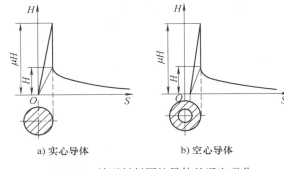

图 2-27　铁磁材料圆柱导体的通电磁化

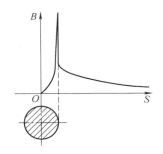

图 2-28　交流电磁化的趋肤效应

3. 中心导体通电时的铁磁材料圆筒件的磁场

　　如果铁磁材料制成的圆筒件中心穿过一根通电导体，此时圆筒件上并未通过电流，但它置于中心通电导体的磁场中，因此也能得到磁化，这种磁化叫作感应磁化。不过此时圆筒内外表面都存在磁场，磁场大小可用式（2-21）和式（2-22）表示。可以看出，在电流一定时，内壁磁场大于外壁磁场。图 2-29 表示了这种变化。

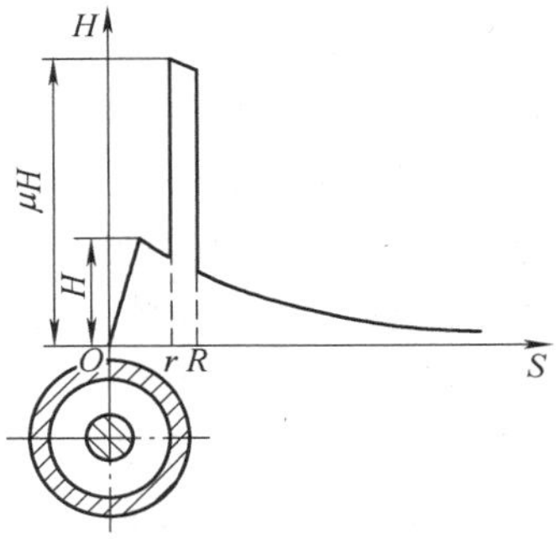

图 2-29　磁性材料筒件采用中心
导体磁化时的磁场分布

2.4.3　通电线圈的磁场与分布

1. 线圈的分类

　　在磁粉检测中，常用线圈对工件进行磁化。线圈通常绕成螺旋形，它能产生纵向磁场。工件在线圈中不直接通过电流，是一种感应磁化。

　　根据不同的分类依据，线圈分为以下几种：

　　1）按结构形式分——固定式和缠绕式。

　　固定式线圈是将绝缘导线按螺旋方式绕制在专用骨架上的圆筒形线圈，有单层和多层绕组等类型。一般是采用单根绝缘导线进行紧密排列同轴缠绕，也有特殊用途采用单层间绕和

开合式间绕方式。固定式线圈多用于固定式探伤机等专门场合。

缠绕式线圈是将一根低电压的电缆按要求缠绕在试件特定检查的部位上，形状可随试件形状变化。一般又称为柔性线圈。

2）按试件截面在通电线圈截面内的填充系数 τ 分——低填充、中填充和高填充线圈。

$\tau = S_{线圈}/S_{工件}$ 为线圈横截面面积与试件横截面面积之比。$\tau \geq 10$ 为低填充线圈；$10 > \tau \geq 2$ 为中填充线圈；$\tau < 2$ 为高填充线圈。

3）按通电线圈长度 L 与线圈直径 D 的比值分——短、有限长和无限长螺线管。

短螺线管——$L<D$，在实际检测中使用最多；有限长螺线管——$L>D$，在实际检测中使用较多；无限长螺线管——$L \gg D$ 管，实际检测中不采用。

4）按通电电流类型分——直流线圈和交流线圈。

直流线圈——线圈中通入直流电或整流电，产生沿轴向方向不变的直流磁场；

交流线圈——线圈中通入交流电，产生方向沿轴向做正反变化的交流磁场。

2. 螺线管的磁场计算

对于长度为 L 的空载的通电线圈（见图 2-30）轴线中心 O 的磁场强度 H 可用式（2-22）计算：

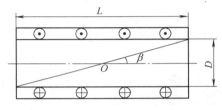

图 2-30 通电线圈的磁场

$$H = \frac{NI}{L}\cos\beta = \frac{NI}{\sqrt{L^2 + D^2}} \qquad (2\text{-}22)$$

式中 H——螺线管中心处的磁场强度（A/m）；

N——螺线管的线圈匝数；

I——通过螺线管的电流（A）；

L——螺线管的长度（m）；

β——螺线管对角线与轴线间的夹角；

D——螺线管直径（m）。

线圈匝数和电流的乘积 NI 叫线圈的磁通势，简称磁势，单位为安匝。

【例2】 有一个长为300mm，直径为400mm的螺线管，匝数为5匝。现通以直流电流500A，试求螺线管轴线中心处的磁场强度。

解：线圈 L=300mm=0.3m，直径 D=400mm=0.4m，有

$$H = \frac{NI}{\sqrt{L^2 + D^2}} = \frac{5 \times 500}{\sqrt{0.3^2 + 0.4^2}} \text{A/m} = 5000 \text{ A/m}$$

3. 常用螺线管中心轴线上和横截面上的磁场分布

从式（2-22）可以看出，螺线管中的磁场不是均匀的，在轴线上其中心最强，越往外越弱。在螺线管轴线上两端处，磁场强度仅为中心的一半左右。同样可以计算出，线圈同一截面上磁场也是不均匀的，靠近线圈内壁处磁场强度最大，而中心点上的磁场强度较小。图 2-31 表示了螺线管纵向和横向截面上磁场的分布。

从图 2-31 可以看出，在短螺线管的内部中心轴线（纵向）上，磁场分布极不均匀，中心比两端强。而有限长螺线管内部中心轴线上磁场强度则比较均匀，随着向线圈端部靠近，

磁场强度逐步减弱，两端处的磁场强度约为中心的 1/2。

不管是短螺线管还是有限长螺线管，在线圈的横截面上，靠近线圈内壁的磁场强度都较线圈中心强。

2.4.4　环形件绕电缆的磁场

将螺线管绕成环形并首尾相连，此时就形成了螺线环（见图 2-32）。在通电螺线环内，若环上的线圈很密，则磁场几乎集中在环内。

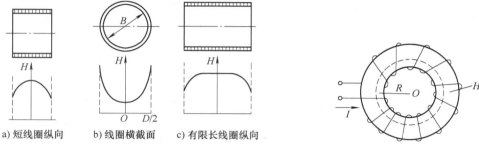

a) 短线圈纵向　　b) 线圈横截面　　c) 有限长线圈纵向

图 2-31　螺线管上的磁场分布　　　　　　　　　　图 2-32　螺线环

螺线环的磁力线都是同心圆，圆上各处的磁感应强度数值相等，方向与该处磁力线的圆弧相切，在数值上为

$$H = \frac{HI}{L} = \frac{NI}{2\pi R} \tag{2-23}$$

式中　H——螺线环内的磁场强度（A/m）；

　　　　N——螺线环的总匝数；

　　　　I——通过螺线环的电流（A）；

　　　　L——螺线环的平均长度（m）；

　　　　R——螺线环的平均半径（m）。

螺线环一般用来对环形试件进行检测，特别是对材料进行磁性测试。

2.4.5　电磁感应现象

电流在导体中流动能够产生磁场；同样，一个变化的磁场也能够在闭合的导体回路中产生电动势和电流。这种现象叫作电磁感应。

将一根磁铁棒和一个连接电流表的线圈做相对移动，可以看到电流表发生了偏转，这说明在线圈中有电流产生。拿开磁铁棒或停止其移动，线圈中的电流也就消失了。把一个没有电流的线圈放在另一个通有变化电流的线圈附近，原来没有电流的线圈的回路中也将产生电流。这说明线圈的变化磁场使原没有电流的线圈得到了电流。以上情况说明，不仅电流能产生磁场，而且变化的磁场能在电路中产生电流。两者之间是有密切联系的。

磁场所产生的电流的大小与其变化速率有关。磁铁棒或线圈移动的速度越快，线圈中产生的电流越强，反之则弱。这种由电磁感应所产生的电动势叫感应电动势，电流叫作感应电流。它们是由磁场中变化的磁通量所产生的。

感应电动势只能在磁通发生变化的磁场中产生。当磁通没有变化时，就不可能产生感应电动势及感应电流。

感应电动势与磁通量的变化率有如下的关系：

$$\varepsilon = \frac{\mathrm{d}\Phi}{\mathrm{d}t} \tag{2-24}$$

式中　ε——感应电动势（V）。

感应电动势是单位时间里的磁通变化率，负号表示感应电动势的方向。从式中可以看出，磁通量的变化速率大时，产生的感应电动势也就高；如果磁通量变化速率小时，感应电动势也就低。

感应电流在线圈中流动时，也要产生磁场。这种磁场叫感应磁场，它的方向与磁化磁场方向相反，对励磁磁场的变化总是起着反向的阻碍作用。常见的变压器就是利用电磁感应的原理制成的。一些测磁仪表、磁粉检测中的感应电流磁化方法都广泛利用了电磁感应现象。

2.5　磁场的合成

2.5.1　合成磁场的矢量加法

磁场是一个有方向和大小的物理量，即矢量。当两个或多个磁场同时对一个试件作用时，它们将遵从矢量合成规则在试件上形成合成磁场，试件则在合成磁场中得到磁化。

例如有两个磁场 $\boldsymbol{H}_1$ 和 $\boldsymbol{H}_2$ 同时作用于某一试件，试件上将得到合成磁场，如图2-33所示。

其合成的磁场强度 $\boldsymbol{H}$ 的数学表达式为

$$\boldsymbol{H} = \boldsymbol{H}_1 + \boldsymbol{H}_2 \tag{2-25}$$

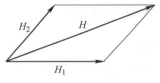

图2-33　磁场的合成

合成磁场有几种情况，一是各个分磁场方向完全在一条直线上，其磁场值为各个分磁场值的代数和；方向是绝对值大的磁场分量的方向。如果各个分磁场不在同一条直线上，其合成磁场的大小和方向将按矢量合成法则取决于原来各个磁场的大小和方向。

2.5.2　变化磁场的合成

在磁粉探伤中，为了发现不确定方向上的缺陷，经常用到两个或多个不同方向的变化磁场同时对一个试件作用，这时磁化试件的磁场是一个方向和大小都在随时间发生变化的合成磁场，又称为多向磁场或组合磁场（复合磁场）。如直流电产生的纵向磁场和交流电产生的周向磁场合成为摆动磁场；两个方向不同的交变磁场合成为旋转磁场等。这些合成磁场的特点是各个分磁场的方向和数值在不断变化，因而合成磁场的方向和数值（模）在某一瞬间是确定的，接着在另一瞬间又发生了变化。但是，在一定时间内磁场变化的轨迹却是按照一定规律在多方向变化。利用这种变化，可以在一定时间内对试件实施多个方向的磁化，以达到发现不同方向缺陷的目的。

**2.5.3　合成磁场实例

1. 摆动磁场

一个直流恒定磁场和一个交流变化磁场成一定角度（通常采用垂直）复合时，合成磁场随时间变化的轨迹是一个方向绕一固定轴线变化的螺旋形摆动磁场。磁粉探伤中常用的是一个直流纵向磁场和一个交流周向磁场同时对一个圆柱形试件进行磁化，该合成磁场就是一个磁场方向随时间变化的螺旋形摆动磁场。其摆动幅度由两个分磁场的大小决定。若两个磁场最大值相等时，则为上下摆动幅度为 $\pi/2$；若交流周向磁场大于直流纵向磁场时，摆动幅度将大于 $\pi/2$；反之则小于 $\pi/2$。但各瞬时的磁场强度是不相等的，如图 2-34 所示。

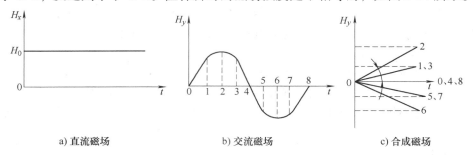

a) 直流磁场　　　　　　b) 交流磁场　　　　　　c) 合成磁场

图 2-34　螺旋形摆动磁场

摆动磁场可以用公式表示：

$$\boldsymbol{H} = \boldsymbol{H}_y + \boldsymbol{H}_x \tag{2-26}$$

磁场瞬间大小为

$$H = \sqrt{H_y^2 + H_x^2} = \sqrt{H_y^2 \sin^2(\omega t + \varphi) H_x^2} \tag{2-27}$$

磁场瞬间方向指向角

$$\alpha = \arctan \frac{H_y}{H_x} \tag{2-28}$$

从图中可以看出，摆动磁场的强度在各个方向上是不均匀的，不同方向上的检测灵敏度也不一致。

摆动磁场在固定式探伤机中得到广泛应用。

＊＊2. 磁轭交叉式旋转磁场

磁轭交叉式旋转磁场是旋转磁场中的一种。通常采用的交叉磁轭用两个相同的交流磁轭十字交叉组成，并通以有一定相位差的交流电，由于各磁轭磁场在工件上的叠加，其合成磁场便成了一个方向随时间周期性变化的旋转磁场。

图 2-35 是交叉磁轭的示意图。

交叉磁轭旋转磁场的强度大小取决于两个不同相位电流的大小和相位差。若通入的两个电流大小一样，相位角差 $\pi/2$ 时，其旋转磁场是一个平面上的正圆，如图 2-36 所示。

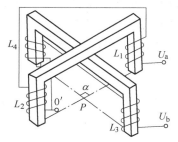

图 2-35　交叉磁轭示意

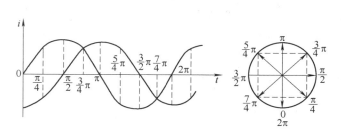

图 2-36　交叉磁轭旋转磁场的产生

2.6　磁路和退磁场

2.6.1　磁路和磁路定理

1. 磁路

铁磁材料磁化后不仅产生附加磁场，而且能把大部分磁通（磁感应线）约束在一定的闭合路径上，路径周围的空间由于磁导率太小而磁通很少。这种由磁感应线通过的闭合路径叫作磁路，它是由磁通通过的铁磁材料及空气隙（或其他弱磁质）所组成的闭合回路。在磁粉检测中，使工件在适当的磁路中得到必要的磁化，是磁粉检测工作的重要内容。

磁感应线通过的闭合路径有多种形式。其典型形式有以下三种：

第一种是工件材料在磁化方向上完全是连续的，磁感应线全部或大部分从铁磁材料中通过。如对中空管形工件进行中心导体磁化及环形件进行绕电缆法磁化（见图 2-29 和图 2-32）。此时磁场完全封闭在铁磁材料形成的路径中，路径外磁通泄漏很少。

第二种是工件材料在磁化方向上没有完全连续，磁感应线大部分从材料路径通过，但在不连续附近产生了外泄，即通过空气隙进行了闭合，如图 2-8 中前二图所示。

第三种是如图 2-7 所示的情形，磁感应线一方面从工件材料中通过，但大多数是从两磁极经过空气进行闭合。

三种形式中第一种最容易磁化，第二和第三种都较难以磁化。

** 2. 磁路定理

磁路定理又叫磁路欧姆定律。在磁粉检测中，通常用磁路定理来分析磁路。

设一均匀磁路的截面积为 S，长度为 L，磁导率为 μ，如图 2-32 密绕螺线环所示。环中的磁场强度为 $H = NI/L$，磁通量 $\Phi = BS = \mu HS$，将两式合并可得

$$\Phi = \frac{\mu SIN}{L} = \frac{IN}{R_\mathrm{m}} = \frac{F_\mathrm{m}}{R_\mathrm{m}} \tag{2-29}$$

式中　　F_m——磁势（Wb/H）；

R_m——磁阻（H^{-1}）。

磁阻 $R_\mathrm{m} = \dfrac{L}{\mu S}$，故磁路的磁阻与磁路的长度成正比，与其截面积及其磁路的铁磁材料的磁导率成反比。

式（2-29）称为磁路欧姆定律，又叫作磁路定理。

由于磁路中铁磁材料的磁导率不是常数，用磁路定理求解磁路的 F 和 Φ 的关系比较困难。磁路定理往往用来定性分析磁路的工作情况。实际计算磁路时，还需要在此基础上加以扩充。

磁粉检测中常用的电磁轭是典型的闭合磁路，由电磁轭铁、工件和空气隙组成，如图 2-37 所示。

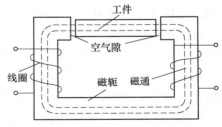

图 2-37　由电磁轭组成的磁路

2.6.2 退磁场

1. 退磁场现象

将直径相同，长度不同的几根圆钢棒，放在同一螺线管中用相同的磁场强度进行磁化。可以发现的是，几根钢棒磁化情况不一样，较长钢棒比较短钢棒容易得到磁化。这说明，除了磁介质的性质影响磁化外，试件的形状也明显影响磁化的效果。这种因试件形状对磁化的影响，是由试件中的退磁场产生的。

退磁场这种情况的出现，是由于钢棒在线圈中磁化时棒的两端出现了磁极。磁极产生的磁场与螺线管电流产生的磁场（磁化磁场）同时对钢棒磁化起作用，即钢棒是在磁化磁场和自身磁极产生的磁场的合成磁场中被磁化的。实验表明，不同长度的钢棒磁极产生的磁场大小不同，这个磁场与试件的磁化强度和形状有关，有减弱磁化磁场磁化力的作用，通常叫它退磁场。其方向与磁化磁场方向相反，所以也叫作叫反磁场，用 H_d 表示。

图 2-38 为退磁场的示意。

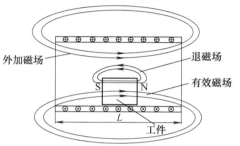

图 2-38 退磁场的示意

** 2. 退磁因子与有效磁场

在一个均匀磁化的试件中，如果以 H_0 表示磁化磁场，H_d 表示退磁场，H 为试件的实际有效磁场，则有

$$H = H_0 + H_d \tag{2-30}$$

由于 H_d 的方向与 H_0 的方向相反，在数值上则为

$$H = H_0 - H_d \tag{2-31}$$

H_d 与试件的磁极化强度 J 成正比，但方向相反，即

$$H_d = -N_d \frac{J}{\mu_0} \tag{2-32}$$

式中　N_d——比例系数，称为退磁因子，是一个与工件形状及磁化方向有关的数，负号表示了退磁场方向与磁化磁场方向相反。

从式（2-32）中可以看出，退磁场在数值上等于试件磁极化强度与退磁因子的乘积。铁磁材料的磁极化强度是一个随磁化磁场变化的量，而退磁因子主要与试件的形状因素有关。在相同磁场强度下，退磁因子越大，退磁场对磁化的影响也越大。

可以再做这样的实验，将几根直径和长度都相同的钢棒分别组合放入同样大小的外磁场中磁化，并测量钢棒端头的磁性。在钢棒材质相同的情况下，钢棒的组合数越多，端头的磁性就越低。同样道理，短而粗的试件和细而长的试件在相同条件下磁化时，前者的退磁场就比后者大得多。这些都说明了工件形状对磁化有很大的影响。

形状规则试件的退磁因子可用它的几何形状和尺寸进行计算。不规则的试件退磁因子多采用实验确定。环形工件周向磁化时不产生磁极，其 $N_d = 0$。球形工件 $N_d = 0.33$。长椭球、扁椭球以及圆柱体的钢铁试件的退磁因子 N 均与长度 L 和直径 D 的比值有关。长径比 L/D

值越大，N_d值就越小。表 2-2 表明了这种情况。

表 2-2 部分试件退磁因子（SI 制）

长径比	长椭球	扁椭球	圆柱体
1	0.3333	0.3333	0.27
2	0.1735	0.2364	0.14
5	0.0558	0.1248	0.040
10	0.0203	0.0696	0.0172
20	0.00144	0.0369	0.00617
100	0.000430	0.00776	0.00036

3. 试件长径比的计算

从表 2-2 中可以看出，随着试件长径比的增大，退磁因子 N_d 显著减小。在实际磁粉探伤磁化规范选择时，往往用计算试件长径比的方法来确定退磁场的影响。亦即采用有效磁导率的方法来确定磁化时的有效磁场。

形状规则的圆柱形试件，长径比直接采用试件的长度与试件直径相比，即 L/D。如果试件的断面为非圆形，则采用有效直径（与非圆断面工件面积相当的圆柱等效直径）来计算。有效直径公式为

$$D = 2\sqrt{S/\pi} \tag{2-33}$$

2.7 漏磁场和磁粉检测

2.7.1 漏磁场及其分类

在磁路中，如果出现磁导率差异很大的两种介质，在两者的分界面上，将产生磁极，形成漏磁场。这种由漏磁场形成的磁极将产生吸力，与铁磁性物质产生吸引。

如果一个环形磁铁两端完全熔合，便没有磁感应线的溢出，也不会出现磁极。因而也没有漏磁场产生。如果磁铁上有空气隙存在，则气隙两端将产生磁极而具有磁性吸力，形成漏磁场。

磁粉检测中，漏磁场通常有以下几种情况：

1）磁铁端面的漏磁场。这种漏磁场是人们为了使用磁铁的吸力而刻意制作的，如条形、U 形或其他形状的永久磁铁，磁粉检测中使用的电磁轭等就属于这一种。这种漏磁场具有较强的吸力，通常用来磁化其他零件。

2）由磁化试件形状引起的漏磁场。如试件加工时，一些人为制作的阶梯或槽孔，两种零件的组合连接的接缝等形成了不同界面。这些不同界面破坏了铁磁材料的连续性，在磁化时产成了磁感应线的折射。由于铁磁材料与空气磁导率差异很大，形成的漏磁场较强。

3）不同磁导率的材料在磁化时，其连接的界面上也将产生漏磁场。如采用奥氏体不锈钢焊条焊接的普通钢接头，或磁性差异较大的钢的焊接接头等。这种漏磁场视连接处两种材料磁导率的差异，形成漏磁场的大小也不相同。

4）试件中缺陷产生的漏磁场。这种漏磁场为试件材料的不连续性——缺陷（如裂纹、气孔、夹杂物等）在磁化时所产生，影响了材料的使用。这种缺陷产生的漏磁场是磁粉检测或漏磁场检测的重点，对这类漏磁场进行检测和评价，是磁粉检测的重要任务。

图 2-39 表示了环形磁铁上有无缺陷时的磁场情况。

2.7.2 缺陷处漏磁场的分布规律

缺陷上漏磁场形成的原因，是由于空气或其他非磁性材料的磁导率远低于钢铁的磁导率。如果在磁化了的钢铁试件上存在缺陷，则磁感应线优先通过磁导率高的试件，从缺陷下部基体材料的磁路中"压缩"通过，另一部分则从缺陷外 N 极进入空气再回到 S 极，形成漏磁场。图 2-40 表示了磁感应线从空气隙中通过的情形。

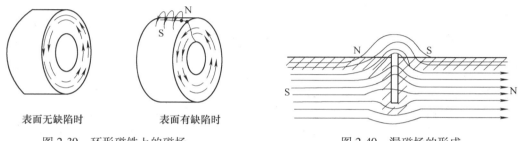

表面无缺陷时	表面有缺陷时

图 2-39　环形磁铁上的磁场　　　　　　图 2-40　漏磁场的形成

从图中可以看出，磁感应线是从三个路径通过的。一部分是从缺陷下部钢铁材料中通过，形成了磁感应线被"压缩"的现象；一部分磁感应线直接从工件缺陷中通过；另一部分磁感应线折射后从缺陷上方的空气中逸出，通过裂纹上面的空气层再进入钢铁中，形成漏磁场，而裂纹两端磁感应线进出的地方则形成了缺陷的漏磁极。其原因是下部磁阻较低，磁感应线优先从磁阻最小处通过，很快达到局部磁饱和，这时只能从上部空气隙中通过，由于受到磁极的不同作用，一部分通过气隙回到试件，一部分被挤入试件外从空气中再回到试件。

缺陷漏磁场的强度和方向是一个随材料磁特性及磁化磁场强度变化的量。缺陷处的漏磁通密度可以分解为水平分量 B_x 和垂直分量 B_y。水平分量与钢材表面平行，垂直分量与钢材表面垂直。图 2-41 表示了缺陷处的漏磁场。从图中可以看出，垂直分量在缺陷与钢材交界面最大，是一个过中心点的曲线，磁场方向相反。水平分量在缺陷界面中心最大，并左右对称。如果两个分量合成，就形成了缺陷处的漏磁场的分布。

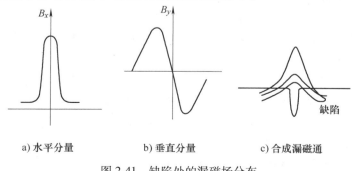

a) 水平分量　　　　　　b) 垂直分量　　　　　　c) 合成漏磁通

图 2-41　缺陷处的漏磁场分布

由于试件中的缺陷一般相对较小，这些漏磁场无法形成大的磁力，但足以吸引微细的铁磁粉末以显示它的存在。

2.7.3 影响缺陷漏磁场大小的因素

真实的缺陷具有复杂的几何形状，计算其漏磁场是困难的。但这并不是说漏磁场是不可以认识的。可以对影响缺陷漏磁场的一般规律进行探讨。影响缺陷漏磁场的主要因素有：

1. 磁化磁场的影响

从钢铁的磁化曲线中可知，磁化磁场的大小和方向直接影响磁感应强度的变化。而缺陷的漏磁场大小与工件材料的磁化程度有关。一般说来，在材料未达到近饱和前，漏磁场的反应是不充分的。这时磁路中的磁导率 μ 一般呈上升趋势，磁化不充分，则磁感应线多数向下部材料处"压缩"。而当材料接近磁饱和时，磁导率已呈下降趋势，此时漏磁场将迅速增加，如图 2-42 所示。

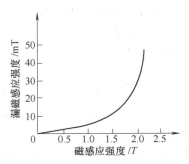

图 2-42 漏磁场与钢材磁感应强度的关系

2. 工件材料及状态的影响

不同钢铁材料的磁性是不同的。在同样磁化磁场条件下，它们的磁性各不相同，磁路中的磁阻也不一样。对材料的磁特性分析证明，在材料的近饱和处，不同材料的磁导率与最大磁导率的比值（μ/μ_{max}）是有差异的。从统计规律看，磁性较软的材料比值较小，而磁性较硬的材料比值较大。反映了磁性较软的材料在近饱和处磁阻变大，容易逸出形成漏磁场。

3. 缺陷位置及形状的影响

钢铁材料表面和近表面缺陷都会产生漏磁通。不过随着缺陷埋藏深度的加大，缺陷的显现能力将急剧恶化。这是由于同样的缺陷埋藏深度过深时，被弯曲的磁感应线难以逸出表面，不容易形成漏磁场。在埋藏深度为 1~2mm 的情况下，只有高 1.5~3mm 或以上的十分粗大的缺陷才能被发现。图 2-43 表示了缺陷埋藏深度与漏磁场的关系。

缺陷倾角方向同样对漏磁场大小有影响。当缺陷倾角方向与磁化磁场方向平行时所产生的漏磁场最小。当缺陷倾角方向与磁化磁场方向垂直时，缺陷所阻挡

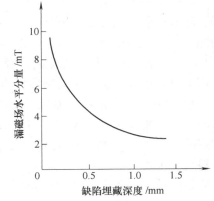

图 2-43 缺陷埋藏深度的影响

的磁通最多，漏磁场最强，也最有利于缺陷的检出。而缺陷倾角方向与磁化磁场成某一角度时，漏磁场主要由磁感应强度的法向分量决定。一般说来，缺陷倾角方向如果不小于 45°，对显示的影响不大；但在缺陷倾角小于 20°的条件下，缺陷显现将很不可靠或者根本显现不出来。

在表面缺陷开口宽度相同的条件下，如果缺陷高度不同，产生的漏磁场也不一样。高度 h 更大或者高宽比 h/b 更大的缺陷会显现得更好。而缺陷的长度 l，只要不小于 0.5mm 便对

显现能力没有影响。深宽比越大，漏磁场也越强，缺陷也越容易被发现。气孔比横向裂纹产生的漏磁场小。球孔、柱孔、链孔等形状都不利于产生大的漏磁场。

4. 钢材表面覆盖层的影响

工件表面非磁性覆盖层会导致漏磁场在表面上的减小。一般情况下，覆层厚度在 $20\mu m$时可认为没有影响。但更大的覆层厚度将造成显示能力的恶化。当覆层厚度在 $100\sim150\mu m$时，只能检测出高为 $150\mu m$ 以上的粗大缺陷。

若工件表面进行了喷丸强化处理，由于处理层的缺陷被强化处理所掩盖，漏磁场的强度也将大大降低，有时甚至影响缺陷的检出。

5. 磁化电流种类的影响

不同种类的电流对工件磁化的效果不同。交流电磁化时，由于趋肤效应的影响，表面磁场最大，表面缺陷反应灵敏，但随着表面向里延伸，漏磁场显著减弱。直流电磁化时渗透深度最深，能发现一些埋藏较深的缺陷。因此，对表面下的缺陷，直流电产生的漏磁场比交流电产生的漏磁场要大。

2.7.4　磁粉在漏磁场中的受力分析

在磁粉探伤中，漏磁场是用磁粉显示的。所谓磁粉，是一种粉末状的磁性物质。有一定的大小、形状、颜色和较高的磁性。它能够被漏磁场所磁化，并受到漏磁场磁力的作用，形成堆积的图像，即所谓"磁痕"或"显示"。

磁粉被漏磁场的吸引可以这样描述：

设一工件表面有一狭窄的缺陷。当工件被平行于表面的磁场磁化时，缺陷将产生漏磁场，随着磁化磁场强度 H 的增大，缺陷上漏磁场也将适当加强。由于磁粉是一个个的活动的磁性体，在磁化时，磁粉的两端将受到漏磁场力矩的作用，产生与吸引方向相反的 N 极与 S 极，并转动到最容易被磁化的位置上；同时磁粉在指向漏磁场强度增加最快方向上的力的作用下，被迅速吸引向漏磁场最强的区域。

图 2-44 表示了磁粉在漏磁场处被吸引的情况。可以看出，当磁粉在磁极区通过时将被磁化，并沿磁感应线排列起来。当磁粉的两极与漏磁场的两极相互作用时，磁粉就会被吸引并加速移到缺陷上去。漏磁场磁力作用在磁粉微粒上，其方向指向磁感应线最大密度区，即指向缺陷处。

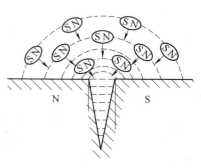

图 2-44　缺陷处磁粉受力图

磁粉在缺陷漏磁场处堆积形成的磁痕显示是一种放大了的缺陷图像，它比真实缺陷的宽度大数倍到数十倍。磁痕不仅在缺陷处出现，在材料其他不连续处都可能出现。

磁粉被漏磁场吸附的过程是一个复杂的过程，它受到的不仅是磁力，还有重力、液体分子的悬浮力、摩擦力、静电力等的作用，但这些作用都是以漏磁场产生为条件的。因此，磁粉探伤是一种利用铁磁材料漏磁场吸引磁粉显示出缺陷的方法，没有漏磁场存在，磁粉检测便发现不了缺陷。

2.8 光学知识

2.8.1 可见光与紫外光

1. 可见光

可见光是人眼能接收到的光，是电磁波中的一种。波长不同的电磁波，引起人眼的颜色感觉不同。可见光的波长在 380~740nm 范围内，625~740nm 感觉为红色，590~625nm 为橙色，565~590nm 为黄色，500~565nm 为绿色，485~500nm 为青色，450~485nm 为蓝色，380~450nm 为紫色。大于红色光波长的光为红外线，小于紫色光波长的光为紫外线，又叫紫外光。我们通常看到的白光，是不同波长的光混合的结果。

单位面积上接受的可见光的大小（照度）用照度计直接进行测量。照度单位为勒克斯（lx）。磁粉检测采用白光照明时试件上的照度应不低于 500 lx，通常都是在 1000lx 左右。

2. 紫外线

紫外线又叫作紫外光，它是电磁波的一种，波长范围为 100~400nm，是一种不可见光。在磁粉检测中，紫外线通常由专用的紫外线灯产生。

按国际照明委员会规定，紫外线分为三个范围：

波长为 320~400nm 的紫外线称作 UV-A，又叫作黑光或长波紫外线。UV-A 可以直达肌肤的真皮层，破坏弹性纤维和胶原蛋白纤维，将我们的皮肤晒黑，故又称为长波黑斑效应紫外线。日光中含有的长波紫外线有超过 98% 能穿透臭氧层和云层到达地球表面。这种紫外线有很强的穿透力，可以穿透大部分透明的玻璃以及塑料。可透过完全拦截可见光的特殊着色玻璃灯管，仅辐射出以 365nm 为中心的近紫外光，可用于矿石鉴定、舞台装饰、验钞等场所。在磁粉检测和渗透检测中常用该波段紫外线作为激发荧光物质（荧光磁粉或荧光渗透液）产生荧光的光源。

波长为 280~320nm 的紫外线称作 UV-B，又叫作中波紫外线。UV-B 具有中等穿透力，对人体具有红斑作用，使皮肤在短时间内晒伤、晒红（对一般人来说是 25min 左右），故又称为中波红斑效应紫外线。

波长 100~280nm 的紫外线称作 UV-C，又称为短波灭菌紫外线。UV-C 的穿透能力最弱，无法穿透大部分的透明玻璃及塑料。短波紫外线对人体的伤害很大，短时间照射即可灼伤皮肤，长期或高强度照射还会造成皮肤癌。

紫外线的强度通常用辐照度表示。所谓辐照度，是指在某一指定表面上单位面积上所接受的辐射能量。辐照度用 E 表示，单位为瓦每平方米（W/m^2）。辐照度可用紫外线辐照度计进行检查。

2.8.2 亮度对比与光致发光

1. 亮度对比

颜色或色彩是通过眼、脑和我们的生活经验所产生的一种对光的视觉效应。光线照射到不同物体，物体表面上会产生不同明暗的景象，反映出物体的不同颜色。

对比度指的是一幅图像中明暗区域最亮的白和最暗的黑之间不同亮度层级的测量，差异范围越大代表对比度越大，差异范围越小代表对比度越小。这种明暗对比又叫作亮度的反差。对于我们要观察的识别的对象，其亮度与观察背景的亮度反差越大越好，这样有利于对象的识别。还有一种是颜色的差异，不同颜色之间的对比差异是不同的，一个弥散地反射所有波长的光的表面是白色的，而一个吸收所有波长的光的表面是黑色的，黑白之间的反差最为人熟悉。

人眼对颜色和亮度都很敏感。但并不是对所有强度等级的亮度或所有颜色都具有同等敏感程度，人眼对 380～740nm 波长的光起作用，而对光谱中心的黄绿波长最敏感。响应曲线呈铃罩形，分别在 380nm 和 740nm 左右降到最低点，如图 2-45 所示。

在磁粉检测中，希望缺陷形成的磁粉图像（磁痕）能最大限度地被人眼识别。这就要求磁痕能具有人眼最敏感的颜色且与试件表面颜色形成最大的反差。

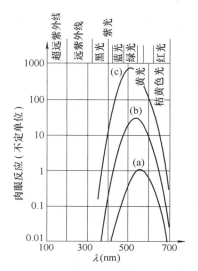

图 2-45　人眼对可见光的
相对平均反映

2. 光致发光

发光的物体称为光源，也称为发光体。一些物质（如荧光物质）本身不能发光，但在一定的光源照射下会发出某一波段的单色光或混合光的现象，这种现象叫作光致发光，是一个冷发光现象。其原理是：当某种常温物质经某种波长的入射光（通常是紫外线或 X 射线）照射，吸收光能后进入激发态，发出比入射光的波长长的出射光（通常波长在可见光波段）。一旦停止入射光，发光现象也随之立即消失。

磁粉检测中利用光致发光的原理，采用紫外线对某类荧光物质制成的磁粉进行照射，荧光物质即发出波长范围为 510~550nm 的黄绿色荧光。这种荧光最为人眼所感知，有利于最大限度地识别缺陷。在荧光系统中，磁痕是亮点，由于激发出大量可见光和存在人眼看不见的紫外光，使得非荧光本底呈低亮度而相应反差比就高。在一个全黑的观察区域内，有效反差比能达到 200∶1 或更高。这样就能更有效地对缺陷磁痕进行识别。

复 习 题

一、选择题（含多项选择）

*1. 下面关于磁场的叙述，正确的是： 　　　　　　　　（　　）

  A. 磁场就是电场　　　　　　　　 B. 磁场就是电磁场

  C. 磁场具有大小和方向　　　　　　 D. 磁场具有能量

*2. 一个条形磁铁周围的磁场是怎样分布的？ 　　　　　（　　）

  A. 是均匀分布的　　　　　　　　　 B. 离磁铁越近磁场越强

  C. 磁铁两端磁极处磁场最强　　　　 D. 磁通分散不闭合

*3. 下列关于磁力线的叙述中，正确的是： （　　）

    A. 磁力线是用来描述磁场的　　　　　　B. 磁力线永不相交

    C. 磁力线沿磁阻最小的路径通过　　　　D. 以上都正确

*4. 通过某有限面积的磁力线总数叫作： （　　）

    A. 磁感应强度　　　　　　　　　　　　B. 磁场强度

    C. 磁导率　　　　　　　　　　　　　　D. 磁通量

*5. 磁感应强度和磁场强度的比值叫作： （　　）

    A. 剩磁感应强度　　　　　　　　　　　B. 矫顽力

    C. 磁导率　　　　　　　　　　　　　　D. 磁通量

*6. 磁场强度的单位是： （　　）

    A. 高斯　　　　　　　　　　　　　　　B. 牛

    C. 安每米　　　　　　　　　　　　　　D. 亨每米

*7. 磁感应强度的单位是： （　　）

    A. 奥斯特　　　　　　　　　　　　　　B. 特斯拉

    C. 韦伯　　　　　　　　　　　　　　　D. 麦克斯韦

*8. 材料磁导率表示的意义是： （　　）

    A. 材料被磁化的难易程度　　　　　　　B. 保磁能力

    C. 退磁场的大小　　　　　　　　　　　D. 磁场对材料的穿透能力

*9. 铁磁材料是指： （　　）

    A. 含铁的材料　　　　　　　　　　　　B. 能被强烈磁化的材料

    C. 不能磁化的材料　　　　　　　　　　D. 能吸引别的物体的材料

*10. 铁磁材料具有下列哪些特点？ （　　）

    A. 有磁滞现象　　　　　　　　　　　　B. 能在磁化中达到饱和

    C. 具有大的磁导率　　　　　　　　　　D. 以上都是

11. 铁磁性物质在加热时，铁磁性消失而变为顺磁性物质的温度叫作： （　　）

    A. 饱和点　　　　　　　　　　　　　　B. 居里点

    C. 熔点　　　　　　　　　　　　　　　D. 转向点

12. 铁磁材料加热到居里点以上时，会出现什么现象？ （　　）

    A. 由铁磁性转变为顺磁性　　　　　　　B. 被磁化

    C. 保留原来磁性　　　　　　　　　　　D. 变为逆磁性

13. 下列关于磁化曲线的叙述中，正确的是： （　　）

    A. 磁化磁场在正负两个方向上往复变化时所形成的封闭曲线

    B. 磁滞回线在第二象限中所对应的磁场强度 H 与磁感应强度 B 的关系曲线

    C. 铁磁介质在初始磁化过程中，磁场强度 H 与磁感应强度 B 的关系曲线

    D. 表示剩余磁导率随磁场强度变化的规律的曲线

14. 关于磁滞回线的叙述中，正确的是： （　　）

    A. 铁磁材料的磁滞回线的大小都是相同的

    B. 磁滞回线封闭的面积越大，其剩磁也越大

    C. 剩磁大的材料容易被磁化

D. 矫顽力大的材料容易被磁化

15. 下列有关磁特性曲线的叙述中，哪种说法是正确的？ （　　）

    A. 在磁滞回线上，把 H 为零时的 B 值称为矫顽力

    B. 在磁导率曲线上，曲线最高点表示退磁场的大小

    C. 磁化曲线是表示磁场强度与磁通密度关系的曲线

    D. 以上都正确

16. 关于同一种结构钢的磁特性，正确的是： （　　）

    A. 淬火钢比退火钢的磁导率低

    B. 淬火后随着回火温度的升高，矫顽力降低

    C. 退火钢的矫顽力最大

    D. 不管经过何种热处理，其磁性都一样

17. 材料的矫顽力表示的是： （　　）

    A. 磁滞回线上磁场强度为零时的磁感应强度

    B. 除去材料内残余磁场所需的反向磁场强度

    C. 材料退磁场的大小

    D. 材料磁化的难易程度

*18. 硬磁材料具有什么特点？ （　　）

    A. 高磁导率　　　　　　　　　　B. 低矫顽力

    C. 磁滞回线肥大　　　　　　　　D. 易于退磁

*19. 下列关于通电导体磁场的叙述中，错误的是： （　　）

    A. 通电导体能产生磁场

    B. 磁场只存在于通电导体的内部

    C. 磁场的大小与导体通过电流大小有关

    D. 磁场中的每一点只有一个确定的磁场方向

20. 下列关于通电长直圆导体电流形成的磁场叙述中，正确的是： （　　）

    A. 磁场方向遵循右手定则

    B. 导体周围的磁场为以导体轴线为中心的圆形

    C. 导体外磁场的大小与离导体的距离成正比

    D. 导体内的磁场大小与距导体中心的距离成反比

*21. 同样尺寸的钢棒和铜棒通以相同的电流时，在它们表面会出现什么结果？ （　　）

    A. 磁场强度相等　　　　　　　　B. 磁导率相等

    C. 磁感应强度相等　　　　　　　D. 矫顽力相等

22. 同样大小的电流通过两根尺寸相同的导体时，一根是磁性材料，另一根是非磁性材料，其表面的磁场强度特点是： （　　）

    A. 磁性材料的较强　　　　　　　B. 非磁性材料的较强

    C. 随材料磁导率变化　　　　　　D. 磁场强度相同

*23. 空心导体直接通过电流时产生磁场的情况是： （　　）

    A. 内外表面都没有磁场　　　　　B. 只有内表面没有磁场

    C. 内表面磁场最大　　　　　　　D. 内外表面磁场一样大

*24. 在长直工件上绕电缆通电方法产生的磁场是： （ ）

    A. 周向磁场   B. 纵向磁场

    C. 摆动磁场   D. 旋转磁场

*25. 影响线圈中的磁场大小的因素有： （ ）

    A. 线圈的直径   B. 线圈的形状

    C. 线圈的匝数   D. 以上都是

26. 下列关于有限长线圈的叙述中哪些是正确的？ （ ）

    A. 线圈磁场方向是与中心轴线始终平行的

    B. 线圈内部中心轴线上磁场强度处处相同

    C. 线圈轴上的磁场以中心最强

    D. 当线圈的长度、匝数和电流一定时，线圈的直径越大，其中心磁场越强

27. 两个材料和尺寸都相同的圆铁棒放入线圈中进行磁化，出现的现象是： （ ）

    A. 两个零件轴向并联时最容易被磁化

    B. 两个零件轴向串联时最容易被磁化

    C. 单个零件轴向放置时最容易被磁化

    D. 单个零件垂直放置时最容易被磁化

28. 把两个材料长度和外径都相同的圆棒和圆管的零件分别放入线圈中磁化，更容易被磁化的是： （ ）

    A. 圆管零件   B. 圆棒零件

    C. 两种零件磁化效果相同   D. 无法比较

29. 计算工件的长径比是为了确定下列哪个参数？ （ ）

    A. 磁场强度   B. 退磁因子

    C. 磁感应强度   D. 磁化程度

30. 两个不同方向的磁场作用于同一物体，得到的磁场是一个合成磁场。合成磁场的方向是： （ ）

    A. 大磁场的方向   B. 小磁场的方向

    C. 两磁场方向的代数和   D. 两磁场方向的矢量和

31. 所谓旋转磁场，是指： （ ）

    A. 磁场方向是一个圆形

    B. 磁场方向按顺时针或逆时针方向做周期性转动变化

    C. 在同一时刻，磁场方向具有多个方向

    D. 方向做无规律的自由旋转

*32. 工件磁化时，可能产生最大退磁场的磁化方法是： （ ）

    A. 通电法   B. 中心导体法

    C. 线圈法   D. 感应电流法

33. 影响退磁场大小的因素有： （ ）

    A. 工件的形状   B. 工件的磁化方法

    C. 工件的磁化磁场   D. 以上都是

*34. 零件上缺陷处积聚的磁粉是由什么吸引的？ （ ）

A. 矫顽力   B. 工件的质量

C. 漏磁场的磁力   D. 静电场的引力

*35. 下列关于工件表面裂纹的漏磁场的叙述中，正确的是：   (   )

    A. 裂纹的深度越大，漏磁场越小

    B. 裂纹的宽度一样时，深度越深，漏磁场越大

    C. 漏磁场随着工件磁感应强度的增加而减小

    D. 磁场强度增大漏磁场也随比例增大

36. 影响磁路磁阻的主要因素有：   (   )

    A. 磁路长度的大小   B. 磁路截面的大小

    C. 磁路介质磁导率的大小   D. 以上都是

*37. 可见光的波长范围是：   (   )

    A. 380~740nm   B. 320~400nm

    C. 100~400nm   D. 没有一个确定的值

*38. 波长为320~400nm的紫外线属于哪一种紫外线？   (   )

    A. 黑光   B. UV-A

    C. UV-B   D. UV-C

二、问答与计算题

*1. 说明磁性、磁体、磁极、磁力和磁场的概念。

*2. 磁力线有哪些特征？

*3. 什么是磁场强度、磁通量和磁感应强度？用什么符号表示？在 SI 和 CGS 单位制中单位是什么？如何换算？

4. 什么是磁导率？在磁粉检测中，常用到哪些磁导率？其物理意义是什么？

5. 铁磁性材料、顺磁性材料和抗磁性材料的区别是什么？

6. 简述铁磁材料的磁化曲线、磁滞回线的特点和剩磁感应强度、矫顽力、最大磁导率的物理意义。

7. 影响铁磁材料磁性的主要因素有哪些？

8. 磁性材料是怎样进行分类的？各类材料有何特点？

*9. 叙述通电导体和通电螺线管产生的磁场特点。

*10. 铁磁性工件磁化有哪些特点？磁粉检测是如何利用这些特点的？

11. 什么是退磁场？影响退磁场大小的因素有哪些？如何计算工件的长径比？

12. 磁力线通过不同物质的界面时，将会发生什么现象？

13. 试叙述工件上有缺陷的地方的漏磁场的形成原因？

*14. 影响漏磁场的因素有哪些？它们是怎样影响漏磁场的？

*15. 什么是对比度？对比度主要有哪两种形式？

16. 什么是光致发光？磁粉检测中如何应用光致发光这一现象？

17. 一钢棒长500mm，直径50mm，通以1000A电流磁化，求钢棒表面的磁场强度。

18. 一螺线管绕5匝，通以1000A电流，另一同样尺寸螺线管绕10匝，通以500A电流。问两个线圈中心磁场强度是否相等？

19. 一圆管工件，尺寸为$\phi50mm\times10mm\times200mm$，现要在线圈中磁化，试求工件的长径

比为多少?

20. 已知工件的直径 $D = 50\text{mm}$,若采用通电法使其表面的磁化磁场强度为 2400A/m,则应施加多大的磁化电流?

21. 设磁感应强度 $B = 0.8\text{T}$,相对磁导率 $\mu_r = 400$,求磁化磁场强度 H 为多少?

22. 一圆形导体直径为 200mm,通以 8000A 的直流电,求与导体中心轴线相距 50mm、100mm、400mm 及 1000mm 处的磁场强度 H_1、H_2、H_3、H_4 并用图示法表示出导体内外磁场强度的分布曲线。

复习题参考答案

一、选择题

1. C、D; 2. C; 3. D; 4. D; 5. C; 6. C; 7. B; 8. A、B; 9. B; 10. D; 11. B; 12. A; 13. C; 14. B; 15. C; 16. B; 17. B; 18. C; 19. B; 20. A、B; 21. A; 22. D; 23. A; 24. B; 25. D; 26. C; 27. C; 28. A; 29. B; 30. D; 31. B; 32. C; 33. D; 34. C; 35B; 36. B; 37. A; 38. AB。

二、问答与计算题

问答题(略)

计算题:17. $H \approx 6400\text{A/m}$; 18. 相等; 19. $L/D = 6.7$; 20. $I \approx 380\text{A}$; 21. $H \approx 1600\text{A/m}$;
22. $H_1 = 6369.4\text{A/m}$、$H_2 = 12738.8\text{A/m}$、$H_3 = 3184.7\text{A/m}$、$H_4 = 273.9\text{A/m}$

第3章　磁粉检测设备与材料

3.1　检测设备的命名方法和分类

3.1.1　磁粉探伤设备的命名方法

磁粉检测设备是产生磁场、对工件实施磁化并完成检测工作的专用装置，是磁粉检测中不可缺少的物质条件。磁粉检测设备通常叫作磁粉探伤机，便携式或移动式设备也叫作磁粉探伤仪；大型的集多种功能于一体的也叫作检测系统。我国磁粉探伤设备应按以下方式命名：

$$\begin{matrix} C & \times & \times & - & \times \\ \downarrow & \downarrow & \downarrow & & \downarrow \\ 1 & 2 & 3 & & 4 \end{matrix}$$

第 1 部分 —— C，代表磁粉探伤机（仪）；
第 2 部分 —— 字母，代表磁粉探伤机的磁化方式；
第 3 部分 —— 字母，代表磁粉探伤机的结构形式；
第 4 部分 —— 数字或字母，代表磁粉探伤机的最大磁化电流或探头形式。
常见的磁粉探伤机命名的参数见表 3-1。

表 3-1　磁粉探伤机命名的参数

第一个字母	第二个字母	第三个字母	第四个数字	代表含义
C				磁粉探伤机
	J			交流
	D			多功能
	E			交直流
	Z			直流
	X			旋转磁场
	B			半波脉冲直流
	Q			全波脉冲直流
		X		携带式
		D		移动式
		W		固定式
		E		磁轭式
		G		荧光磁粉探伤
		Q		超低频退磁
			如 1000	周向磁化电流 1000A

如 CJW-4000 型为交流固定式磁粉探伤机，最大周向磁化电流为 4000A；又如 CZQ-6000 型为超低频退磁直流磁粉探伤机，最大周向磁化电流为 6000A；CEE-1 为交直流磁轭式磁粉探伤仪，型式为第一类。

3.1.2 磁粉探伤机的分类

1. 磁粉探伤机的分类方法

按照我国技术标准，按其结构将磁粉探伤机分为一体型和分立型两大类。其中一体型是由磁化电源、夹持、磁粉施加、观察、退磁等部分组成一体的磁粉探伤机；分立型是将探伤机的各组成部分按功能制成独立的装置，在探伤时组成系统使用，分立装置一般有磁化电源、夹持装置、退磁装置、断电相位控制器等。

不同的探伤机中，磁化电源、指示与控制装置都是其不可缺少的组成部分。

按设备的使用和安装环境以及磁粉探伤机的结构和用途，磁粉探伤机通常可分为便携式电磁体、可移动的磁化电源、固定式（床式）设备以及专用检测系统等。其中，便携式电磁体或可移动的磁化电源属于分立型探伤机；而固定式（床式）设备多属于一体型设备；专用检测系统按其检测范围和要求，有的为一体型，有的则由多个分立系统组成专用检测线。

2. 常见典型设备的分类

（1）便携式电磁体 便携式电磁体是一种手持式电磁铁，由检测探头和电源仪器两部分组成，用电缆进行连接。探头采用硅钢片叠制成轭状铁心，通常又叫电磁轭。磁化线圈包覆在磁体铁心上。线圈通电后铁心得到磁化并产生足够的磁场，去感应磁化工件。便携式磁体通常有 Π 形和十字交叉旋转磁体两种，如图 3-1 和图 3-2 所示。Π 形磁体有的具有可调节关节，使得极靴在与非规则表面或具有夹角的表面接触时能够调节，可用于制件的局部磁化检查。Π 形磁体有直流和交流两种，产生纵向磁场，磁场方向主要沿磁体两磁极的连线存在。十字交叉磁轭通入的是两组不同相位的交流电流，产生的是旋转磁场。便携式磁粉探伤机体积小，质量小，可随身携带，适用于外场和高空作业，一般多用于钢焊接接头的检查和锅炉与压力容器的焊缝探伤、飞机的现场探伤，以及大中型工件的局部探伤。也有采用永久磁铁制成便携式磁轭的，主要用于无电源地方或特定场合。

图 3-1 Π 形便携式电磁体

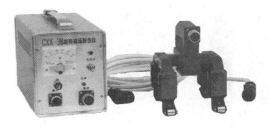

图 3-2 磁轭式旋转磁场探伤仪

（2）可移动式磁化电源　可移动式磁化电源也是一种分立式的探伤装置，又叫大电流发生器。它具有较大的灵活性和良好的适应性，能在许可范围内自由移动，适应不同检查的要求。这种磁化电源实际上是一个中小功率的磁化电流发生装置。主体是一个用晶闸管控制的低电压大电流变压器，电流类型多为交流电或半波整流电。磁化电源通常配有支杆式触头、简易磁化线圈（或电磁轭）、软电缆等附件，并装有滚轮或配有移动小车，主要检查对象为不易移动的大型制件或钢结构件，如对大型铸锻件、船舶钢结构件、大型桥梁、多层式高压容器环焊缝和管壁焊缝的质量检查等。这类设备的外形如图 3-3 所示。

该类型设备的磁化电流和退磁电流从 1000A 到 6000A，甚至可以达到 10000A。

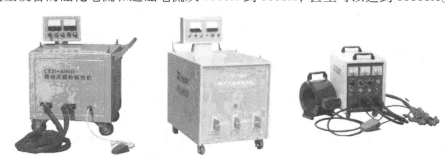

图 3-3　可移动式磁化电源

（3）固定式磁粉探伤机（磁化床）　这是一种安装在固定场所的探伤装置，又叫作床式设备，体积和质量较大。结构形式可分为平放式（卧式）和直立式两种，一般多用卧式，额定周向磁化电流为 1000~15000A 不等。它能提供被检查的工件所需的磁化电流或磁化安匝数，能对其实施周向、纵向或多向磁化。磁化电流可以是交流电流，也可以是整流电流。采用整流电流的设备多数是用低压大电流经过整流得到的，磁化安匝数由装在设备上的线圈或绕在专用铁心上的线圈（磁轭）提供。探伤机上有夹持试件的磁化夹头（接触板）和放置试件的工作台及格栅，探伤机的电流和夹头距离可以调节，以适应不同直径和长度的工件，可对中小工件进行整体磁化和批量检查。固定式磁粉探伤机功能较为齐全，检查速度较便携式和移动式快，但所能检测制件的最大截面受设备最大磁化电流限制。

固定式磁粉探伤机通常用于湿法检查。探伤机上有存储磁悬液的容器、搅拌用的液压泵和可调节压力与流量的喷枪。同时固定式磁粉探伤机一般还安装有观察磁痕用的照明装置和退磁装置，还常常备有触头和电缆，以适应检查工作的需要。图 3-4～图 3-6 是几种常用的固定式磁粉探伤机的外形图。

图 3-4　CEW-2000 型探伤机

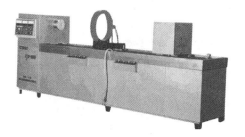

图 3-5　CJW-9000 型磁粉探伤机

（4）专用检测设备及检测系统（一体化固定磁粉探伤系统）　随着工业生产的迅猛发展和科学技术的不断进步，专用检测设备及检测系统得到广泛使用，特别是在汽车、内燃机、铁道、兵器等行业中使用较多，增加了不少的品种。这类系统通常用于半自动化或自动化检查，多用于特定试件的批量检查。由于采用半自动化技术，大大地减轻了操作人员的劳动强度，提高了检测效率。几种专用检测设备的外形如图3-7所示。

图3-6　CZQ-6000型超低频退磁交直流磁粉探伤机

CJH-3000A 弹簧
荧光磁粉探伤机

CJG-2000 型轴承滚柱
磁粉探伤机

CXG-9000E 型环型件
磁粉探伤机

CDG-1000A 型螺栓专用
磁粉探伤机

图3-7　几种专用磁粉检测设备外形图

专用检测系统是在专用检测设备上发展起来的一体化系统。它除了具有一般的检测功能外，还具有其他的一些检测辅助功能，如清洗、进料、自动退磁等。也就是说，除了人工观察评定外，其他都已经采用自动操作。

图3-8所示是一种针对石油输油管道用的管接箍的半自动专用多工位磁粉检测线。

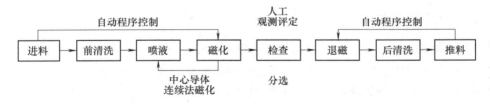

图3-8　管接箍半自动线

从图中可以看出，检测系统将进料、清洗、磁化（中心导体法）、喷淋、检查、退磁、后清洗等不同工序连成一条自动生产线，人工只是对磁化后工件进行观察和评定，其余全由机械手按程序自动操作。生产线由若干台设备联合而成，由计算机软件实现编程处理，极大地提高了劳动生产率，减轻了检测人员的体力劳动。

在专用检测系统中，通常应用电子技术和微电脑技术实现了除观察分析以外的检测过程半自动化，使得检测效率和正确性大幅提高。一些专用检测设备，如CXG型半自动连杆荧光磁粉探伤机、CXW型螺栓磁粉探伤机、CEW型阀体磁粉探伤机、CJL型半自动弹簧探伤机等广泛在工业生产中应用。

这里特别值得一提的是近年来研制成功的图像显示荧光磁粉探伤系统。该系统主要由三部分组成：多向复合磁化、CCD 光学检测和计算机图像处理。系统特点是对工件采用多向磁场进行复合磁化，并采用荧光磁粉提高检测时观察的对比度，采用 CCD 光学器件自动聚焦扫描摄像对磁痕进行观察并通过计算机进行图像处理。由于采用 PLC（自动-手动）程序控制使探伤机实现工序联动或单工序控制，并采用计算机图像处理使检测人员脱离现场的操作仅对缺陷显示进行评定，不仅提高了检测效率还大大减轻了检测人员的劳动强度，实现了远场操作。特别是计算机处理增强了图像质量，图像可放大、缩小，并具有裂纹测长、记录、打印、存档等功能。探伤结果具有可追溯性。

目前该系统已成功应用于石油抽油杆、管接箍、炮弹弹体、汽车连杆、焊缝等的检查。

3.2　设备的技术要求及主要组成

3.2.1　磁粉检测设备通用技术要求

1. 基本要求

检测设备使用时应能满足受检工件进行磁粉检测的工艺要求和安全操作要求。这些要求主要有：

1）应能产生满足检测需要的磁场种类和强度。

2）使用的电流类型、电气设备容量、负载持续率大小、检测程序编制以及绝缘和安全性应符合技术标准并满足检测要求。

3）应具有可靠的施加磁场的装置，能使磁悬液（磁粉）全面均匀地喷洒在检测部位上。缺陷观察照明装置也应可靠实用。

4）退磁装置应具有可靠的退磁效果。

2. 主要使用技术要求

不管是便携式、移动式、固定式还是专用设备，设备所提供的磁化电流值和磁化安匝数（磁化能力）应符合制造标准的规定，满足受检制件磁化时所需的磁场方向和大小的要求及退磁的要求。便携式磁轭还应满足电磁吸力（提升力）的要求。

探伤机常用电流为交流电（AC）、单相半波整流电（HW）、直流电（DC）和三相全波整流电（FWDC），必要时也可采用单相全波整流电、三相半波整流电和冲击电流。采用剩磁法时，交流探伤机应配备断电相位控制器。磁化设备应有定时装置以控制制件磁化时的通电时间，通电的持续时间一般为 $0.5 \sim 1s$。探伤机的磁化电流和磁化安匝数应能连续可调或断续可调，并有电流表指示。大电流探伤机应具有高低档双量程指针式电流表或数字表，对于小型的磁化设备，可使用一个低量程电流表。

采用通电方式磁化时接触夹头应有铜编织衬垫并给受检制件提供足够的夹持力，保证制件与夹头间有良好的电接触。固定式探伤机应配备有安装了过滤网的磁悬液槽或磁悬液箱，并有搅拌装置和可调节压力的喷嘴和软管。采用触头法检测的设备，支杆端头电极材料推荐采用钢、铝或铜编织垫，不宜直接采用铜棒。便携式设备应采用晶闸管调节磁化电流。"∏"磁轭的磁极应有活动关节，能调整间距，并保证良好接触。极间式电磁轭，推荐采用整流电流磁化方式。

退磁设备应能对全部受检制件进行良好的退磁，退磁可采用专用退磁机，也可采用交流线圈或设备上的其他退磁装置，退磁设备宜东西方向放置。直流退磁设备应配备既能使电流反向又能使电流降低到零的控制器。在任何情况下退磁线圈中心磁场强度不应低于受检制件磁化时的磁场强度。

3.2.2 磁化电源装置

磁化电源装置是磁粉探伤机的核心部分。它的作用是产生磁场，使工件得到磁化。对不同的磁粉探伤机，由于磁化和使用方式的不同，可以采用不同电路形式的磁化电源。常用的形式有：降压变压器大电流输出式、线圈磁化式、磁轭式及晶闸管控制单脉冲式等。

1. 降压变压器式磁化电路

这种电路在固定式磁粉探伤机中广泛采用。它利用降压变压器将普通供电的工频交流电转换成低电压、大电流输出，主要实现对工件的周向磁化。也可以通过线圈对工件进行纵向磁化。可进行交流电磁化，也可经过整流后实现直流电磁化。降压变压器式磁化装置工作原理如图3-9所示。

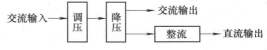

图 3-9 降压变压器式磁化装置工作原理

其工作原理是：由普通电源输入的交流电（380V或者220V）通过调压器改变后供给降压变压器，降压变压器将其变为低电压大电流输出，可直接对工件进行交流磁化，也可以再通过整流器变成整流电对工件进行磁化。

降压变压器式磁化装置电流调节有三种方式：变压器分级抽头转换方式、感应电压调节（自耦变压器）方式以及可控硅控制方式。第一种方式是通过转换降压变压器输入端抽头的位置，改变变压器的匝数比来调节磁化电流的大小。第二种方式是将电压调节器与降压变压器串联，当改变它的电压时，便能改变降压变压器的一次电压，从而获得所需要的低压大电流。晶闸管控制是在降压变压器一次侧接入晶闸管元件，利用调整晶闸管导通角的大小来调节磁化电流的大小。目前多采用第三种方式。

三种调节方式的电路原理图见图3-10。

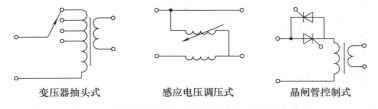

变压器抽头式　　感应电压调压式　　晶闸管控制式

图 3-10 降压变压器式磁化装置电流调节原理

2. 磁轭式或线圈式磁化电路

这类电路产生的磁化磁场为纵向磁场，可通入交流电或整流电。线圈磁化为开路磁化，磁轭式磁化有局部磁化（磁极式）和工件整体磁化（极间式）两种，其原理如图3-11所示。

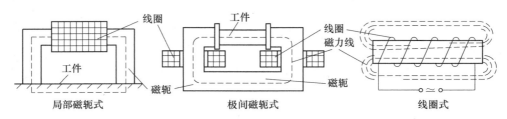

图 3-11　磁轭式及线圈式磁化电路原理

3. 交叉磁轭旋转磁场式磁化电路

这是一种组合式磁化电路,由两个互相交叉的磁轭组成。磁轭俗称磁头。在不同磁轭上通入不同相位的交流电流,其磁场组成一个按某种规律变化的多向磁场使工件得到磁化。如图 2-35 所示。

**4. 单脉冲磁化电路

这种电路能产生脉冲式冲击电流,可在瞬间获得较大的磁化电流,常用于剩磁法探伤检查。可产生脉冲式冲击电流的方法很多,常用的是利用电容器充放电或晶闸管控制的磁化电路。

3.2.3　工件夹持传输装置

工件夹持传输装置的作用是磁化装置与工件接触和传送工件,让磁化电流或磁场能进入工件使工件得到必要的磁化。不同探伤设备夹持传输方式不同。在床式磁粉探伤机中,多数是用机械对工件进行夹紧与放松,而夹头则是电极(通电法)或磁极(磁轭法);在移动式或便携式探伤机中,则可能是触头、磁极或电缆头等。为了适应不同工件探伤的需要,探伤机夹头之间的距离是可以调节的,并且有电动、手动、气动等多种形式。

工件传输装置多出现在半自动专用检测系统中。为了减轻人为装卸工件的工作量,采用机械及电子器件,按一定程序实施控制,如图 3-8 所示。值得注意的是,夹头与工件间接触一定要紧密,尽量减少接触间隙,这样才能保证电流或磁通量的流动。在通电装置上,夹头上通常装有导电性能良好的接触板或铜网,以及增大接触面积的软金属材料(铅等),防止通电时起弧或烧伤工件。

3.2.4　指示与控制电路装置

指示装置是指示磁化电流大小的仪表及有关工作状态的指示灯,而控制电路装置是控制磁化电流产生和磁粉探伤机使用过程的电器装置的组合。对中小型设备,指示与控制电路装置多与检测系统结合在一起;对大型设备,指示控制电路装置多以控制柜形式单独出现,并在检测装置上装有相应的开关和按钮。

由于磁化电流一般都很大,故常采用带互感器或分流器的电流表。电表和指示灯装在设备的面板上。交流多采用有效值表;直流多采用平均值表;现在也有采用数字显示的数字电流表。

目前，国内磁粉探伤机上多装有 PLC 编程器和继电器、接触器、熔断器、电磁阀及按钮等控制电器和电动机等组合成的电路。控制电路有主控电路和辅助电路之分。主控电路控制磁化电流产生和磁化主要动作以及退磁时所需要的电路，辅助电路一般是电动泵、夹头移动电动机、照明以及其他所需要的电路。主控电路和辅助电路器件一起构成了整个电路系统。

3.2.5 辅助设备

1. 检测介质系统

检测介质系统是指磁粉悬浮液通过贮液箱、喷淋单元和排液槽等形成的循环，它的功能是将磁粉均匀分布在载液中，并使磁悬液均匀地施加在被检工件的表面上，通常用在床式固定设备和专用检测系统中。

系统主要由磁悬液贮液箱、电动液泵、输（回）液管、喷液阀门和排液槽等组成。使用时，电动液泵将贮液箱中的磁悬液均匀搅拌后，再将磁悬液通过输液管输送至喷液阀门喷淋，将磁粉分散到工件表面，多余的液体再经排液槽收集后顺回流管回到贮液箱。喷液阀门有手操作方式及程序控制喷流方式。程序控制喷流方式多用电磁阀控制，由多个喷液嘴组成，可一次对工件各个部位实施喷淋，常用于专用检测系统。

一般说来，检测介质系统应采用防腐蚀材料制作，对磁悬液传输能够有效控制。对于自动喷淋系统应能满足试件表面磁悬液均匀分布，并应适应有关程序控制要求。

2. 照明观察装置

照明装置是指观察不同磁粉时所采用的白光灯或黑光灯。观察装置则是辅助观察的放大镜、内窥镜，以及在专用系统中的摄像头等。

使用非荧光磁粉进行室内检查时，应采用可见光（白光）照明。可见光可采用自然光或均匀的白炽灯光，如荧光灯。被检制件表面的可见光照度一般应不低于 1000lx，照射应均匀。当使用非荧光磁粉进行外场检查时，若光照度不能满足上述要求，可采用局部照明装置（如手持灯具），应进行试验以验证其检测灵敏度能够满足规范要求并注意安全。

使用荧光磁粉检查时，应采用 UV-A 紫外线灯作为照明。紫外线灯又叫黑光灯，有高压汞灯、荧光管紫外线灯及 LED 紫外线灯多种。不管采用何种灯，均应对黑光灯的紫外辐照度进行必要的控制与测量，要求距灯源 400mm 处的紫外辐照度应不低于 $10W/m^2$。建议采用较大功率的黑光灯，因其辐照面积也较大，照射比较均匀，更有利于观察。

高压汞灯（汞弧灯）由石英内管和外壳组成，内管的两端各有一个主电极，管内装有水银和氩气，在主电极的旁边装有一个引燃用的辅助电极，其引出处串联一个限流电阻，外面有一个玻璃外壳起保护石英内管和聚光的作用。高压汞灯一般用电感性镇流器稳流，镇流器通过对灯的两端电压自动调节，使灯泡放电电弧稳定。接通电源后，汞并不立刻产生电弧，而是由辅助电极和一个主电极之间发生辉光放电，这时石英管内温度升高，汞逐渐汽化，等到管内产生足够的汞蒸气，方才发生主电极间的汞弧光放电，产生紫外线。由于产生的紫外线有较宽的频谱，为了防止短波紫外线对人体的危害，通常在灯前加一滤光片，仅让在波长 320~400nm 的黑光通过。高压汞灯的灯泡有梨形和橄榄形等样式（见图 3-12），输出功率从 100W 到 400W 不等。

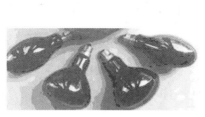

汞弧黑光灯灯泡　　　　　　　携带式黑光灯

图 3-12　汞弧黑光灯

汞弧灯使用时应注意的是：灯刚点燃后输出达不到最大值，要等 5min 后再进行检验；检验中要尽量减少开关次数，也不要将紫外灯对着人的眼睛直照；要定期测定紫外灯的辐照度，因其会随着使用时间的增长产生较大衰减。电源电压波动对紫外灯影响很大。电压低，紫外灯电路可能不会启动，或使点燃的灯光熄灭；当使用的电压超过灯的额定电压时，将会缩短灯的使用寿命。滤光片如有损坏，应立即调换；滤光片上有脏物应及时清除，因为它影响紫外线的发射。另外应避免将磁悬液溅到紫外灯泡上，以防炸裂。

荧光管紫外线灯是一种管状的冷放电灯，内含能发生辉光放电的低压汞蒸气，玻璃灯管内生成初级辐射是波长为 254nm 的硬紫外线，用来激发涂在管内壁上的特殊磷光粉。这种磷光粉受到激发后会发出一系列波长在 320~440nm 的紫外线和紫光，并在 360nm 处达到峰值。这类灯管常用紫色玻璃制成，输出的紫外线强度较低，多用于要求不高的检测范围。图 3-13 为两种黑光灯的性能比较。

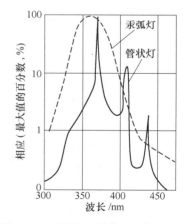

图 3-13　汞弧灯和管状黑光灯的比较

为了适应不同的探伤要求，黑光灯的功率和形式有多种式样，图 3-14 所示为部分产品。

随着电子技术的发展，近年来出现了一种新型黑光灯，它是采用 LED 技术制作的紫外线灯。所谓 LED 技术是一种采用固态半导体器件——发光二极管直接把电转化为光的技术。发光二极管的心脏是一个特殊的半导体的晶片。当电流通过导线作用于这个晶片的时候，晶片中的电子会以光子的形式发出能量。而光的波长也就是光的颜色，是由半导体晶片的材料决定的。LED 大功率紫外线二极管芯片能产生的高纯度 365nm 单色紫外光，能量高度集中，寿命长达 25000h（连续工作寿命）。根据使用要求，可以做成不同的光源形式，如大面积照射、点光源及悬挂式、便携式等。这类灯没有滤光片，辐照度较强，通常在距光源 380mm 时辐照度可达 50W/m²，可制成有悬挂式、手持式及便携式等以方便检查使用，并可使用电池进行供电。图 3-15 所示为 LED 紫外线灯的波长分布。

高强度便携式黑光灯

UV-400大面积照射400W高强度黑光灯

Q系列紫外线灯

X系列管式紫外线灯

35-380笔式紫外线灯

AP-800交流操作细管紫外线灯

图 3-14　不同形式的黑光灯

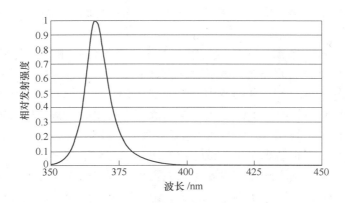

图 3-15　LED 紫外线灯的波长分布

3. 观察装置

常用的观察装置有放大镜和工业内窥镜等。对一些细小的缺陷可采用放大镜观察。放大镜的倍数不宜过高，一般为 3～5 倍，最大不超过 10 倍。对一些内孔或视力难以达到的地方，可采用工业内窥镜进行观察。

4. 退磁装置

退磁装置是去除磁化检测后的工件中的残余剩磁的装置。不同铁磁性材料磁化后剩磁大小各不相同。试件的剩磁可能影响制件的使用、后续加工与检测时，应对制件进行退磁。

退磁装置可以包含在磁化设备中，也可用独立的退磁设备进行退磁。

退磁有交流线圈退磁、交流电衰减退磁、电磁轭退磁及超低频电流衰减退磁等方法。由于交流线圈退磁较为方便，通常采用这种方法退磁的较多。

退磁设备应注意退磁方法和电流调节类型（交流电、超低频电流、直流电）以及退磁时的最大磁场强度。当采用独立退磁设备应考虑对电源的特殊要求。

图 3-16 为一种专用的交流线圈退磁机。使用时，将应退磁的工件按轴向排列并缓慢通过通电的交流线圈至线圈 1m 以外。

在大型钢结构件检查退磁时，通常采用交流电磁轭或扁平线圈进行局部退磁。

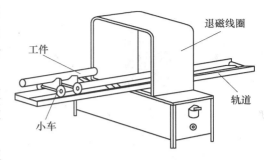

图 3-16　交流线圈退磁机

使用退磁装置时的交变磁场的起始值，应不小于试件磁化时的磁场。

3.3　磁粉探伤机的选择与应用

3.3.1　磁粉探伤机的选择

磁粉探伤装置应能对试件完成磁化、施加磁悬液、提供观察条件和退磁，但这些功能并不一定在同一台设备上集成。应根据探伤的具体要求选择磁粉探伤机。一般说来，可以从下面几个方面进行考虑：

（1）设备的主要技术数据　选择设备时，首先要考虑的技术数据是磁化能力与检测效率。磁化能力是在满足合适的检测灵敏度时，设备输出的最大电流与磁化安匝数。这里要注意的是设备规定的最大输出是在采用专用试件时实现的，实际试件使用时远低于这个数值。因此在选择设备时应注意留有足够的余量。检测效率主要考虑设备使用的负载持续率、夹持装置和缺陷观察条件。一般说来，负载持续率越大，设备越不容易发热，过载能力越强，但设备电源体积将增大；夹持装置对上下试件越方便，越有利于观察，检测速度越快，但附属机构将增多。另外，采用固定磁化床时要注意能否满足试件的长度和中心高，以及是否有利于磁化和观察。从安全考虑，设备的电气安装和绝缘应符合国家专业标准要求。

（2）工作环境　若探伤工作是在固定场所（工厂车间或试验室）进行的，则以选择固定式磁粉探伤机为宜。若是在生产现场进行的，且工件品种单一，检查数量较大，应考虑采用专用的探伤设备，或将磁化与退磁等功能分别设置以提高检查速度；若在试验室内，以探伤试验为主，则应考虑采用功能较为齐全的固定式磁粉探伤机，以适应试验工作的需要。若工作环境在野外、高空等现场条件不能采用固定式磁粉探伤机的地方，应选择移动式或便携式探伤机进行工作；若检验现场无电源，则可以考虑采用永久磁铁做成的磁轭进行检查。

（3）工件情况　主要是看被探伤工件的可移动性与复杂情况，以及需要检查的数量（批量）。若被检件体积和质量不大，易于搬动，或形状复杂且检查数量多，则应选择具有合适磁化电流并且功能较全的固定式磁粉探伤机；若被检工件的外形尺寸较大，如船体、桥梁、大型受压容器的焊缝等，这些工件质量较大而又不能搬动，则应选择移动式或便携式磁粉探伤机进行分段局部磁化；若被检工件表面暗黑，与磁粉颜色反差小时，最好采用荧光磁粉探伤机，或采用与工件颜色反差较大的其他磁粉。

3.3.2　磁粉探伤机的使用

1. 便携式和移动式磁粉探伤机的使用

（1）便携式电磁体和移动式磁化电源的使用环境　便携式电磁体和移动式磁化电源主要用于对现场、野外的不方便移动的大型工件或结构件进行检查。如船体、桥梁、压力容器、大型制件的局部探伤。它的检测效率较低，检测灵敏度不如固定式设备高，但能满足一般检测要求。

（2）便携式电磁体的技术参数及主要形式　常用的便携式电磁体形式有"Π"形和交叉磁轭两种形式。使用"Π"形电磁轭时，应注意使用的磁化电流是直流电还是交流电，并按照不同电流的要求检查和调节电磁轭的提升力，使其满足检测要求。对带有活动关节的探伤仪，特别应检查活动关节是否转动灵活以及处于最大间距时的提升力。探伤检查过程中，应注意磁轭的磁极与工件间接触是否良好并在有效的检测范围内。在通电过程中，不能随意移动电磁轭。

"Π"型：以国产 CJE-1 电磁轭为例，其主要技术指标如下：

提升力：平探头 FAC ≥69N，带活动关节 FAC ≥69N；

活动关节极间距：25～225mm 可调；

探头工作电压：AC 36V；

探头质量：2kg；

电源：单相 220V；

质量：4kg；

外形尺寸：250mm×145mm×200mm。

交叉磁轭型：以 CXX-3B 旋转磁场探伤仪为例（见图 3-2）。CXX-3B 旋转磁场探伤仪是利用旋转磁场磁化工件的方法进行磁粉探伤的，是一种结构简单，使用元件少，可靠性、稳定性大大提高，实用而高效的便携式磁粉探伤设备。仪器使用两只交叉的磁轭，采用交流电移相技术，使之产生随时间变化的复合旋转磁场。在仪器探头上装有 4 只小滚轮和照明灯泡，可连续行走探伤。噪声小，寿命长，操作方便，灵活，适应性强，能一次性全方位显示被探工件缺陷伤痕，适用于铁磁性材料和大型钢铁构件的表面和近表面探伤。特别适用于平板锅炉、球罐、船体焊缝探伤。可携带到车间、试验室和工作场地进行探伤。

CXX-3B 主要技术指标（各厂产品稍有不同）如下：

提升力：98N（探头端面与被探工件表面间隙小于 1.5mm）；

探头极距：100mm；

探头工作电压：36V；

灵敏度：可清晰显示（30/100）A 型标准片上的人工刻槽；

电源电压：交流 220V，50Hz；

外形尺寸：140（宽）mm×260（深）mm×170（高）mm；

质量：主机 8kg，探头 2.5kg。

提升力是电磁体最重要的参数之一，它反映了磁体对工件的磁化能力。通常对交流电磁体来说，FAC ≥ 44N；FDC ≥177N。磁体（探头）可用的极间距大小与检查区域的有效范围有密切关系。为了适应不同工件的检测，不少电磁体具有可调节关节。一般来说，可调关节数越多，可调节距离越大，轭铁磁路中的漏磁场将增大，即工件磁路中的有效磁通将减少，检测灵敏度和有效磁场范围也将降低。因此在设备使用前应检查磁体上磁极间的有效检查范围，防止检测灵敏度不足。

（3）移动式探伤机的主要组成和应用　移动式探伤机由一个大的磁化电流发生器和相应附件组成。附件主要有较长的电缆、触头（支杆及夹头）、小型线圈等，通过适当搭配实现不同的检测功能。例如，利用电缆和支杆可进行触头法检测，利用电缆在工件上缠绕可实现缠绕线圈法检测，用电缆穿入管件或孔中对工件可实施中心导体磁化等。采用触头法时，要注意触头支杆电极不要直接采用铜棒制作，电极头上应包覆铜网或其他软金属以加强导电性能，并注意不要因接触不良而烧伤工件。

（4）使用便携式和移动式磁粉探伤机的注意事项　使用便携式和移动式磁粉探伤机时应注意将工作电压限制在安全电压范围内（≤36V），并防止通电时电缆线破损漏电。使用磁体时，应注意磁极与工件间的距离（即磁铁与工件间的空气间隙）。间隙越大，工件上的有效磁通越少，同时在磁极处的检查盲区将增大。一般来说，对"Π"形磁体，间隙应控制在1mm 以内；对交叉磁轭式电磁体，间隙也不应大于 1.5mm。

技术标准中规定电磁体的最低要求为，在有效检测范围内，切向磁场 $H \geqslant 2\text{kA/m}$（有效值），在最大检测范围内，"Π"形磁体的交流提升力≥44N，直流提升力≥177N，交叉磁轭应大于88N。同时，在环境温度为30℃且为最大输出时，电磁体和移动磁化电源的负载持续率均应≥10%，通电时间≥5s；在长时间工作下，电磁体的手柄表面温度应≤40℃。

使用移动式探伤机时，应注意电流发生器的最大功率。当采用电极触头磁化时，与工件表面接触应良好。同时应注意电缆线长度对输出电流的影响。检测工件需要采用大电流时，应适当减少电缆长度，以降低线路电阻的电能损耗。

便携式和移动式设备多采用连续法进行检查。

2. 固定式磁粉探伤机的使用

固定式磁粉探伤机的功能比较齐全，一般可对工件实施周向、纵向和复合磁化。应根据被检测工件的技术要求，选择合适的磁化方式和操作方法。下面以 CEW-4000 型磁粉探伤机（见图3-17）为例来说明这类设备的结构和使用特点：

（1）CEW-4000 型磁粉探伤机的结构特点

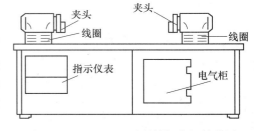

图 3-17　CEW-4000 型磁粉探伤机外形图

探伤机采用水平放置式（卧式）结构，除指示面板、磁化触头和磁悬液喷枪外，其余电源装置、控制装置、磁悬液搅拌装置等都装在机体内部。周向磁化电缆直接连接在磁化触头上，纵向磁化线圈分别装在紧靠触头部位，减少了工作磁路上的压降损失，使工作磁轭上的磁通分布比较均匀。

周向磁化采用低电压大电流，纵向磁化采用轭铁与工件闭合构成磁回路。两种磁化既可分别进行，又可综合进行。电源升降压采用电动机进行，可自动或手动调节。通过电动机控制可进行交流降压退磁及直流换向降压退磁。

在工作台面导轨上，左面为固定触头，用于伸缩夹紧工件，右面为移动触头，可用齿轮和手轮螺杆调节锁紧。检测同样工件，只要首次调好工作电压后，可以自动往返，不需要每次进行调节。有磁悬液搅拌和喷洒装置以及回液槽管等，磁悬液可循环使用。

（2）CEW-4000 型磁粉探伤机的使用介绍　使用前的准备工作：接通电源，开启探伤机上的总开关，检查电源电压或指示灯是否正常。并开动油泵电动机，让磁悬液充分搅拌。按照探伤要求，对工件进行磁化并进行检测综合性能的检查。检查时，应按规定使用灵敏度试块或试片，并注意试块或试片上的磁痕显示。

根据磁化方法选择磁化开关的工作状态并调节磁化电流，可进行通电磁化、通磁磁化和多向磁化等。根据不同检验方法（连续法或剩磁法）的要求，在磁化过程中或磁化后在工件上浇洒磁悬液，在工件上磁痕形成后，立即进行观察、解释和评价、记录。

对要求进行退磁的工件，若在本机上进行退磁，则按动退磁按钮，调压器将自动由高到低地调节电压到零。但再次磁化时，应重新调节电压到相应位置。对退磁后的工件应进行分类和清洁处理。检测工作结束后断开探伤机电源并进行清洁工作。

3.3.3　磁粉探伤机的维护与保养

使用磁粉探伤机时，应该注意设备的维护和保养。下面以固定式磁粉探伤机为例说明其维护和保养工作。

1）正常使用时，若按钮不起作用，应检查按钮接触是否良好，各组螺旋熔断器是否松动，各个接线端子是否紧固，否则应进行检查修理。

2）如若整机带电，应查找每个行程开关、电动机引线、按钮开关及其他接线是否有相线接壳的地方，若有则应排除。

3）进行周向磁化时，若两探头夹持的工件充不上磁，电流表无指示，应检查伸缩探头箱上的行程开关是否调节合适；或者检查夹头与工件的接触是否良好。

4）行程探头、螺线管的电缆线绝缘极易磨损，使用时必须注意保护，遇有损坏之处应将其包扎好，以保证安全。

5）探伤机在使用时必须经常保持清洁，台面不应有灰尘混入磁悬液，并要定期更换磁悬液，否则在零件检测时会因污物产生假象，影响检测效果。

6）被检工件表面必须进行清洁处理，否则也会污染磁悬液而影响检测。

7）两接触板与工件接触处的衬板很容易损坏或熔化，应经常检查并及时更新。

8）对探伤机的行程探头、变速箱、导轨及其他活动关节应定期检查润滑。

9）调压器的电刷与线圈的接触面，必须经常保持清洁，否则电刷在移动时容易产生火花。

10）探伤机工作之后应将调压器电压降到零，断开电源并除去工作台面上的油污，带好机罩。

3.4　检测材料

磁粉检测的效果是磁粉在漏磁场处的堆积形成的图像，是用目视方法来观察的。因此，对检测过程中使用的磁粉、载液、磁悬液等检测介质必须加以正确选择。同时对介质施加的方法、观察介质的条件也应该进行控制。

3.4.1 磁粉

1. 磁粉的分类

检测用的磁粉是一种粉末状的铁磁物质，有一定的大小、形状、颜色和较高的磁性。它能够反映出工件材料不连续的情况，并能直观清晰地显示出缺陷的大小和位置。

检测用的磁粉有多种。按磁痕观察方式，可分为非荧光磁粉和荧光磁粉；按磁粉的施加方式，可分为湿法用磁粉、干法用磁粉和特种磁粉。

（1）非荧光磁粉（彩色磁粉）　非荧光磁粉又叫彩色磁粉或着色磁粉，是一种在白光下能观察到磁痕的磁粉，常见的颜色为黑色、红褐色以及其他颜色。通常采用的是四氧化三铁（Fe_3O_4）和 γ-三氧化二铁（$\gamma\text{-}Fe_2O_3$）的粉末。这两种磁粉既适用于干法，也适用于湿法。

以工业纯铁粉、$\gamma\text{-}Fe_2O_3$ 或 Fe_3O_4 为原料，使用黏合剂使颜料或涂料包覆在粉末上制成白色或其他颜色的非荧光磁粉，一般只用于干法。

（2）荧光磁粉　荧光磁粉是以磁性氧化铁粉、工业纯铁粉、羰基铁粉等为核心，外面包覆上一层荧光染料制成的。在紫外光的照射下，它能发出波长为 510~550nm 的人眼最敏感的黄绿色荧光，色泽鲜明，与工件表面颜色形成很高的对比度。

由于荧光磁粉可见度和对比度均好，易于观察，适用于任何颜色的受检表面。使用荧光磁粉，能提高检验速度，且有效地降低漏检率。

荧光磁粉一般只用于湿法。

（3）特种磁粉　特种磁粉是指有特殊用途或用于特别环境的磁粉。如 JCM 系列空心球形磁粉，其采用与普通磁粉完全不同的液化成形工艺制成，粉粒直径为 10~130μm。空心球形磁粉是铁、铬、铝的氧化物，具有良好的移动性和分散性，能不断跳跃着向漏磁场处聚集，探伤灵敏度高，高温不氧化，在 400℃下仍能使用，可在高温条件下和高温部件的焊接过程中进行磁粉探伤。空心球形磁粉只用于干法。另外在纯铁中添加铬、铝和硅制成的磁粉，也可用于 300~400℃ 高温焊缝的检查。特种磁粉一般都是非荧光磁粉。

无论荧光磁粉还是非荧光磁粉，其包装形式除了干粉状以外，用于湿法时还以磁膏或浓缩液形式供货。检测时，按比例稀释后即可使用。

干法用磁粉叫干法磁粉，是将磁粉分散在空气中使用；湿法用磁粉叫湿法磁粉，是把磁粉分散悬浮在液体中，使用时让液体均匀地分布在试件表面。

2. 磁粉的主要性能

磁粉的性能主要由磁性、粒度、形状、流动性、密度、识别度等组成。对于荧光磁粉，还包括磁粉与荧光染料包覆层的剥离度。

（1）磁性　磁粉被磁场吸引的能力叫磁粉的磁性，它直接影响缺陷处磁痕的形成。在磁粉检测中，优异的磁粉特性应该是高的磁导率、极低的剩磁和矫顽力。具有上述性能的磁粉，才能保证在微弱磁场作用下被吸引，才能保证探伤中磁粉的移动性。如果矫顽力过高或剩磁过大，磁粉在强烈地磁化后会因磁粉剩磁间的吸引而聚集成大的磁粉团使工件表面背景对比度变差，以及粘附在磁悬液槽、管等处造成磁粉损失及阻塞管道油路等。

（2）粒度　磁粉颗粒的尺寸大小为粒度。粒度大小影响磁粉在磁悬液中的悬浮性和缺陷处漏磁场对磁粉颗粒的吸附能力。选择粒度时应考虑缺陷的性质、尺寸、埋藏深度及磁粉的施加方式。一般来说，检验暴露于工件表面的缺陷时，宜用粒度细的磁粉；检验表面下的缺陷宜用较粗的磁粉，因为粗磁粉的磁导率较细磁粉高。检验小缺陷宜用粒度细的磁粉，细磁粉可使缺陷的磁痕线条清晰，定位准确；检验大的缺陷要用较粗的磁粉，粗磁粉可跨接大的缺陷。采用湿法检验时，宜用粒度细的磁粉，因为细磁粉悬浮性好；采用干法检验时，要用较粗的磁粉，因为粗磁粉容易在空气中散开，如果用细磁粉，会像粉尘一样滞留在工件表面上，尤其在有油污、潮湿、指纹和凹凸不平处，容易形成过度背景，影响缺陷辨认或掩盖相关显示。

通常，湿法用的磁粉粒度要求为 $1.5\sim40\mu m$，干法用磁粉一般大于 $40\mu m$，最大不超过 $150\mu m$，空心球形磁粉粉粒直径一般为 $10\sim130\mu m$。探伤中最好根据情况使用不同粒度的混合磁粉，以保证磁粉的移动性和大小不同的缺陷显示。

实际检测中，磁粉的粒度通常用"目"来表示。它是将磁粉在规定面积下不同孔目数的筛子上过筛，能通过的为合格，孔目数越大磁粉越细。常用的非荧光磁粉中，干法磁粉多用80~160目，而湿法磁粉则用200目或300目以上，荧光磁粉一般在320目以上。

一些厂家为了用户使用方便，将配制磁悬液的一些添加剂也包覆到磁粉上，此时的粒度大小不能用上述方法进行测量。

（3）形状　磁粉有各种各样的形状，如条形（长锥形）、椭圆形、球形或其他不规则形状。

一般说来，条状的磁粉在漏磁场中易于磁化形成磁极，容易在缺陷处聚集。但条状磁粉的自由移动性很差，最好与球状颗粒的磁粉按一定比例混合施用，因为球形磁粉缺乏形成和保持磁极的倾向，移动性较好，当混合使用时，容易跨接漏磁场，形成明显的磁痕。

（4）密度　磁粉密度也是影响磁粉移动性的一个因素。密度大的磁粉难以被弱的磁场吸住，而且在磁悬液中的悬浮性差，沉淀速度快，降低了探伤的灵敏度。一般湿法用的氧化铁磁粉密度约为 $4.5g/cm^3$，空心球形磁粉密度约为 $0.7\sim2.3g/cm^3$。

（5）可识别性　可识别性指磁粉的光学性能，包括磁粉的颜色、荧光亮度和与工件表面颜色的对比度。对于非荧光磁粉来说，磁粉相对于工件的颜色对比越明显越好，这样有利于提高缺陷鉴别率。对于荧光磁粉来说，在紫外光下观察时，工件表面呈暗紫色，只有微弱的可见光本底，而磁痕则呈黄绿色，色泽鲜明，能提供最大的对比度和亮度，因此它适用于不带荧光背景的任何颜色的工件。在荧光磁粉的检查中，荧光系数和荧光稳定性是值得重视的参数。所谓的荧光系数，是指在黑光照射下荧光磁粉的亮度与黑光辐照度的比值，比值越大，说明磁粉的发光能力越强，可识别性越高。而荧光稳定性是指磁粉长期在黑光照射下保持检测性能的能力。

总的来说，影响磁粉使用性能的因素有以上几个方面，但这些因素是相互关联、相互制约的，不能孤立地追求单一指标，否则会导致检查的失败。

3.4.2　载液和磁悬液

载液是用来分散磁粉的，又叫作磁粉分散剂。它的主要作用是让磁粉均匀地分散悬浮在液体中，并能够很好地在工件表面分布。磁悬液是磁粉与载液按一定比例的混合物。它的浓度、污染等技术指标直接影响了缺陷的显示效果。

1. 载液

载液用于湿法检验。按照载液成分的不同，常用的有油基载液和水基载液两种。

（1）油基载液　油基载液通常用轻质石油蒸馏物（如煤油等）制成。油基载液具有较好的磁粉分散性和缓蚀性，通常用于多次使用的磁悬液循环系统。如用于批量检查制品的床式设备中。

为了保证使用的安全和载液在试件表面的迅速分散，载液用油应当具有高闪点（一般应不低于94℃）、低黏度（在38℃时，运动黏度应不大于3.0mm²/s；在最低使用温度下应不大于5.0mm²/s）和无臭味。对于荧光磁粉使用的载液来说，应无荧光。

在实际使用中，推荐使用无味煤油作为载液。但有时为了适当提高油基载液黏度以利于磁粉悬浮，也可以采用无味煤油与变压器油按一定比例的混合液作为载液使用。

（2）水基载液　用水作为载液时，可降低成本且无着火的危险。由于普通的水对钢铁的润湿作用和对磁粉的分散作用较差，水载液中须添加润湿剂、防锈剂和消泡剂等。润湿剂用来降低水和工件的界面张力，使磁粉易于在水中分散，并使工件表面润湿以便于磁粉在上面移动和容易被缺陷所吸引。防锈剂的作用是防止工件在检验中和检验后一定时间内水磁悬液对它产生的各种腐蚀、生锈。消泡剂则是用于防止和抑制水磁悬液在搅拌时产生的泡沫，便于磁痕的形成和观察。

任何一种干净的水均可用来配制水磁悬液，但须按ISO 4316或等效标准测定水基载液的pH值，一般应控制在8~10范围内。

2. 磁悬液

（1）磁悬液的分类和配制　磁悬液分水基磁悬液和油基磁悬液或有机基磁悬液等。用水基载液和磁粉配制的磁悬液称为水基磁悬液；用油基载液和磁粉配制的磁悬液称为油基磁悬液；在有特殊要求的地方，也有用无水乙醇或其他有机物液体作为载液的，叫作有机基磁悬液。

采用油基磁悬液时最好采用无味煤油。配制时，先取少量油与干磁粉混合，让磁粉全部润湿，搅拌成均匀的糊状，然后加入其余的油。国外有一种浓缩磁粉，外表面包有一层润湿剂，能迅速地与油结合，不需预先混合，可直接加入油箱内。

配制水基磁悬液，水分散剂要严格选择，除满足水分散剂的各项性能要求外，还不应使磁粉结团、溶解或变质。可参照有关生产厂家产品说明书配制。国内有一种已添加了润湿剂、防锈剂的磁粉，以粉状或膏状出售。使用时，按照相关的使用说明进行配制。

（2）磁悬液的浓度　磁悬液的浓度是指每升液体中的磁粉含量。磁悬液的浓度对缺陷显示的灵敏度有很大的影响，浓度不同，其检验灵敏度也不相同。浓度太低，影响漏磁场对磁粉的吸附量，磁痕不清晰会使小缺陷漏检。浓度太高，会使衬度变坏，在工件表面粘附过量的磁粉，干扰缺陷的显示。磁悬液浓度的选用应参考磁粉的种类和受检工件表面的状态及检验灵敏度的要求诸因素进行确定。一般采用的磁悬液浓度使用范围见表3-2。

表3-2　磁悬液的浓度

磁悬液	配制浓度	沉淀浓度（固体体积分数）	
（油或水）	g/L	要求	最佳
荧光	0.5~2.0	0.1~0.4	0.15~0.25
非荧光	10~25	1.0~2.4	—

表中的配制浓度是指在新配制磁悬液时采用的磁粉浓度。沉淀浓度是指使用中的磁悬液在特制的磁粉沉淀管中磁粉沉淀的固体物质与磁悬液的体积比。磁粉沉淀管的形状见图3-18。

图 3-18 沉淀管

3.4.3 反差增强剂

反差增强剂是检测使用的辅助材料。在检查表面粗糙的焊缝及铸钢件等时，由于工件表面凹凸不平、颜色发黑等原因，缺陷磁痕与工件表面颜色对比度很低，缺陷难以检出，易造成漏检。为了提高缺陷磁痕与工件表面颜色的对比度，检测前可在工件表面上先涂一层白色薄膜，厚度约为 25~45μm，干燥后再磁化工件，其磁痕就会清晰可见。这一层白色薄膜就叫作反差增强剂。

反差增强剂有市售成品。使用量不大时，也可采用着色探伤中的显像剂进行喷涂。

根据制造商的说明书施加反差增强剂，整体工件检查可用浸涂法，局部检查可用刷涂或喷涂法。清除反差增强剂，可用工业丙酮与稀释剂 X-1 的混合液（按 3：2 体积比配制）浸过的棉布擦掉，或将整个工件浸入该混合液中使反差增强剂自行脱落。

3.4.4 检测材料主要性能的检查

1. 磁粉性能的检查

主要有磁粉磁性、粒度、缺陷显示程度等的检查。在实际应用中，这些检查多数通过用磁悬液在标准试件上显示出规定缺陷的方式进行。

（1）磁粉磁性的测定 磁粉的磁性应由磁粉微粒的磁导率、剩磁及矫顽力等参数来评定。通常是采用测定大量磁粉微粒集合体的整体磁性来评价磁粉的磁性。检查方法有试块法、磁粉束长度测定法及磁吸附法等。在实际应用时，多数采用试块比较。

试块法是将磁粉配制成磁悬液后用标准试块检查，看试块上典型缺陷能否在规定条件下被充分显现。通常采用的试块有 1 型、2 型试块，A 型试片，E 型、B 型试块和自然缺陷试块等。

＊＊磁粉束长度测定法是将标准磁铁吊进磁悬液中，然后一边搅拌磁悬液，一边向磁悬液内添加磁粉，直到磁铁上所吸附的磁粉束长度最大（饱和）为止，测定磁粉束的长度或质量便代表磁粉的磁性。而磁吸附法是用电磁铁吸附载液中的磁粉以检查吸附能力。这种电磁铁用工业纯铁制成，在规定的尺寸下用直径 2mm 的漆包铜线绕 25 圈，通以 15A 的直流电流，然后在一定容积的烧杯中装入搅拌均匀的磁悬液并检查，以杯底无残留物为好。

（2）磁粉粒度的检查 磁粉粒度的测量方法有过筛法、显微镜法和酒精沉淀法。

过筛法是用筛孔一定的金属丝网对磁粉进行过筛。过筛的磁粉用筛的孔数（目）来表示，目数越大，磁粉越细。常用的 200~325 目筛的孔径为 0.075~0.045mm。评定的要求是：超过标称直径上限或下限的磁粉数量各自不应多于 10%，而在上下限直径范围内的磁粉尺寸分布应均匀，在平均直径上下的磁粉应各占其 50% 左右。显微镜观察法是把磁粉分散于加了活化剂的水中，然后放到光学显微镜下观察，定向测量 1000 个以上的磁粉微粒的直径，将结果整理后绘制成累计数曲线并根据不同检测要求来判定磁粉粒度是否合适。酒精沉淀法是常用的测量方法，测量时先在一根 400mm、内径 10mm 的玻璃管内注入 150mm 高的无水乙醇，并加入 3g 干燥磁粉后摇晃，然后再次注入酒精到 300mm 处，用橡皮塞堵住管口，通过上下颠倒和充分摇晃使磁悬液变得均匀，这时，立即将玻璃管垂直放置，静置数分钟后测量磁悬液中明显分界处的磁粉柱的悬浮高度，悬浮高度不低于 180mm 的磁粉粒度为合格。

（3）缺陷显示程度的检查　缺陷显示程度采用标准试块或缺陷试样件进行，在规定电流和磁悬液的情况下，缺陷上的磁痕应能清晰地观察到规定的孔径及缺陷磁痕的形状。

**（4）荧光磁粉的检查　荧光磁粉除进行磁性和粒度检查外，还要进行荧光颜色、荧光系数及稳定性检查。

荧光颜色：在环境光小于 20lx 的暗区内，用紫外辐照度不小于 $1000\mu W/cm^2$，波长为 320~400nm，中心波长为 365nm 的紫外光激发荧光磁粉，磁粉应发黄绿色光。

荧光系数检查：系数数据通常由型式检验与批量检验提供。试验按 GB/T 15822.2 的规定进行。使用检查时采用对比观察方法，即在规定的紫外光照射下进行并由标准试块的缺陷显示情况来表示。缺陷显示应清晰明显，缺陷周围的背景荧光应该是既不遮盖缺陷，又不给检查缺陷造成困难。

荧光磁粉稳定性检查：稳定性包括荧光稳定性和机械稳定性。荧光稳定性一般由供货商提供。机械稳定性是指其耐久性和长时耐久性。测定方法是将至少 400mL 合格并搅拌均匀的磁悬液注入一个 1L 容量的恒速搅拌设备，以 10000~12000r/min 转速搅拌 10min 后，再断续搅拌 2min 后停 5min，如此重复 5 次，取出磁悬液进行灵敏度试验，荧光磁粉应保持原有灵敏度、颜色和亮度。长时耐久性合格是指将 1L 完全混合的新配磁悬液在室温下静置两星期以上，荧光磁粉应保持原有的灵敏度，颜色和亮度不变。

2. 载液性能检查

载液的性能检查应按相应的标准由专业部门进行。检查应符合 JB/T 6063—2006《无损检测　磁粉检测用材料》的规定，不同的载液检查要求不同。日常检查一般应检查颜色、闪点、黏度和气味；对水基载液还应进行"水断"试验和防锈能力检查。

3.5　检测辅助仪器

3.5.1　磁场测量仪器

1. 特斯拉计

特斯拉计是采用霍尔器件制作的一种电磁传感器，可用来检测磁场及其变化。磁粉探伤中主要用于测量工件上磁场强度和剩磁的大小。霍尔器件是一种半导体磁敏器件，当施加的外磁场垂直于半导体中流过的电流时，会在半导体垂直于磁场和电流的方向上产生霍尔电动势，并与磁场的磁感应强度成正比。这种传感器的优点是不与被测电路发生电接触，不影响被测电路，不消耗被测电源的功率，特别适合于大电流产生的磁场检查。

特斯拉计有多种型号。仪器分为两部分，测试传感器（探头）和显示仪表。它的探头像一支钢笔，其前沿有一个薄的金属触针，里边装有霍尔元件。使用霍尔器件检测磁场的方法极为简单，将霍尔器件制成的探头放在被测磁场中，通电后即可由输出电压得到被测磁场的磁感应强度。因霍尔器件只对垂直于霍尔片的表面的磁感应强度（切向磁场）敏感，因而使用时必须将探头与待测工件表面保持垂直，并在使用时转动探头位置以检测到磁场的最大值。仪器的电表指示量程可以调节。

图 3-19 为常用的特斯拉计外形图。

2. 袖珍式磁强计

袖珍式磁强计是磁强计中的一种。是利用力矩原理制作的简易测磁仪。它有两个永久磁铁，一个是固定调零的，一个是测量指示用的，其外形如图 3-20 所示。袖珍式磁强计用于测量磁粉探伤后的剩磁以及使用加工过程中产生的磁。当它靠近被测漏磁场时，动片即受到漏磁场的作用力而发生偏转，偏转程度随该处漏磁大小而定。袖珍式磁强计量程较小，一般只有 1mT 和 2mT 两种，因此不能用于强磁场检测，这点应特别予以注意。

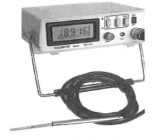
数字仪表式

手持式

图 3-19　特斯拉计

图 3-20　磁强计

3.5.2　电流测量仪表

1. 安培表

磁粉检测中安培表有两种，一种是装置在检测设备上的，用来监测磁化过程中的电流大小，一种是用来校验设备上的电流表的，通常称为标准电流表。标准电流表的精度应比设备上的电流表高一级以上，并且应经过国家计量部门的定期检定。标准电流表分为交流和直流两种。使用标准电流表校验时应注意不光校验电流表本身，对影响其精度的分流电阻或电流互感器的精度也应予以注意。

2. 钳形表

钳形表是一种现场检测仪表，磁粉检测中通常用来简易校验设备上的电流表。使用时要根据探伤机上使用电流类型选择钳形表上的电流档类型（交流电或直流电）。使用时将钳形表上的卡钳卡在待测工件上，工件通过电流后钳形表上即会指示读数，将指示读数与设备电流表进行比较，即可了解设备电流表的好坏。一般检测 3 点比较。使用时应注意钳形表电流最大量程，一般不超过 2000A。钳形表外形如图 3-21 所示。

3.5.3 测光仪器及其他

1. 光照度计

光照度计是用光敏器件制作的测光仪器，用于检验工件区域的可见光照度值。国内生产的厂家和型号很多，一般范围为 $0.1 \sim 1.999 \times 10^3$ lx，精度为 ±4%，有自动量程和手动量程两种。使用时将探头的光敏面置于待测位置，选定插孔将插头插入读数单元，按下开关窗口显示数值即为照度值。探伤时工件表面白光照度应不低于1000lx。两种照度计如图 3-22 所示。

图 3-21　钳形电流表

图 3-22　白光照度计

2. UV-A 辐射照度计

UV-A 辐射照度计是用来测定紫外线 UV-A 段（波长范围为 $315 \sim 400$nm，中心波长为 365nm）辐射能量的仪器，如图 3-23 所示。它有一个接收紫外光的硅光电池接收板，通过光电转换变成电流输出，再经过技术处理后在电表上指示出来，其指示值与光的强度成正比。UV-A 辐射照度计用辐照度表示，单位为瓦每平方米（W/m^2）或微瓦每平方厘米（$\mu W/cm^2$）。常见的辐照计型号有 DM-365X、UV-A 等。

图 3-23　紫外线辐照计

在磁粉检测中，用来测定黑光灯的紫外线辐射。测量方法如下：将带有探测器的辐射照度计放置于灯正前表面 400mm 处，如果在此距离内读数超过表的满刻度，则应加大测试距离，使读数近似在 2/3 刻度处。然后移动探测器，使其平面垂直于灯光束轴线，直至获得最大读数，记录下辐射照度计上的读数。测试时应注意，测试前黑光灯开启时间应不少于5min，测试环境可见光照度应不超过 20lx 且无其他光源，并且灯的滤光板和探测器应保证无污染。

3. 其他检测仪器

有通电时间测量器及快速断电试验器等。前者用于检测设备磁化通电时间测量，后者用于检测三相全波整流电磁化线圈有无快速断电功能。

3.6　标准试件

3.6.1　标准试件的作用

磁粉检测用标准试件是检测时必备的测试样件。最常用的试件分为带有自然缺陷的试件（自然试块）和人工制造的标准缺陷试件（人工试块及试片）两大类。

标准试件的主要作用是用于检查检测设备、磁粉和磁悬液的综合性能（系统综合灵敏度）。一些特殊制作的专用产品标准缺陷试块和灵敏度试片也可用于确定被检工件表面的磁场方向、有效磁化范围和大致的有效磁场强度，以及考察所用检测工艺规程和操作方法是否恰当。特别是一些小而柔软的试片在无法计算复杂工件的磁化规范时，可贴在复杂工件的不同部位，代替特斯拉计确定大致较理想的磁化规范。

3.6.2　自然缺陷试件

自然缺陷试件不是人工特意制造的，而是选择在生产制造过程中由于某些原因形成的、有一定代表性的缺陷作为测试样件。常见的自然缺陷类型有各种裂纹、发纹、折叠、非金属夹杂物等，应该根据检测工作的实际需要选择有合适类型、位置和尺寸的缺陷样件作为试件。对带有自然缺陷的试件，按规定的磁化方法和磁场强度进行检验时，如果全部应该显示的缺陷磁痕显示清晰，说明系统综合性能合格，检测条件符合要求。否则应检查影响显示的原因，并调整有关因素使显示合乎要求。

自然试块最符合检验的要求，因为它的材质、形状都与被检查的工件一致，最能代表工件的检查情况。建议对固定的批量检查的工件有目的地选取自然试块。但是，自然试块仅对专门产品有效，使用时应加以注意。

3.6.3　人工标准试块和试片

1. 标准缺陷试片（灵敏度试片）

标准缺陷试片又叫作灵敏度试片。它是在低碳纯铁薄片上进行单面刻槽作为人工缺陷制成的。刻槽多数是在试片的深度方向为 U 形槽或近似 U 形，外形为圆、十字线、直线等。我国试片采用的材料为 DT4A 超高纯低碳纯铁，有经退火和未经退火两种形式。常用的标准试片有 A 型、C 型、D 型、MI 型等，在国外标准试片也称为 QQI，即质量定量指示器。

国产试片常用规格见表 3-3，图形尺寸如图 3-24 所示。试片的标识在有刻槽的一面，左上方是型号的英文字母，右下角是槽深与试片厚度之比的分式。

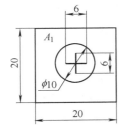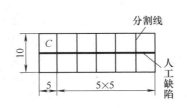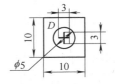

图 3-24　磁粉检测用标准试片

表 3-3　磁粉检测用标准试片

试片型号	相对槽深/板厚/μm	试片边长/mm	材质	备注
A-7/50	7/50			
A-15/50	15/50			
A-30/50	30/50	20×20		
A-15/100	15/100			其中，A型试片又
A-30/100	30/100			分为 A1（经退火处
A-60/100	60/100		DT4A 超高纯	理）、A2（未经退火
C-8/50	8/50	15×5（单片）	低碳纯铁	处理）两种形式
C-15/50	15/50	总长 60~180		
D-7/50	7/50			
D-15/50	15/50	10×10		
D-30/50	30/50			

　　试片通用名称的分数中，分子表示槽深，分母表示板厚，尺寸单位是 μm。各类的板厚为 50μm 和 100μm，槽子的形状有圆形和直线形两种。通用名称的分数值更小，就要求用更高的有效磁场才能显示出磁粉痕迹。通常按使用灵敏度分为高灵敏度、标准灵敏度（中灵敏度）和低灵敏度三种。使用的电磁软铁板是轧制材料，在磁性方面具有方向性，纵横方向的磁性不同，因此在圆形槽的 A 型试片上不同方向显示的磁痕不一样。退火可以消除这一现象。未经退火的材料与退火之后的材料相比，灵敏度较高，大约比后者高 1 倍。

　　不同的试片使用在不同场合。A 型试片适用于在较宽大或平整的被检表面上使用；C 型和 D 型试片适用于在较窄小或弯曲的被检表面上使用；高灵敏度的试片用于验证检测灵敏度要求有较高的磁粉检测综合性能；低灵敏度的试片，用于验证检测灵敏度要求较低的磁粉检测综合性能。

　　使用试片时，应先洗净试片上的防锈油。C 型试片使用前须先沿分割线剪切成 5mm×5mm 的小片（也可整条片子使用）。用胶带纸或夹具将试片开槽的一面紧贴工件的表面，紧贴时，不要影响试片背后刻槽的部位，工件表面如果凹凸不平，要用锉刀或砂轮打磨平，并除去锈蚀和油脂等污物。应根据工件的磁性、检测面的大小和形状、要求检查出来的缺陷性质及尺寸，选择合适的试片类型。标准试片通用名称的分数值，在槽深与板厚之比相等时，磁痕显示所需的有效磁场大体上相等。分数值越小，所需的有效磁场强度就越大。标准试片用后必须用溶剂洗净，用干净的脱脂棉将溶剂擦干。干燥后涂上防锈油，保存在干燥处。

　　标准试片一般只用于连续法磁化。

2. 标准缺陷试块

　　按一定规格，在距表面不同深度处分布不同孔径（或宽度）的人工孔（或槽）的长方形或圆柱形试件，称为标准试块。下面推荐几种常用的标准缺陷试块。

　　（1）B 型试块（直流标准环形试块）　B 型试块又叫直流环形标准试块或 Betz 环，用于验证磁化电流为直流电或三相全波整流电的磁粉检测综合性能。试块采用经退火处理的9CrWMn 钢制成，硬度为 90~95HRB，尺寸和外形如图 3-25 所示。环上钻有 $\phi1.78mm$ 的通孔，第一孔中心距边缘距离为 1.78mm，第二孔递增 1.78mm，其余类推，每个孔中心距试块外缘的尺寸见表3-4。

表3-4 孔的直径及孔心距环外缘尺寸

孔	1	2	3	4	5	6	7	8	9	10	11	12
D/mm							1.78					
L/mm	1.78	3.56	5.33	7.11	8.89	10.67	12.45	14.22	16.00	17.78	19.56	21.34

B型试块使用方法是：用铜棒作为中心导体，用穿棒法磁化，通以不同大小的直流电，用连续法进行检验，观察试块外缘清晰显示的孔数。该试块仅适用于直流电或整流电磁化。

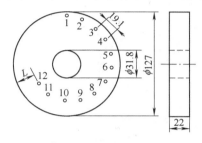

图3-25 B型标准试块

（2）E型试块（交流标准环形试块） E型试块用于验证磁化电流为交流电或单相半波整流电的磁粉检测的综合性能。试块钢环采用经退火处理的10钢锻件制成，钢环用耐热、耐油、抗变形的酚醛胶木制作衬垫，套在导电良好的纯铜棒上，如图3-26所示。钢环上钻有直径为1mm的3个孔，孔中心距表面分别为1.5mm、2mm、2.5mm。使用时，把试块夹在探伤机的两接触夹头之间，通电磁化，观察钢环外缘孔的显示情况。

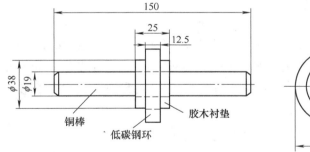

图3-26 交流标准试块（E型）

（3）磁场指示器 磁场指示器又称八角试块，它是用电炉铜焊将八块低碳钢片与铜片焊在一起构成的，有一个非磁性的手柄，如图3-27所示。它的用途与A型试片基本相同，但比试片经久耐用，操作简便。对于曲率半径较小、A型试片无法粘贴的工件，使用磁场指示器仍然有效。

使用时将指示器铜面朝上，八块低碳钢面朝

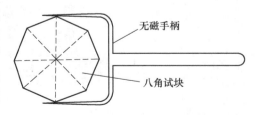

图3-27 磁粉检测用磁场指示器

下紧贴被检工件，用连续法给指示器铜面上施加磁悬液，观察磁痕显示。检测小缺陷时，应选用铜片较厚的指示器；检测较大的缺陷时，应选用铜片较薄的指示器。

（4）1 型参考试块 1 型参考试块为 GB/T 15822 推荐采用的试块，也是欧洲一些国家广泛采用的试块。这种试块主要用于对检测介质的检验。

1 型参考试块是 GB/T 15822 标准推荐采用的综合性能鉴定试块，该试块采用 90MnCrV8 钢制作，经磁化后具有很强的剩磁。试块上带有两种自然裂纹（磨削和应力腐蚀所产生的粗线条裂纹和细微裂纹），如图 3-28 所示。使用时，将磁悬液均匀施加在试块上，用目视或其他适当方法进行观察和显示对比，来评价检测介质。

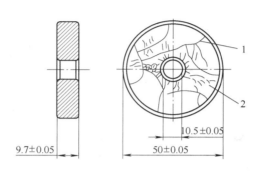

图 3-28　1 型参考试块
1—应力腐蚀裂纹　2—磨削裂纹

另外还有一种 2 型试块，主要作为测试磁粉磁性使用。国内目前应用较少。

3.6.4　人工专用缺陷试件

另外，有时为了检查产品的方便，按照产品的形状和检查要求特别制作专用的试件（如在检查有代表性产品的有关部位镶嵌人工缺陷等），这种专用试块只能在特殊规定场合下使用，一般只能对专用产品检查进行综合性能鉴定，这也是在使用时应予以注意的。

图 3-29 为某产品的人工专用试件（局部）。

图 3-29　人工专用缺陷试件

复 习 题

一、选择题（含多项选择）

*1. 常见磁粉探伤机的分类有：   （   ）
   A. 便携式电磁体和移动式磁化电源   B. 固定式磁粉探伤机
   C. 专用检测系统   D. 以上都是

*2. 有一台型号为 CJW2000 的磁粉探伤机，对它代表的意义分析正确的是：   （   ）
   A. 字母 C 代表了磁粉探伤机   B. 字母 J 代表设备采用交流电磁化
   C. 字母 W 表示设备为固定式   D. 2000 表示最大磁化电流为 2000A
   E. 以上都是

*3. 下列关于固定式磁粉探伤机的叙述中，正确的是：   （   ）
   A. 必须是一体化磁粉探伤机
   B. 多用于对中、小型工件整体磁化
   C. 不能对工件进行局部检查
   D. 磁化电源是任何探伤机都必不可少的主要部分

*4. 下列关于探伤机的叙述中，正确的是：   （   ）
   A. 磁化电源用于提供磁化电流并可调节其大小
   B. 调节电流是通过调节电压来实现的，方法是从小到大
   C. 只能由通电线圈提供纵向磁化磁场
   D. 探伤机上都应该安装退磁装置

*5. 下列对固定式磁粉探伤机各部分的作用的叙述中，正确的是：   （   ）
   A. 磁化夹头只是为了夹紧工件用的   B. 退磁装置是用来减少工件上的剩磁的
   C. 磁化电源主要用于提供磁化电流   D. 纵向磁化磁场，只能由磁轭提供。

*6. 固定式磁粉探伤机应该提供以下检测手段：   （   ）
   A. 对工件进行磁化   B. 能搅拌和喷洒磁悬液
   C. 对检测提供观察照明   D. 以上都是

*7. 探伤机磁化电源中的降压变压器能够输出的电流是：   （   ）
   A. 高电压大电流   B. 高电压小电流
   C. 低电压大电流   D. 低电压小电流

*8. 便携式磁轭的特点是：   （   ）
   A. 轻便，适用于野外作业   B. 经常用于对工件的局部检查
   C. 检测效率高，速度快   D. 能实现检测的自动控制

*9. 移动式磁化电源的主要功能是：   （   ）
   A. 提供现场检测的低电压、大功率电流
   B. 利用通电触头对工件实施局部检查
   C. 与半波整流电配合可进行干法检查
   D. 以上都是

*10. 下列对磁粉检测常用材料的主要作用的叙述中，正确的是：   （   ）
    A. 磁粉被缺陷漏磁场吸附，对缺陷进行显示

    B. 载液分散磁粉，让磁粉均匀施加在检测表面

    C. 反差增强剂改善观察对比度，更好地显示磁痕

    D. 以上都是

*11. 磁粉检测中采用不同颜色的磁粉的目的是：   （   ）

    A. 提高磁粉检验的灵敏度   B. 适用于不同磁特性的工件

    C. 提高磁粉与工件表面的颜色对比   D. 适用于探伤的不同电流类型

*12. 探伤用的磁粉应具有的特性是：   （   ）

    A. 狭窄的磁滞回线   B. 高磁导率

    C. 低矫顽力   D. 以上都是

*13. 磁粉探伤用的磁粉对粒度有一定要求，此要求是：   （   ）

    A. 表面缺陷宜用小粒度磁粉

    B. 干法磁粉粒度较湿法大

    C. 湿法磁粉粒度通常要求在 $1.5\sim40\mu m$ 范围内

    D. 以上都是

*14. 荧光磁粉显示应在哪种光线下进行观察？   （   ）

    A. 荧光   B. 白光   C. 黑光   D. 任何光

*15. 在油基载液中控制油的黏度的目的是：   （   ）

    A. 为了加速磁粉在油中的沉淀

    B. 为了保证磁粉在磁悬液中的悬浮性和流动性

    C. 为了防止油的燃烧

    D. 以上都是

*16. 油基载液对闪点有一定的要求，主要原因是：   （   ）

    A. 闪点低了油可能燃烧   B. 高闪点能加强磁粉的悬浮性

    C. 高闪点能降低油的表面张力   D. 使工件能更好地防锈

*17. 配制水磁悬液时，要求添加一定的润湿剂，其目的是：   （   ）

    A. 为了降低水的表面张力，保证零件表面适当湿润

    B. 防止磁粉凝结

    C. 防止被检零件和设备腐蚀

    D. 减少磁粉的使用量

*18. 采用水作为载液的突出优点是：   （   ）

    A. 水不易燃   B. 水容易润湿工件

    C. 水比油便宜   D. 水不容易受到污染

*19. 下列关于磁悬液的叙述中，正确的是：   （   ）

    A. 水磁悬液和油磁悬液可以混合使用

    B. 对使用中的磁悬液浓度应该采用梨形沉淀管进行测定

    C. 磁悬液的浓度与所用磁粉的种类无关

    D. 荧光磁粉的磁悬液，所用的分散剂应该发出荧光

*20. 磁悬液的浓度要维持一定范围的原因是：   （   ）

    A. 过低浓度使缺陷的显示减弱

B. 浓度过高使零件表面附着过多的磁粉，缺陷不易分辨

C. 浓度适中，细小缺陷的磁痕能清晰显示

D. 以上都正确

21. 荧光磁悬液中的磁粉浓度应是：　　　　　　　　　　　　（　　）

    A. 略低于非荧光磁粉　　　　　　　　B. 略高于非荧光磁粉

    C. 大致是非荧光磁粉的 1/10　　　　D. 与非荧光磁粉相当

22. 下列对测量仪器的叙述中，正确的是：　　　　　　　　　（　　）

    A. 毫特斯拉计用来测量磁粉磁性

    B. 袖珍式磁强计用来测试工件退磁后的剩磁大小

    C. 黑光辐照计用来测量荧光磁粉的荧光亮度

    D. 照度计用来测量黑光灯的辐照度

23. 下面哪条不是荧光磁粉探伤对紫外线灯的要求？　　　　　（　　）

    A. 应该采用 UV-B 波段的紫外线灯

    B. 紫外线灯的中心波长应该在 365nm 附近

    C. 紫外线灯上应该装有滤光片

    D. 在距灯面 40cm 处的紫外线强度应大于 $10W/m^2$

*24. 有一 A 型试片，其型号为 30/100，它代表的意义是：　　　（　　）

    A. 板厚 30/100mm　　　　　　　　B. 槽深 30/100mm

    C. 板厚 $100\mu m$，槽深 $30\mu m$　　D. 槽深 $100\mu m$，槽宽 $30\mu m$

*25. 常用标准试件的类型有：　　　　　　　　　　　　　　　（　　）

    A. 人工标准缺陷试块或试片　　　　B. 自然缺陷试块

    C. 人工缺陷专用试件　　　　　　　D. 以上都是

*26. 检测中采用试块做综合性能测试时，下述正确的是：　　　（　　）

    A. B 型试块应采用直流电流检查　　B. E 型试块应采用交流电流检查

    C. 自然试块应采用与试件一致的条件检查　　D. 以上都是

*27. 下列对试块作用的叙述中，正确的是：　　　　　　　　　（　　）

    A. B 型试块用来检查交流磁化试件

    B. 1 型试块用来检查磁悬质量

    C. E 型试块用来检查直流磁化试件

    D. 以上都正确

28. 下述试块试片制造的材料中，正确的是：　　　　　　　　（　　）

    A. B 型试块用 9CrWMn 工具钢　　　B. E 型试块用 10 钢

    C. A 型试片用 DT4A 超高纯低碳纯铁　　D. 以上都是

*29. 下列哪种仪器是用来测量黑光灯的辐照度的？　　　　　　（　　）

    A. 特斯拉计　　　　　　　　　　　B. 袖珍式磁强计

    C. 黑光辐照计　　　　　　　　　　D. 钳形电流计

*30. 测定磁悬液浓度应该选用下列哪种仪器或装置？　　　　　（　　）

    A. 袖珍式磁强计　　　　　　　　　B. 梨形沉淀管

C. A 型灵敏度试片　　　　　　　　　　D. 黑光辐照计

二、问答题

*1. 常用的磁粉检测设备分为哪几类？各类有什么特点？

2. 磁化设备有哪几种？有哪些基本技术要求？

3. 磁粉检测设备主要由哪些部分组成？其主要作用是什么？

*4. 磁粉探伤机的维护和保养应注意哪些问题？

*5. 简述磁粉检测中的常用检测介质种类及其作用。

*6. 用于磁粉检测的载液有哪几种？对它们有什么要求？

*7. 磁悬液浓度是如何测定的？荧光与非荧光磁悬液的浓度有何不同？

*8. 磁粉检测中对观察条件有什么要求？

*9. 使用黑光灯应注意哪些问题？

*10. 标准试片和试块的主要用途有哪些？

复习题参考答案

一、选择题

1. D；2. E；3. B、D；4. A、B；5. B、C；6. D；7. C；8. A、B；9. D；10. D；11. C；12. D；
13. D；14. C；15. B；16. A；17. A；18. A、C；19. B；20. D；21. C；22. B；23. A；24. C；25. D；
26. D；27. D；28. D；29. C；30. B。

二、问答题 （略）

第4章　磁化基本技术

4.1　钢铁材料磁化的特点

用钢铁材料制成的试件在磁粉检测中通常叫作工件或制件。工件可以是零件、部件、组合件；也可以是原材料、半成品或成品。其加工方式可以是铸造、锻造、焊接、热处理、表面处理以及通常的机械冷加工的制品。可以是制造过程中的制品，也可以是使用过程中的制品。钢铁材料大多数是铁磁性材料。

用于磁粉检测的工件在磁化时具有以下特点：

1）工件既是铁磁材料，又是导体。即能在磁化磁场中得到感应磁化，也能在通电时自己产生的磁场中得到磁化。直接通电磁化时，工件作为导电体产生磁场，同时铁磁材料又在这一磁场中得到磁化。此时，工件磁场方向与通电导体相同，磁场强度与非磁性导体一样，但由于工件材料磁导率远大于 1，故工件内的磁感应强度也远大于磁化时的磁场强度，$B = \mu H$。感应磁化时，工件本身不直接通过电流，而是在其他电流形成的磁化磁场中磁化，其磁化效果直接与磁化磁场的方向、大小及工件形状有关。

2）工件磁化时采用的磁化方法对磁化结果的影响很大。不同的磁化方法具有不同的磁化方向，只有在磁化方向上能够产生最大漏磁场的方法才是工件磁粉检测的最佳方法。影响工件磁化方法选择的因素很多，缺陷的方向、工件的形状尺寸、电流的类型都不同程度地影响磁化时漏磁场的产生。

3）要施加相当强度的磁场才能使工件得到满意的磁化效果。铁磁材料尽管具有较高的磁导率，容易被磁化，但对于磁粉检测来说，这种磁化要达到一定的程度才能有满意的效果。一般来说，施加在工件上的磁场强度应该使该材料的磁感应强度达到近饱和或饱和，此时才能有较强的漏磁场产生。而要产生这样的磁场强度，必须要有较强的磁化电流。因此，对检测设备的磁化电源的电流类型和大小都有一定的要求。

4）磁化工件上必须施加合适的介质才能显现不连续的情况。由于是人眼直接观察，介质的施加方法和观察条件都有一定的要求。

5）磁化后的工件一般都带有一定的剩磁。这些剩磁有的可能对工件继续加工或使用造成危害，因此一般对磁化后的工件应进行退磁处理。

工件磁化技术、介质施加方法和显示观察条件等构成了磁粉检测的基本技术。

4.2　磁化电流的应用

4.2.1　常用磁化电流的类型

磁粉检测是用电流来产生磁场的，在工件上形成磁化磁场而采用的电流叫作磁化电流。

磁化电流类型主要有交流电流和整流电流两大类。整流电又包括半波整流电、全波整流电、三相半波整流电和三相全波整流电。除此以外，还有直流电流和冲击电流等磁化电流。

不同磁化电流产生的磁场不同。如交流电产生的是交变磁场，即磁场方向和磁场大小都随电流的变化而做周期性变化。而整流电产生的磁场，除方向不发生变化外，磁场的大小却随磁化电流发生变化，也就是说，具有一定的脉动性。

磁粉检测中，磁化工件时通常使用的磁场都较大，需要的电流或磁化安匝数也比较大。对一般直接通电或采用中心导体磁化的工件，磁化电流往往从数百安到数千安不等，大的工件甚至可以到万安以上。对用线圈磁化的工件，安匝数也往往在 10^3 到 10^4 以上。由于电流较大，使用中起动频繁，对所使用的电气设备性能有一定的要求。另外，磁粉检测多用手工或半自动化操作，出于安全原因，磁化电流多数采用低电压大电流，但也有个别情况使用电压较高，这也是应该注意的。

由于不同电流随时间变化的特性不同，在磁化时所表现出的性质也不一样，因此在选择磁化设备与确定工艺参数时，应该考虑不同类型电流的影响。

4.2.2　各种磁化电流的比较与选择

1. 不同磁化电流的特点

（1）交流电流　交流电流是磁粉检测中应用得最为广泛的磁化电流。在磁粉检测中使用的交流电，多数为低压大电流，有单相和三相之分。

交流磁化电流的优点是：对表面缺陷检测灵敏度高。由于趋肤效应，在工件表面电流密度最大，磁通密度也最大，有助于表面缺陷产生漏磁场，从而提高了工件检测灵敏度。特别适用于在役工件表面疲劳裂纹的检验。另外交流电的方向在不断地变化，所产生的磁场方向也不断地改变，有利于搅动磁粉促使磁粉向漏磁场处迁移，使磁痕清晰可见。交流电能实现多向磁化和环形件的感应电流法磁化；磁轭磁化时，变截面工件磁场分布较均匀。交流磁化的工件磁场集中于工件表面，不断地换方向，所以用交流电容易将工件上的剩磁退掉。交流电退磁设备电源易得，结构简单，而使退磁方法变得简单又容易实现。

另外，交流电还可用于评价直流电（或整流电）磁化发现的磁痕显示，判断缺陷是不是表面缺陷。在交流电磁化工序之间还可不进行退磁。

交流电流的局限性是：探测缺陷深度较浅，难以发现埋藏较深的缺陷。同时，交流电剩磁不够稳定，当采用交流电进行剩磁法检验时，应配备断电相位控制器。

（2）单相半波整流电流　交流电流经过半波整流得到单相半波整流电流。它具有的优点是：兼有直流的渗入性和交流的脉动性。由于半波电流方向不变，又缺少反向半波，因此它具有了直流电流的性质，而电流波动性又较交流电小，故既能像直流电流渗入工件表面下一定深度。又因其交流分量较大，产生的磁场具有较强的脉动性，对表面缺陷检测也有一定的灵敏度。单相半波整流电所产生的磁场是同方向的，在工件上较易获得稳定的剩磁。用于剩磁法检验时，不需要加装断电相位控制器。结合湿法检验能对细小缺陷检查，缺陷显示轮廓清晰，本底干净，有利于磁痕的分析和评定。同时，由于是单方向脉冲电流，特别有利于磁粉的迁移，能够搅动干磁粉，故结合干粉法检验近表面气孔、夹杂和裂纹等缺陷效果很好。

半波电流的局限性是：退磁较交流电流困难，检测缺陷深度不如三相全波整流电流。

（3）三相全波整流电流　三相全波整流电流是三相交流电流经过全波整流而得。它除了电流方向恒定外，其电流波动也大幅度减小（波动不大于5%），已经接近于稳恒直流电流。在工业上，通常将这种电流叫作直流电流。

用于磁粉检测的三相全波整流电具有很大的渗透性和很小的脉动性，可以检测近表面埋藏较深的缺陷。如用 B 型试块试验，3500A 的三相全波整流电，可以发现第9孔（孔径为1.78mm），相当于埋藏深度16mm。因交流分量很小，用于剩磁法时，剩磁很稳定。设备电源需要的输入功率小，受电网波动影响较小。

三相全波整流电的主要局限性为：用三相全波整流电磁化过的工件，如果用交流电退磁，只能将表层的剩磁去掉，内部仍然有剩磁存在。也就是说，退磁较困难。要使退磁达到要求，就要使用超低频或直流换向衰减退磁设备，设备较复杂，退磁效率也较低。有时直流退磁后再用交流电退磁一次，可能退磁效果会好些。纵向磁化时，采用三相全波整流电磁化的工件变截面磁化不均匀，比用交流电产生的退磁场大。在周向磁化和纵向磁化的工序间一般要进行退磁。使用三相全波整流电磁化时磁粉的流动性明显降低，不适用于干粉法检验。对湿连续法，也必须注意有足够的通电时间以便形成磁粉显示。三相全波整流电路较为复杂，设备成本较高。

2. 磁化电流的比较与选择

（1）常用磁化电流的波形及有效值、平均值和峰值的比较　常用磁化电流的波形及有效值、平均值和峰值的比较见表4-1。

表4-1　常用磁化电流的波形及有效值、平均值和峰值的关系换算

电流波形	峰值	平均值	有效值	有效值/平均值
交流	I	0	$0.707I$ $\left(=\dfrac{I}{\sqrt{2}}\right)$	—
单相半波	I	$0.318I$ $\left(=\dfrac{I}{\pi}\right)$	$0.5I$ $\left(=\dfrac{I}{\sqrt{2}}\right)$	1.57
单相全波	I	$0.637I$ $\left(=\dfrac{2}{\pi}I\right)$	$0.707I$	1.11
三相半波	I	$0.826I$	$0.840I$	1.02
三相全波	I	$0.955I$ $\left(=\dfrac{3}{\pi}I\right)$		

（2）磁化电流的选择　对工件表面开口的灵敏度要求高的细小缺陷，应采用交流湿法检验；对工件表面下的缺陷检查，应采用整流电或直流电进行检查。检查时，整流电流按单相半波、单相全波、三相半波、三相全波的次序，所含交流分量逐渐递减，直流分量逐渐增加，三相全波已接近于直流。所含交流成分越大，探测近表面缺陷的能力越弱；相反，所含直流成分越大，探测近表面缺陷的能力越强。整流电和直流电用于剩磁法检验时，剩磁稳定；而采用交流电进行剩磁法检验时，应加装断电相位控制器。单相半波整流电结合干粉法检验，对工件近表面缺陷检测灵敏度高。另外，冲击电流只能用于剩磁法检验。

4.3　工件的磁化方法

4.3.1　概述

1. 缺陷磁粉显示和检测灵敏度

磁粉检测的效果是以工件上不允许存在的表面和近表面的不连续能否得到充分的显示来评定的。这里所谓的不连续，是指原材料或零（部）件组织、结构或外形的间断。而材料的缺陷，是指应用无损检测方法检测到的非结构性不连续。

在磁粉检测中，要求这种显示清晰、磁粉聚集紧密，能显示全部不连续形状和性质，重复性良好，而不是磁粉聚集细弱或过度。这是磁粉检测判断的标准。

磁粉检测时被检材料表面细小缺陷磁痕能够被清晰显现的程度叫作检测灵敏度，或叫作磁粉检测灵敏度。按照使用要求，通常有高、中、低灵敏度之分。高灵敏度要求能发现表面细微缺陷，如发纹和细小裂纹；中灵敏度一般又叫作标准灵敏度，要求能发现一般的裂纹类缺陷；低灵敏度主要用来检查要求不高的工件的粗大缺陷，一般不大采用。要保证磁粉检测的灵敏度，必须使工件得到合适的磁化。这就要在工件磁化时合理地选择最佳磁化方向和能使工件达到足够磁化的合适的磁化磁场值。

选择磁化方法，就是选择工件磁化时的最佳方向，也就是最容易产生漏磁场的方向。而确定磁化时磁场的大小，即所谓磁化规范，是在工件上建立必要的工作磁通，使工件达到足够显现缺陷的合适磁化磁场或磁化电流值。

2. 最佳磁化方向的确定和磁化方法分类

（1）最佳磁化方向的确定　工件磁化时，与磁场方向垂直的不连续最容易产生足够的漏磁场，也就最容易吸附磁粉而显现不连续的形状。两者方向小于45°角时，不连续很难检测出来。必须对工件的磁化最佳方向进行选择，使缺陷方向与磁场方向垂直或接近垂直，以获得最大的漏磁场。但是，工件中的缺陷方向往往是不确定的，可能有各种取向。为了发现缺陷，发展了各种不同的磁化方法，以便在工件上建立各种不同方向的磁场。磁粉检测时，应该根据工件的加工工艺和使用历史对缺陷做一个预计，以寻找合适的磁化方向，即在工件上建立适合的工作磁通，以得到需要的磁化磁场。为了确保任何方向不连续的检出，根据工件的几何形状，可采用两个或多个方向的磁化，或采用复合磁化。

（2）磁化方法分类　根据工件磁化时磁场的方向，可以分为周向磁化、纵向磁化和多向磁化三种。而按照工件是否直接通过磁化电流，又可以分为通电磁化和通磁（感应）磁化。

对工件进行直接通电，或是在有孔工件的中心穿过一根通电导体，工件内部和周围将产生磁场。这个磁场是与电流方向垂直并以工件轴心为中心的同心圆，即磁力线在沿着工件轴线的圆周上闭合，形成一个圆周向的工作磁路。该磁场叫周向磁场，周向磁场磁化的工件叫周向磁化。周向磁场与工件轴向垂直，主要用来发现与工件轴向平行或成一定角度（小于45°）的缺陷。或者说，与电流方向平行或成一定角度的缺陷。根据磁场建立的不同，周向磁化又分为通电法、中心导体法、偏置芯棒法、触头法、感应电流法、环形件绕电缆法等。周向磁化的分类如图4-1所示。

纵向磁场是指与工件轴向一致（或平行）的磁场。工件在纵向磁场中得到一个与工件轴平行的工作磁路，该磁路可以通过铁心形成闭合回路，也可以通过工件和空气形成闭合回路，这种磁化方式叫作纵向磁化。它主要用来发现工件圆周方向上的缺陷，即与工件轴向垂直或成一定角度（大于45°）的缺陷。纵向磁场可由磁化线圈（螺线管）产生，也可由电磁轭或永久磁铁的磁场对工件进行磁化。常见的纵向磁化方法如图4-2所示。

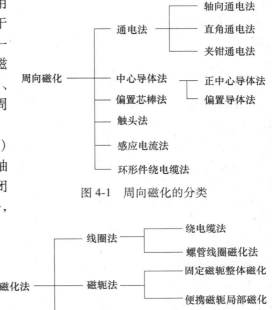

图 4-1 周向磁化的分类

图 4-2 纵向磁化的分类

随工件在纵向磁化中的磁路闭合情况的不同，纵向磁化可分为开路磁化和闭合磁化。开路磁化中工件没有形成完全通过铁心闭合的磁路，磁力线可能通过相当长的一段空气隙后形成闭合。此时，工件两端将有磁极产生，而磁极产生的退磁场则将直接影响工件的磁化。一般在线圈中进行磁化的工件即属于此类。而铁心闭合磁化中工件作为闭合磁路或磁路的一部分，退磁场相对较小或没有退磁场产生，容易得到磁化。磁轭磁化和铁心螺线环即是闭合磁化的典型事例。

为了能够一次磁化发现工件各个方向上的缺陷，根据磁场叠加的原理，可以采用两个或两个以上变化的磁场对工件同时进行磁化。当叠加的合成磁场方向不断变化时，工件中产生了一个大小及方向随时间变化成圆形、椭圆形或其他形状的磁场。因此可以发现多于一个方向上的缺陷。多向磁化方法又称复合磁化法。主要有摆动磁场磁化法、十字交叉磁轭磁化法以及线圈交叉磁化法等。

周向磁化和纵向磁化是指磁化时磁场的方向，通电磁化和感应磁化是指工件磁化时磁场产生的方式。

所谓通电磁化，是指工件在磁化时全部或局部通过电流，工件的磁化是由流过工件的电流产生的磁场完成的。这种磁化的方法有轴向通电磁化法、触头通电磁化法以及感应电流磁化法等。前两种方法中工件由作为电路的一部分的专门电极磁化；后者则是利用电磁感应的原理在工件上感应出电流，工件本身就是一个闭合回路，没有电极产生。

感应磁化是利用磁场感应原理将铁磁工件磁化。这种磁化磁场可以是周向磁场（中心导体法），也可以是纵向磁场（线圈或磁轭），当工件置于这种磁场中时，工件本身将被磁化。感应磁化的磁场又叫磁化磁场，它是外加的，不管有无工件这种磁化磁场都存在，除非人为取消它；而通电磁化的磁场在电流通过工件时产生，电流消失就没有了。这是二者的差别。

通电磁化的磁场多属周向磁化，而感应磁化的磁场既可能是周向磁场，也可能是纵向磁场。

3. 确定磁化磁场大小的原则和方法（磁化规范）

所谓磁化规范，是在工件上建立必要的工作磁通时所选择的合适的磁化磁场或磁化电流值。实际应用时，磁化规范按照检测灵敏度一般可分为三个等级：

1）标准磁化规范。在这种情况下，能清楚显示工件上所有的缺陷，如深度超过0.05mm的裂纹、表面较小的发纹及非金属夹杂物等，一般在要求较高的工件检测中采用。通常把标准磁化规范叫作标准灵敏度规范。

2）严格磁化规范。在这种规范下，可以显示出工件上深度在0.05mm以内的微细裂纹、皮下发纹以及其他的表面与近表面缺陷。适用于特殊要求的场合，如承受高负荷、应力集中及受力状态复杂的工件，或者为了进一步了解缺陷性质而采用的场合。这种规范下处理不好时可能会出现伪像。严格磁化规范有时也叫作高灵敏度规范。

3）放宽磁化规范。在这种规范下，能清晰显示出各种性质的裂纹和其他较大的缺陷。适用于要求不高的工件的磁粉检测。其检测灵敏度较上两种低，故有时也叫作低灵敏度规范。

根据工件磁化时磁场产生的方向，通常又将磁化规范分为周向、纵向及复合磁化规范几大类。根据检测时的检验方法又有连续法磁化和剩磁法磁化规范之分。不同的方法所得到的检测灵敏度也不尽相同。

4.3.2 周向磁化方法

1. 通电磁化法

通电法是磁粉检测中的一种最常用的磁化方法，它是将工件置于探伤机的一对夹头电极（接触板）之间，让电流从工件上通过，形成周向磁场。这种方法又叫作夹头通电法。由于工件一般沿轴向通电，故也叫轴向通电法或电流贯通法，如图4-3所示。夹头通电法用于检查与电流方向平行的不连续。

通电法对缺陷反应灵敏，具有方便快速的特点。特别适用于批量检验。只要控制通入工件电流的大小，就可以控制产生磁场的大小。工件无论是简单还是复杂，只要适于夹持，通过在不同方向上的一次或数次通电，

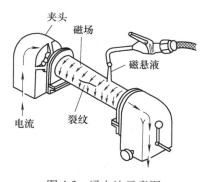

图 4-3 通电法示意图

就可以完成对整个工件的磁化。对大型工件，可以在较短时间内进行大面积磁化和检测。对长形工件，如钢棒、钢管、轴等，在工件两端通电就能进行全长的周向磁化。但对较长的工件，为便于磁悬液施加，避免通电时间过长，最好采用分段磁化的方法。

通电法在工件表面形成的是一个封闭的磁场。完整的磁路使工件表面磁场分布较为均匀、集中，也有助于使材料的剩磁特性达到最大。因此，无论是连续法还是剩磁法，都具有较高的检测灵敏度。

但是，工件夹持两端必须有良好的电接触。采用通电法时，要求与电极夹头接触的工件部位不能有非导电涂层或较大空气间隙，否则电流无法通过。而且，电接触的部位的接触电阻不能过大；如果接触不当，有可能在接触部位产生电弧打火或局部烧伤。为避免在工件上产生电弧打火或烧伤，一般要求电极夹头与工件的接触区保持干净、无杂物，同时应尽可能增大电极夹头与工件的接触面积，如采用铜丝网编制的衬垫，以避免工件与电极夹头的硬接触，此外还应确保工件与电极夹头接触时放置平稳。

通电法不能用于空心工件内表面的检验。也无法检测工件端面。

采用通电法时工件上的磁场分布如图 2-27 和 2-28 所示。

2. 中心导体法

中心导体法又叫作穿棒法或芯棒法。其特点是，将导体（芯棒或电缆）穿入空心工件的孔中，并置于孔的中心轴线上，使电流从导体上通过，形成周向磁场，工件就在导体形成的周向磁场中得到感应磁化，如图 4-4 所示。正中心导体法用于检查空心工件内、外表面与电流方向平行的不连续及端面径向的不连续。

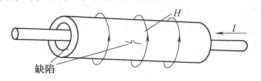

图 4-4　中心导体法磁化

芯棒通过电流时，芯棒周围产生的磁场在工件上形成了闭合的工作磁通。其磁场分布如图 2-29 所示。

芯棒材料一般用导电良好的非铁磁材料，常采用铜或铝棒。

中心导体法的优点是简便、快速，与工件无电接触，消除了工件被电弧烧伤的可能性。将多个相同或类似的小型空心工件穿在同一根中心导体（芯棒）上，即可一次完成通电磁化。对于长形空心工件，如钢管、空心轴等，通过中心导体通电即可对工件进行全长的周向磁化。采用中心导体法时工件的内、外表面和径向壁面都会产生周向磁场，因此，工件各部位都可以得到有效的磁化与检测。对于长形空心工件，如钢管、空心轴等，与剩磁法配合使用，可对其内表面进行完整的检测。

如果管状工件的直径过大或有某些特殊形状，在采用中心导体法时应做以下适当调整：

1）大直径工件时可采用偏置芯棒分段进行磁化。由于大直径工件整体磁化时需要电流过大，普通检测设备难以达到。这时可采用偏置芯棒法进行磁化。方法是将导电芯棒置于工件孔中并贴近内壁放置，电流从芯棒流过并在工件上形成局部周向磁场（见图 4-5），该磁场能够检测出空心工件芯棒附近内外表面与电流方向平行和端面径向的不连续性。

2）一端有封头的工件，用芯棒穿入作为一端，封头作为另一端，通电磁化（见图4-6）。

3）大型工件的螺钉孔、法兰盘的固定孔等可用电缆穿过，对孔周围实施检查。

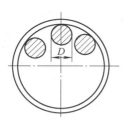

图 4-5　偏置芯棒法

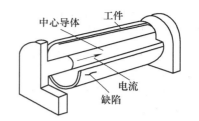

图 4-6　有封头工件的穿棒检查（剖面）

4）弯曲内孔的工件可用柔性电缆代替刚性芯棒检查。

5）小型空心环件，可将数个工件穿在芯棒上一次磁化（见图 4-7）。

6）此外，还可以采用立式磁化（工件和芯棒直立），以检查内壁等。

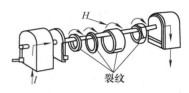

图 4-7　小型环件一次多个磁化

但是，中心导体法也存在一些不足。如对工件内外表面的检测灵敏度不一致。当导体通入电流时，由于磁场在沿工件壁厚方向的衰减，内表面的磁场比外表面磁场大，内表面具有最高检测灵敏度，而外表面的检测灵敏度比内表面低。这种情况在厚壁管上表现得特别明显。为了保证检测灵敏度相同，检查管外壁时需要加大电流。另外，导体应尽可能放置在孔的中心。如果导体放置位置偏离孔的中心，在工件上、下表面所得到的检测灵敏度不能保证一致。因此，采用中心导体法时，导体的直径应尽可能大，以保证工件表面各部位的检测灵敏度的一致性。

3. 触头通电法

触头通电法又叫支杆法、尖锥法或手持电极法。它是直接通电磁化的又一形式，它与轴向通电法的不同之处是将一对固定的接触板电极换成了一对可移动的支杆式触头电极，以便对大工件进行局部磁化，用来发现与两触头连线平行的不连续性，如图 4-8 所示。

触头法所采用的设备一般为便携式设备，携带方便，检测设备可以带到难以移动的大型工件的现场进行检验。可用较小的电流值在局部得到需要的磁化磁场强度。方法是按规定调节两触头电极间的距离。图 4-9 所示是用触头法检查时两触头间的磁场分布。

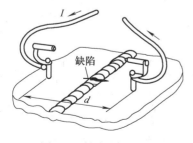

图 4-8　触头通电磁化

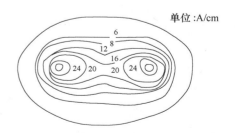

图 4-9　触头法的磁场分布和电流的分布

通过改变触头位置，触头法可以发现工件各个方向上的缺陷，常用于大型铸、锻件以及焊缝的检验。由于使用小电流和分块累计方法，可检验整个工件表面。为了实现对各方向缺陷检查，触头的第二次检查位置必须从第一次检查位置旋转大约90°，根据对表面覆盖的要求，触头相邻位置需要重叠。对大型工件的表面检测，最好的方法是检测前排列并绘制出触头放置的网格线。触头法的重叠区如图4-10所示。

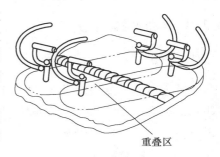

图4-10　触头法的重叠区

触头法检验灵活方便，对近表面缺陷有较高的检测灵敏度。特别是采用半波整流电及与干粉法配合使用时，能得到其他方法难以检出的近表面缺陷。

但是，触头法磁化时需要控制触头间距，且一次只能检测较小区域。在对于大型铸、锻件进行检测时，大面积的检测要求多次通电，很费时。同时，支杆与工件表面接触不良时，会发生电弧打火与烧伤。此外，支杆材料如果是金属铜，在支杆放置或移开时，如果操作不当，容易在工件表面产生电弧打火并使铜渗入表面而导致工件金相组织损伤（软化、硬化、裂纹等），因此，触头法时最好在支杆端头包裹铜编织衬垫。

触头法不宜检查精密表面要求较高的工件。

4. 感应电流法

感应电流法是指使交变磁场与试件耦合，在环形试件上产生封闭电流，对工件进行磁化的方法（见图4-11），又叫磁通贯通法。

感应电流法运用变压器原理，把环形工件作为变压器的次级线圈，由于电流沿工件环形方向闭合流动，特别适合于检查工件内外壁及侧面上沿截面边缘圆周方向分布的缺陷。这种方法工件不与电源装置直接接触，也不受机械压力，可以避免工件端部烧伤和变形。在一些环状薄壁工件（如轴承环、齿圈等）检查时经常用到。

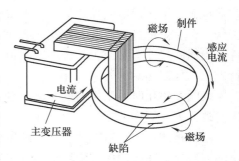

图4-11　感应电流法

感应电流法的优点是工件与外加电源无直接的电接触，不会烧伤工件，并可一次磁化整个工件表面，工件也不与机械夹头或电极接触，不会产生变形。但只能检测环形件沿圆周方向的缺陷且受磁化电流类型限制。

5. 环形件绕电缆法

环形件绕电缆法是用软电缆穿绕环形件，通电磁化，形成沿工件圆周方向的周向磁场，如图4-12所示。环形件绕电缆法形成的磁场与中心导体法相似，是一个封闭的周向磁场。

由于磁路是一闭合铁磁体，无退磁场产生，工件易于磁化。但是，由于线圈绕制不方便，该法仅适用于检查批量不大的地方。

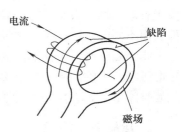

图4-12　环形件绕线圈磁化

4.3.3 纵向磁化方法

1. 线圈法

线圈法是纵向磁化使用最广泛的方法之一。采用线圈法时，工件放在通电线圈中，或用软电缆缠绕在工件上磁化，形成纵向磁场，如图4-13及图4-14所示。

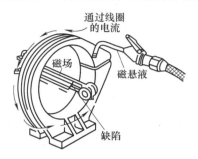

图4-13 固定式线圈磁化

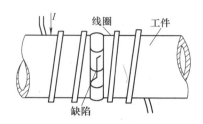

图4-14 缠绕线圈磁化

线圈法适用检查纵长工件如曲轴、轴、管子、棒材等的横向缺陷。它检验方便、迅速，具有较高的检测灵敏度，无论工件形状简单还是复杂，都可方便地将工件置于线圈内进行磁化，也避免了像通电法那样的反复夹持的操作。特别在使用剩磁法时，线圈法更可以快速对工件一件一件地进行磁化，然后再同时对所有磁化工件施加磁悬液并检查。对一些大型工件，当线圈尺寸有限或工件进出线圈不便时，可以采用缠绕电缆法产生的纵向磁场对工件进行磁化，如图4-14所示。

线圈法磁化时，工件内的磁场通过感应产生，工件上没有电接触，无电流通过，不会产生电弧打火与烧伤。

磁粉检测中多用短螺线管，它的磁场是一个不均匀的纵向磁场，工件在磁场中得到的是不均匀磁化。在线圈中部磁场最强，并向端部进行发散，离线圈越远，其磁场发散越严重，有效磁场也越小。因此，对于长度远大于线圈直径的工件，其有效磁化范围仅在距线圈端部约为线圈直径1/2的地方。

线圈磁化方法在工件两端产生了磁极，形成退磁场。工件在线圈中是否容易被磁化除与工件的材料特性相关外，还与工件的长度和直径之比（L/D）有关，以及与工件在线圈中的填充系数 τ 有关。

使用线圈磁化时，应注意线圈的有效磁场与线圈的尺寸、磁化规范有关，对长形工件，由于有效磁场的限制，通常需要将工件分段磁化检查。如果工件外形复杂，一次磁化时在工件表面不同部位所产生的磁场可能不一致，也需对工件进行多次磁化。

线圈磁化时，工件端部的检测灵敏度较低。这是因为线圈法磁化时，由于工件端部将产生退磁场，工件端部的有效磁场较其他部位低，导致其端部的检测灵敏度下降。当采用三相全波整流电时，为使 L/D 比值低的短工件的端部效应减至最小，需采用"快速断电"方法。

2. 磁轭法

磁轭法也是纵向磁化常用方法之一。它是借助于外加磁轭将纵向磁场导入工件或工件中某一区域的磁化方法，能对工件实施整体或局部磁化。在磁轭法中，工件是闭合磁路的一部分，在两个磁极之间磁化。磁轭法有固定式磁轭和便携式电磁体（磁轭）之分。

（1）固定式磁轭　固定式磁轭又叫作极间磁轭法。它是用通电线圈使轭铁得到磁化，将工件夹在轭铁的两个磁极之间时，形成了一个闭合磁路，使工件在磁路中得到整体磁化。磁化时，工件上的磁力线大体平行于两磁极间的连线，能检测工件上与两极连线方向垂直的不连续，如图4-15所示。

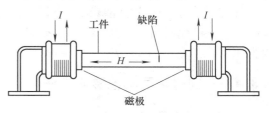

图4-15　固定式磁轭

磁轭的磁化线圈多装在磁极两端（也有装在中部的）。这样可以提高磁极间的磁压，使工件得到较高的磁感应强度。磁轭的铁心一般做得较大并选用软磁材料，以减少其中的磁阻。

磁轭法整体磁化适用于工件横截面小于磁极横截面的纵长工件。但在检测时，如果工件长度较长，工件中部由于离磁极较远，有可能得不到合适的磁化。有时将工件夹持在两极间，并在工件中心放上通电线圈，以增强中部的磁场。

（2）便携式磁轭　便携式磁轭又称手持电磁体，它利用电磁轭对工件感应磁化，是一种轻便的适用于野外操作的电磁铁，主要用于对工件施行局部磁化。有直流和交流两种供电形式，其外形如图4-16所示。

便携式磁轭由一个专用的磁化线圈产生磁场，两极间的磁力线不是均匀的，图4-17表示了这种不均匀磁场。

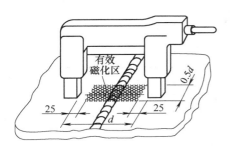

图4-16　便携式磁轭

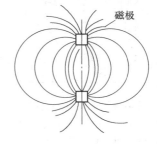

图4-17　便携式磁轭两极间的磁力线

利用便携式磁轭检测时，检测的有效范围取决于检测装置的性能、检测条件以及工件的形状。一般是以两极间的连线为长轴的椭圆形所包围的面积，如图4-18所示。

工件上的磁场分布取决于磁极间的距离（极间距）。在磁路上总磁势一定的情况下，工件表面的磁场强度随着两极距离的增大而降低。

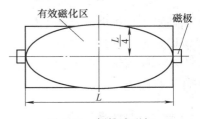

图4-18　便携式磁轭
检测有效范围

便携式磁轭的间距有固定式和可调式两种。可调关节越多，关节间的间距越大，则磁轭上的磁阻也越大，工件上得到的磁化磁场强度越弱。为了防止磁化不足的情况产生，通常采用规定电磁吸力的方法来限制磁场过低，以保证检测工作的正常进行。

（3）永久磁铁法　永久磁铁法同便携式磁轭相似，只是取消了用来产生磁场的励磁线圈，其特点是可用在缺少电源的地方进行检查。但是，一般永久磁铁磁性都较电磁铁产生的磁场弱，且磁化后与工件断开困难，磁极附近吸附较多的磁粉也不易去除，除特殊场合一般很少使用。

4.3.4　多向磁化及其他磁化方法

1. 多向磁化法（复合磁化）

多向磁化是根据磁场强度叠加的原理，能在一次磁化过程中在工件上显现出多个磁化方向使工件得到磁化。常见的有交叉磁轭旋转磁场磁化和螺旋形摆动磁场磁化两种。

（1）交叉磁轭旋转磁场磁化法　交叉磁轭旋转磁场是将两个电磁轭以一定的角度进行交叉（如十字交叉），并各通以有一定相位差的交流电流（如 π/2），由于各磁轭磁场在工件上的叠加，其合成磁场便成了一个方向随时间变化的旋转磁场。图 4-19 所示是交叉磁轭法的示意。

利用交叉磁轭一次磁化可检测出工件表面所有方向的缺陷，检测效率较高。

（2）直流磁轭与交流通电法复合磁化　工件用直流电磁轭进行纵向磁化，并同时用交流通电法进行周向磁化，这时将在工件上产生一个方向随纵向轴摆动的螺旋形磁场。图 4-20 所示为该装置方法示意。

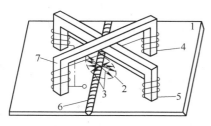

图 4-19　交叉磁轭法示意
1—工件　2—旋转磁场　3—缺陷
4、5—交流电　6—焊缝　7—交叉磁轭

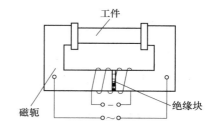

图 4-20　摆动磁场多向磁化装置示意图

磁化时，工件上纵向磁场不变，周向磁场大小和方向随时间变化，二者合成了一个连续不断地沿工件轴向摆动的螺旋状磁场。调节交流电流值就能调整合成磁场的摆动角度。直流磁场固定后，交流磁场越大，磁场的摆动范围也越大。

在一般固定式磁粉探伤机里都装有直流线圈和交流通电磁化装置，可以形成摆动磁场对工件进行磁化。

**2. 平行磁化法

平行磁化法也是一种感应磁化方法，又叫作近体导体磁化法，它是将工件与通电导体接近，利用导体感应产生的局部磁场对工件实施磁化。常用的方法有电缆平行磁化法和平板平行磁化法。

电缆平行磁化法又叫电缆贴近表面磁化法，它是将工件受检部分置于绝缘电缆附近并对电缆通电，利用电缆在工件上产生的畸变周向磁场使工件局部得到感应磁化，其原理与偏置芯棒通电磁化类似。不过偏置芯棒形成的周向磁场可以通过圆管的磁路部分闭合，而电缆平行磁化时产生的周向磁场大多在空气中闭合，故电缆平行磁化时需要的电流远大于偏置芯棒磁化的电流。平行磁化用的电缆应与工件绝缘，根据使用有多种形式。常用的直长平行磁化对角焊缝的检查如图 4-21 所示。

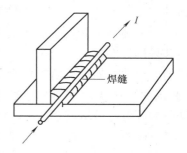

图 4-21　直长平行磁化
对角焊缝的检查

采用平行磁化可以实现工件的无电接触，避免了工件的烧伤或机械损伤，同时可检测范围较磁轭法大。但该法采用的是畸变磁场检测，磁场分布不均匀，所用电流值也较大。在进行检测前应充分试验探索出规律才能用于实际检测。

平板平行磁化检测是平行磁化的另一种形式，它是为了实现对一些小薄工件的检查，避免烧伤工件而采用的。方法是将小薄工件排列在铜板（或其他导电材料）上，利用铜板通电时产生的磁场进行磁化。应用此方法时，要注意工件不能太厚并应紧贴在铜板上。为了强化受检区域的磁场，铜板背面可以嵌一块厚的软铁。图 4-22 所示为这种方法的示意。

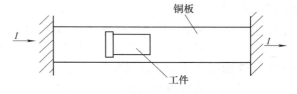

图 4-22　平板平行磁化法

平行磁化方法是一种辅助磁化的方法，使用平行磁化时应注意磁场大小的确定。一般采用试块或试片进行试验。由于这种方法磁场计算困难和影响因素较多，除特殊场合外，一般不推荐采用。

4.4　磁场强度确定（磁化规范）

4.4.1　磁场强度确定的基本方法

根据磁粉检测的原理可知，工件表面下的磁感应强度是决定缺陷漏磁场大小的主要因素。为了产生可判别的磁痕所需的漏磁场，被检工件中除有合适的磁场方向外，还必须具有能够显示该缺陷的足够的磁感应强度。

工件中的磁感应强度的大小与磁化该工件时所使用的磁场强度数值有密切关系。在检测中通常用磁场强度或产生磁场的电流大小来代替磁感应强度。对一般钢材而言，这种代替是可以的。选择磁化规范实际就是确定磁化工件时的所需要的磁场的大小。

一般来说，被检工件表面的磁通密度不应低于 1T，并且随工件材料磁性的不同及检测灵敏度要求而有所差异。对检查普通裂纹类缺陷，在具有较高磁导率的低合金和低碳钢上达到该磁通密度的切向磁场强度应不低于 2kA/m。对其他低磁导率钢，则应采用较高的切向磁场强度。对细小缺陷，要求工件表面的磁感应强度更高，其相应的切向磁场强度数值也更大。

确定磁场强度的方法有磁场测定法、计算法、磁化背景法及利用磁特性曲线选取等多种。

（1）磁场测定法　磁场测定法有两种形式，利用磁场测量仪器对工件进行表面磁场测定和采用标准试块（或试片）对表面磁场进行大致测定。磁场测量仪器通常采用测量表面磁场的仪器，如毫特斯拉计等。试块（或试片）法是用选定的自然试块或人工标准试块（或试片）在规定的磁场强度或磁化电流下用合适的检验方法进行检查，试块（或试片）上缺陷的部位应显示出相应的磁痕，它是仪器测定法在特定条件下的简化使用。通常用这种方法进行磁粉检测的综合性能测定。

（2）计算法　计算法是根据材料的磁特性并结合工件形状及磁化磁场特点利用相应计算磁场的公式进行的表面磁场计算。通常采用简化计算法，即在没有特殊要求时，以常用的中低碳钢或中合金钢的磁特性作为参考，结合检验方法等条件进行计算，这种方法即所谓的经验公式。对大多数钢或工件检查要求不太高时，此方法是可行的。不同的标准列出了不同的简化计算方法。如 GJB 2028A 使用的通电法周向磁化规定及线圈纵向磁化公式就是这样的方法。使用经验公式对工件进行磁化时应该注意公式使用的条件，不然可能产生失误。

（3）磁化背景法　磁化背景法是一种现场试验方法。它是首先把工件磁化到过饱和状态，让工件表面呈现出过饱和的"苔藓"或"羽毛"，然后稍降低磁场强度使"苔藓"或"羽毛"消失。采用此时的磁场强度作为该工件的磁化规范。

（4）利用磁特性曲线选取合适的磁化参数以确定所需要的磁化电流　这是根据工件材料的磁特性曲线选取相应的磁场强度值，再结合相应的磁场公式进行计算的方法。对重要用钢或有特别要求的材料及工件，应该采用这一种方法。

以上方法并不是孤立的，必要时可结合使用。特别是对重要工件或重要部位的检测应反复试验来确定磁化规范。

与磁化方法分类一样，磁化规范也有周向磁化规范和纵向磁化规范两大类；而根据检测时的检验方法又有连续法磁化和剩磁法磁化规范之分；而按检测灵敏度要求又有标准磁化规范和严格磁化规范之分。

在制定工件的磁化规范时，需要综合考虑被检测工件的检测要求、材质、热处理状态、形状与几何尺寸、技术要求及磁化方法等多种因素。具体地说，制定一个工件的磁化规范时，首先要了解工件检测的灵敏度要求，再根据材料的磁特性和热处理情况，确定是采用连续法还是剩磁法进行检验，然后再按工件尺寸、形状、表面粗糙度、缺陷可能存在的位置及形状大小确定磁化的方法，最后再根据磁化后工件表面应达到的有效磁场值确定磁化电流类型并计算出大小，必要时应进行试验。

4.4.2　周向磁化磁场强度的确定

1. 周向磁化规范选择计算式

圆形工件周向磁化（通电法或中心导体法）时，工件表面上的磁感应强度用式（4-1）表示

$$B = \frac{\mu I}{2\pi R}$$

此时，使工件磁化的外加磁化电流为

$$I = \pi DH \tag{4-1}$$

式中　I——通过工件的电流强度（A）；

　　　D——被磁化工件的直径（m）；

　　　H——外磁场强度（A/m）。

在实际计算中，D 单位往往采用 mm，则式（4-1）应为

$$I = \pi DH \times 10^{-3}$$

如果采用高斯单位制计算，磁场强度单位应采用 Oe，当直径单位采用 mm 时，磁化电流公式可写为

$$I = \frac{DH}{4}$$

若将 Oe 转化为 A/m，由于 $1Oe \approx 80A/m$，磁化电流公式可写为

$$I = \frac{DH}{320} \tag{4-2}$$

式中　I——通过工件的电流强度（A）；

　　　D——被磁化工件的直径（mm）；

　　　H——外磁场强度（A/m）。

【例1】　一圆形工件直径为 100mm，周向磁化要求表面磁场强度为 4800A/m，求磁化电流。

解
$$100mm = 0.1m$$
$$I = \pi DH = 3.14 \times 0.1 \times 4800A = 1500A$$
$$I = \frac{DH}{320} = (100 \times 4800/320)A = 1500A$$

在实际计算中，也可以直接使用工件周长进行计算，即

$$I = LH \tag{4-3}$$

L 是工件各边长度之和，单位是 m。若转化成 mm，则同样要在结果上除以 1000。

【例2】　一长方形工件，规格为 40mm×50mm，要求表面磁场强度为 2400A/m，求所需的磁化电流。

解：工件周长 $L = (40 + 50) \times 2mm = 180mm = 0.18m$

　　$I = LH = 0.18 \times 2400A = 432A$

在实际检测中，当磁场强度确定后，常常简化上述计算式，即采用工件直径 D 乘以一个系数作为磁化电流值。如常用中低碳钢磁化时的磁场强度一般选择在 2400~4800A/m 范围内，换成电流计算式并进行整数化处理则为：

$$I = 7.54D ~ 15.07D \approx 8D ~ 15D$$

式中　D——工件直径（mm）。

对于环形工件电缆缠绕法磁化，计算类似公式（4-1），不过此时的电流应采用安匝计算，即

$$IN = \pi DH \tag{4-4}$$

式中　N——电缆穿过工件空腔所缠绕的圈数；

　　　D——环形工件直径（m）；

H——工件表面磁场强度（A/m）。

2. 通电法周向磁化经验公式

通电法周向磁化规范的电流值可参照表4-2中的公式进行计算。当制件的当量直径变化大于30%时应分段选用磁化规范。

表4-2　通电法周向磁化规范（GJB 2028A—2007）

检验方法	电流值计算公式		用　　途
	FWDC	AC	
连续法	$I = 12D \sim 20D$	$I = 8D \sim 15D$	用于标准规范，检测较高磁导率材料制件的开口性缺陷
	$I = 20D \sim 32D$	$I = 15D \sim 22D$	用于严格规范，检测较高磁导率材料制件的夹杂物等非开口性缺陷 用于标准规范，检测较低磁导率材料（如沉淀硬化钢类）制件的开口性缺陷
	$I = 32D \sim 40D$	$I = 22D \sim 28D$	用于严格规范，检测较低磁导率材料（如沉淀硬化钢类）制件的夹杂物等非开口性缺陷
剩磁法	$I = 30D \sim 45D$	$I = 20D \sim 32D$	检测热处理后矫顽力 $H_c \geqslant 1\mathrm{kA/m}$、剩磁 $B_r \geqslant 0.8\mathrm{T}$ 的制件

注：1. 计算公式的范围选择应根据制件材料的磁特性和检测灵敏度要求具体确定。
　　2. 公式中 I—电流（A）；D—制件直径（mm），对于非圆柱形制件则采用当量直径，当量直径 D＝周长/π。计算磁化电流时，交流电采用有效值，整流电和直流电采用平均值。

【例3】　一使用中的长方形工件，规格为40mm×50mm，要求检查疲劳裂纹，求所需的交流磁化电流。

解：检查疲劳裂纹应采用严格规范。此处采用 $20D$。

工件周长　　　　　　　　$L = (40 + 50) \times 2\mathrm{mm} = 180\mathrm{mm}$

当量直径为　　　　　　　$D = L/\pi = (180/3.14)\mathrm{mm} \approx 57\mathrm{mm}$

$$I = 20D = 57 \times 20\mathrm{A} = 1140\mathrm{A}$$

3. 局部周向磁化的磁化规范

局部通电磁化主要包括触头通电磁化，偏置导体通电磁化以及平行磁化等，它们所产生的磁场是畸变的周向磁场，多用连续法检查。

（1）触头通电磁化法　在触头法中，由外电源（如低压变压器）供给的电流在手持电极（触头）与工件表面建立起来的接触区通过，或者是用手动夹钳或磁吸器与工件表面接触通电。在使用触头法时，磁场强度与所使用的电流安培数成比例，但随着工件的厚度改变而变化。

触头间距一般取75~200mm为宜，最短不得小于50mm，最长不得大于300mm。因为触头间距过小，电极附近磁化电流密度过大，易产生非相关显示；间距过大，磁化电流流过的区域就变宽，使磁场减弱，所以磁化电流必须随着间距的增大相应地增加。两次磁化触头间距应重叠25mm。

实验证明，当触头间距 L 为200mm，通以800A的交流电时，用触头法磁化在钢板上产生的有效磁化范围宽度约（3L/8 + 3L/8），为了保证检测效果，标准中一般将有效磁化范围控制在（L/4 + L/4）范围内。若触头采用两次垂直方向的磁化，则磁化的有效范围是以两次触头连线为对角线的正方形。在两触头的连线上，电流最大，产生的磁场强度最大，随着远离中心连线，电流和磁场强度都越来越小，如图 4-23 所示。

应按不同的技术要求推荐的磁化电流值进行磁化。其磁化值范围不仅与电流类型有关，还与被磁化工件的厚度有关。

一般标准推荐的触头法周向磁化规范值见表 4-3。

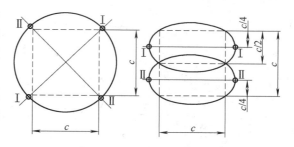

图 4-23 触头法的有效磁化范围

表 4-3 触头法周向磁化规范

板厚 T /mm	磁化电流计算式		
	AC	HW	FWDC
$T<19$	$I=3.5\sim4.5L$	$I=1.8\sim2.3L$	$I=3.5\sim4.5L$
$T\geqslant19$	$I=3.5\sim4.5L$	$I=2.0\sim2.3L$	$I=4.0\sim4.5L$

注：I—电流（A）；L—触头间距离（mm）。

【例4】 用触头法交流磁化工件，工件厚度为 12mm，触头极间距为 150mm，求磁化电流。

解：$I=(3.5\sim4.5)\times150A=525\sim675A$

**（2）偏置中心导体法　偏置中心导体法中使用的芯棒应置于工件内并紧贴工件壁进行分段磁化，如图 4-24 所示。磁化电流大小与导电芯棒的直径大小以及工件的厚度有关。一般规定的计算方法是按表 4-2 给出的磁化规范计算，但表中的工件直径 D 应为芯棒直径加两倍工件壁厚。沿工件周长的有效磁化长度为芯棒直径的 4 倍左右。为了全面检查工件，使用中应转动工件或移动芯棒以检查整个圆周。为防止漏检，每次检查区域间应有 10% 的覆盖。

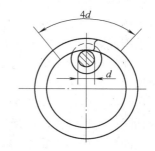

图 4-24 偏置中心导体磁化

**（3）平行电缆法（近体导体法）磁化规范　为达到所要求的磁化，放置电缆时应使其中心线与被检表面距离为 d，如图 4-25 所示。有效检测区域为距电缆中心线两侧距离为 d 以内的范围，通过电缆的电流有效值为：

$$I=4\pi\times d\times H \tag{4-5}$$

式中　I——电流有效值（A）；

d——电缆与被检表面的距离（mm）；

H——切向磁场强度（kA/m）。

当检测柱形工件或支管接头（如管座与集箱焊缝）的圆弧状拐角时，电缆可环绕在工件或支管表面，并且可紧密地绕数圈，如图 4-26 所示。在这种情况下，被检表面距电缆或线圈的距离应在 d 的范围内，这时，$d=NI/4\pi H$，NI 为安匝数。

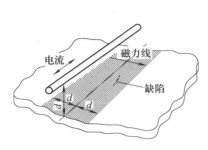

图 4-25　平行电缆法磁场检测范围

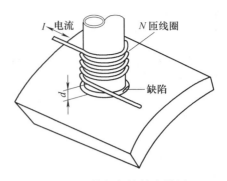

图 4-26　管板焊接接头检测

4.4.3　纵向磁化磁场强度的确定

1. 空心线圈中心磁场的计算

有限长空心线圈中心磁场 H 的大小可由式（4-6）确定

$$H = \frac{NI}{\sqrt{L^2 + D^2}}$$　　　　　　　　　（4-6）

式中　N——线圈匝数；

　　　L——线圈长度（m）；

　　　D——线圈直径（m）。

在实际检测中，不仅要考虑工件磁化时要受到线圈中磁场的影响，还要考虑工件自身形状和材料等多种因素的影响，即受到退磁场的影响，同时还要考虑工件与线圈间填充系数等因素的影响。由于工件在线圈中磁化受到太多因素的影响，因此线圈磁化时多用经验公式及表面磁场强度测定方法来确定磁化电流大小。

采用线圈做纵向磁化时应注意：

工件的长径比 L/D（影响退磁因子的主要因素）越小，退磁场越大，所需要的磁化电流就越大。当 $L/D<2$ 时，应采用工件串联的方法磁化以减少退磁场的影响。

在同一线圈中，工件的横截面积越小，工件对线圈的填充系数 $\tau = S_{线圈}/S_{工件}$ 越大，工件欲达到同样磁场强度时，所需要的磁化电流也越大。这是由于工件对励磁线圈的反射阻抗和工件表面反磁场增大影响的缘故。一般在 $\tau>10$ 时，认为这种影响可以忽略不计。

2. 用线圈连续法检测的磁化规范

（1）低填充线圈（$\tau \geqslant 10$）　当工件贴紧线圈内壁放置时，线圈的安匝数为：

$$IN = \frac{45000}{\dfrac{L}{D}}$$　　　　　　　　　（4-7）

当工件正中放置于线圈中心时，线圈的安匝数为：

$$IN = \frac{1690R}{6\left(\dfrac{L}{D}\right) - 5}$$　　　　　　　　　（4-8）

式中 R——磁化线圈半径（mm）；

1690——经验常数。

式（4-7）和式（4-8）适用于三相全波整流电，取值可在计算值±10%范围波动，使用其他电流时应换算。

使用式（4-7）和式（4-8）时应注意，当 $L/D \leqslant 2$ 时，应适当调整电流值或改变 L/D 值（工件串联或加接长棒磁化）。当 $L/D \geqslant 15$ 时，按15进行计算。一般来说，在低填充和中填充情况下，工件的有效磁化区等于线圈半径，如图4-27所示（最好再用仪器进行验证）。在磁化长工件时，超过有效磁化长度的工件要分段进行磁化，并分段进行检查。

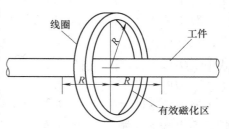

图 4-27 低填充和中填充线圈有效磁化区

【例5】 某工件 L/D 值为10，在线圈匝数为5的低填充线圈中进行偏置放置直流磁化，求磁化电流。

解：$I = 45000 / \left(N \cdot \dfrac{L}{D} \right) = [45000/(5 \times 10)]\,\mathrm{A} = 900\mathrm{A}$

（2）高充填线圈（$\tau < 2$）或电缆缠绕方法 线圈的安匝数为：

$$IN = \frac{35000}{\dfrac{L}{D} + 2} \tag{4-9}$$

在这种情况下，工件的外径应基本或完全与固定线圈的内径或缠绕线圈的内径相等，工件的长径比 $L/D \geqslant 2$。在高填充情况下，工件的有效磁化区大致为线圈两侧分别延伸200mm，如图4-28所示。

公式（4-9）适用于三相全波整流电，使用其他电流时应换算或实际测定。

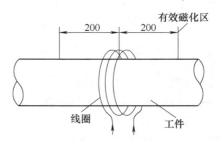

图 4-28 高填充线圈有效磁化区

【例6】 磁化某高填充工件，其 $L/D = 5$，线圈匝数为1000，采用三相全波整流电磁化，求磁化电流强度。

解：$I = 35000 / \left(\dfrac{L}{D} + 2 \right) = \{35000/[1000 \times (5 + 2)]\}\,\mathrm{A} = 5\mathrm{A}$

** （3）采用中填充（$10 > \tau \geqslant 2$）线圈时，线圈的安匝数为：

$$NI = (NI)_{\mathrm{h}} \frac{10 - \tau}{8} + (NI)_{\mathrm{L}} \frac{\tau - 2}{8} \tag{4-10}$$

式中 $(NI)_{\mathrm{h}}$——按式（4-9）计算出来的 NI 值；

$(NI)_{\mathrm{L}}$——按式（4-7）或式（4-8）计算出来的 NI 值；

τ——线圈横截面积与工件横截面积的比值。

对以上工件检测时，若工件为空心或圆筒形，则应采用有效直径的方法计算 L/D 值。

当计算空心或圆筒形零件的 L/D 值时，D 应由有效直径 D_{eff} 代替：

$$D_{eff} = 2\sqrt{\frac{A_t - A_h}{\pi}} \qquad (4\text{-}11)$$

式中　A_t——零件总的横截面积（mm^2）；

　　　A_h——零件空心部分横截面积（mm^2）。

对于圆筒形零件来说，式（4-11）等同于式（4-12）：

$$D_{eff} = \sqrt{OD^2 - ID^2} \qquad (4\text{-}12)$$

式中　OD——圆筒外直径（mm）；

　　　ID——圆筒内直径（mm）。

当被检工件太长时，应进行分段磁化，且应有一定的重叠区，重叠区应不小于分段检测长度的10%。检测时，磁化电流应根据标准试片实测结果来确定。

3. 用线圈剩磁法检测的磁化规范

进行剩磁法检测时，考虑 L/D 的影响，推荐采用空载线圈中心的磁场强度应不小于表4-4中所列的数值。

表4-4　空载线圈中心的磁场强度值

L/D	磁场强度/（kA/m）
>2～5	28
>5～10	20
>10	12

4. 用磁轭磁化检测时的磁化规范

与线圈开路磁化不同，它是在磁路闭合情况下进行的。它不仅与线圈安匝数有关，而且与磁路中的磁通势分配关系有关。由于各种磁化设备设计的不同，线圈参数常量及磁轭各段压降分配也不一致，要确定一个明显的关系式也比较困难。不同结构的探伤机的灵敏度是不同的，应根据结构特点区别对待。

（1）固定式磁轭极间法检测　对于磁轭极间法的磁场，通常采用毫特斯拉计或灵敏度试片进行检查，要求两磁极中部切向场强不小于2kA/m（有效值）。在确知探伤机各种参数时，也可以采用相关公式近似计算。工件截面应小于磁极截面，这样才能保证工件上得到足够的磁通，获得较大的磁化磁场。检测工件长度一般应不大于500mm，大于500mm时应考虑加大磁化安匝数或在工件中部增加线圈磁化。当工件长度大于1000mm时最好不采用极间法磁轭磁化，必要时应在其中间部位增加移动线圈磁化。另外，工件与磁轭间的空气隙大小及非磁性垫片（铜、铅等）的厚度将很大程度地影响磁化磁场的大小。

（2）便携式磁轭检测　便携式磁轭的磁场大小由其电磁吸力所确定。采用便携式磁轭进行检测时，通常用测定电磁提升力来控制其检测灵敏度。标准规定，永久磁铁和直流电磁轭在磁极间距为75～150mm时，提升力至少应为177N(18kgf)；交流电磁轭在磁极间距小于或等于300mm时其提升力应不小于44N(4.5kgf)。

为了检查磁铁的磁场强度以及与表面接触合适与否，可用测量拖开力来进行验证。拖开力是施加在磁铁一个磁极上破坏其与检验表面的吸附状态而让另一磁极仍保持吸附状态的力。直流磁轭拖开力至少为88N（9kgf），交流磁轭则应不小于22N（2.25kgf）。

**4.4.4　利用磁特性曲线选取磁化规范

利用材料的磁特性曲线确定其参数 $[B、B_r、H_c、\mu、(BH)$ 等 $]$，根据这些参数与磁化磁场强度 H 的关系来确定磁化规范，是一种理想的方法。其优点是针对不同磁性材料都能合理地选择规范，满足检测要求，有利于防止漏检和误检的现象发生。不足之处是必须做出相应材料的磁特性曲线，确定其参数，才能制定磁化规范。

1. 磁化工作点选取的基本原则

磁粉检测中，应根据工件材料的磁感应强度来确定磁化工作点。不同类型缺陷显现时所需要的 B 值是不相同的。一般说来，表面上较大的缺陷（如淬火裂纹）所需要的 B 值较低，而较小缺陷（如发纹）或埋藏较深的缺陷需要的 B 值较高。为了保证有足够的 B 值在工件上产生漏磁场，磁化工作点 H_p 应大于 $H_{\mu m}$（$H_{\mu m}$ 是材料最大磁导率时所对应的磁场强度值，在该磁场下的磁感应强度 B 值点是过原点作磁化曲线切线的切点）。$H_{\mu m}$ 是材料磁化最剧烈的地方。该点以下的磁化曲线部分，反映为材料磁化尚不充分，不能作为选择磁化规范的依据。该点以上的部分，即从 $H_{\mu m}$ 起，反映在材料磁导率从最大值开始下降，磁化剧烈程度有所减缓，磁感应曲线从急剧上升逐渐变得趋于平缓，形成了所谓"膝点"。若在该点附近选取材料的磁化磁场强度，一般能得到满意的效果。

在磁化磁场强度的选取中，应注意连续法和剩磁法的不同。连续法检测可用于任何磁性材料，而剩磁法只能适用于保磁性能较强的材料及其制品的检测。由于材料的保磁性能主要与材料的剩余磁感应强度 B_r、矫顽力 H_c 及最大磁能积 $(BH)_{max}$ 的大小有关，因此能否实行剩磁检测应根据上述参数综合考虑。一般在 $B_r > 0.8T$，$H_c > 1000A/m$ 时，或者 $(BH)_{max} > 0.4kJ/m^3$ 时均可进行剩磁检测。

2. 周向磁化规范的制定

图4-29及表4-5介绍了周向磁化规范的制定的基本原则，下面分别予以说明。

（1）连续法　连续法周向磁场的选择一般选择在 $H_{\mu m} \sim H_3$ 之间为宜。具体选择方法如下：

1）标准磁化规范磁场选取在 $H_1 \sim H_2$ 范围内，此时磁感应强度近饱和，约为饱和磁感应强度的 $80\% \sim 90\%$。以该范围的磁场去磁化工件时，工件表面的细小缺陷很容易检查出来。

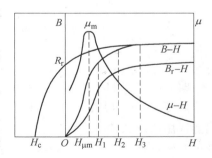

图4-29　周向磁化规范的制定

2）放宽磁化规范磁场选取在 $H_{\mu m} \sim H_1$ 的激烈磁化区域，以该范围的磁场去磁化工件时，工件表面较大的缺陷能形成较强的漏磁场，使缺陷显现。

3）严格磁化规范磁场可选取在 $H_2 \sim H_3$ 的基本饱和区范围，此时表面及近表面细微缺陷均能清晰显示。

表 4-5　周向磁化规范制定范围选择

规范名称	检测方法		应 用 范 围
	连续法	剩磁法	
严格规范	$H_2 \sim H_3$（基本饱和区）	H_3 以后（饱和区）	适用于特殊要求或进一步鉴定缺陷性质的工作
标准规范	$H_1 \sim H_2$（近饱和区）	H_3 以后（饱和区）	适用于较严格的要求
放宽规范	$H_{\mu m} \sim H_1$（激烈磁化区）	$H_2 \sim H_3$（基本饱和区）	适用于一般的要求（发现较大的缺陷）

（2）剩磁法　剩磁法检测时的磁化磁场应选取在远比 $H_{\mu m}$ 大的磁场范围。这样，当去掉磁化磁场后，工件上的剩磁和矫顽力才能保证有足够大的数值，确保工件具有足够的剩余磁性产生漏磁场，从而将缺陷发现出来。

选择时放宽磁化规范一般在 $H_2 \sim H_3$ 的基本饱和磁化区，而标准规范则应选择在 H_3 以后的饱和磁化区，此时 B_r-H 曲线已经进入平坦（饱和）区域，最大磁滞回线已经形成。

3. 周向磁化规范制定举例

为了说明利用磁特性曲线选取磁化规范的方法，现举例说明：

【例 7】　有一轴，材料为 30CrMnSiA，原材料进厂前经 900℃ 正火处理，现车制成 ϕ50mm 的轴胚后进行热处理，热处理工艺是 880℃ 油淬，300℃ 回火，然后磨削加工成 ϕ48mm 的成品轴，若进行周向磁化检查表面细小缺陷，求胚料和成品检测的方法和磁化电流（原材料及成品时磁特性曲线如图 4-30 所示）。

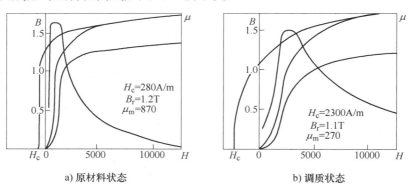

a) 原材料状态　　　　　　　　　　b) 调质状态

图 4-30　30CrMnSiA 磁特性曲线

解：（1）原材料（胚料）检查

从图 4-43a 可知，其 B_r = 1.2T，H_c = 2 80A/m，$(BH)_{max}$ = 0.135kJ/m^3，其保磁性能差，只能采用连续法检测。因要求检查细小缺陷，采用标准规范磁化。其磁感应强度 B 为 1.4T 附近，磁场强度 H 约为 2600A/m。由此可以计算：

$$D = 50\text{mm} = 0.05\text{m}$$
$$I = \pi D H = 3.14 \times 0.05 \times 2600\text{A} \approx 400\text{A}$$

（2）成品检查

从图 4-43b 中可知，其 B_r = 1.1T，H_c = 2300A/m，$(BH)_{max}$ = 1.178kJ/m^3，均较大，可以采用剩磁法检测。剩磁法应在饱和磁感应强度下进行，即 B = 1.7T 附近，查此处磁场强

度 H 为 14000A/m, 由此计算:

$$D = 48mm = 0.048m$$

$$I = \pi DH = 3.14 \times 0.048 \times 14000A \approx 2100A$$

若采用连续法, 其磁感应强度 B 约为 1.4T, 此时磁场强度 H 约为 4800A/m, 相应磁化电流应为

$$I = \pi DH = 3.14 \times 0.048 \times 4800A \approx 720A$$

4. 纵向磁化规范的确定

在线圈纵向磁化中, 由于存在着退磁场, 工件内的有效磁场不等于磁化磁场, 并且工件中各处的退磁因子不同, 因而各处的退磁场也不一样。要用磁特性曲线确定纵向磁化规范, 必须首先确定工件表面的有效磁场。而这有效磁场又与磁化装置的线圈参量常数及工件退磁因子有关。这些都使得表面磁场计算困难。因此, 线圈纵向磁化规范选择上多用经验公式, 很少直接用磁特性曲线来确定其磁化规范, 而多数是用它来定性地对规范进行分析。对于磁轭磁化的纵向磁场, 在已知各磁路参数的情况下, 可以参照磁路有关公式计算。根据此时确定的工件中的 B 值能确定磁路中的磁通量。但由于磁路的非线性和不均匀性, 计算值仅为近似值, 使用中还应当进行验证。

∗∗4.4.5 选择磁化方法和磁场强度应注意的问题

磁粉检测效果的优劣与否, 与磁化工作参数的正确选择有相当重要的关系。选择磁化工作参数实质就是在被检测的工件上建立符合要求的工作磁场, 而它又是由合适的磁路及足以显示缺陷的磁感应强度所组成的。

在磁粉检测中, 要正确选择好磁化的工作磁路, 即选择好工件检测面的磁化方法。对于一般形状规则的工件, 如圆柱形、管形、条形等, 可以按照技术要求选择上面介绍的一种或几种合适的磁化方法。但在一些形状较为特殊或者有特别要求的地方, 则要认真分析工件上磁通的走向, 看所采用的磁化方法能否在工件的工作面上产生合适方向的磁场。如果不能, 则要分析有什么方法能达到需要的效果。

在确定工件的磁化电流规范时, 有标准形状（简单形状）工件和异形工件（复杂形状）工件之分。通常所说的标准形状, 是指符合磁化标准规范推荐计算方法的工件, 如在通电磁化时的圆形、方形等有规则的磁化截面, 或是纵向磁化时有符合要求长径比的规则工件。对这些工件的磁化, 只需要按照相应磁化电流计算公式计算就行了。但应该注意所用磁化公式的应用范围。比如说, 采用中心导体法磁化管件时, 若管件有一定的厚度, 则管内壁、外壁和侧面所需要的磁化规范是不一样的。在要求不严格或壁厚差不大时, 可以采用一个规范; 但当有特别要求时, 就不能不考虑各自的规范了。

当工件整体外形与标准形状工件具有不同的形状时, 就需要采用特别的办法进行处理。一般可采用两种办法进行处理:

1）分割法。即将工件假想分割成若干个小的单元, 使每一个单元都符合标准形状工件的形状, 然后各单元采用相应的方法和公式进行计算和检查, 最后再按检查结果进行评定。这种方法常用于大中型且有较大形状差异的工件, 如曲轴、法兰盘、焊接件等。

2）近似计算法。这种方法针对一些外形差异不大的工件或部位, 特别是对一些较小的

工件应用较为普遍。如对刺刀、锥度不大的工件、有一定台阶的轴等。对这些工件，往往选取一个适中的尺寸，再套用相关的公式进行计算磁化规范并考虑适当的误差。这种方法常与第一种方法结合使用。

采用通电法进行磁化时，由于磁化电流磁化的是工件自身，产生的磁场又是周向磁场，故工件自身的铁磁性对磁化电流产生的磁场看不出大的影响。但当采用感应法磁化工件时工件本身的退磁场将对原磁化磁场产生较大的影响。最典型的事例是在交叉线圈旋转磁场中。当采用四线圈所形成的两个方向上旋转磁场时，理论计算可以得出在未加工件时空间的磁场是均匀的，但当放置不同形状的工件时，由于各个方向上的退磁场不一致，工件上的磁场在各个方向并不一致。当放入球状或长径比小的工件时，工件上的磁场与空间磁化磁场的方向和大小基本相同（可用试片进行测试），各个方向上的缺陷显现也比较一致；而加入长轴类工件时，则发现横向缺陷比发现纵向（沿轴向）缺陷容易得多。这说明纵向磁场比横向磁场要强，对横向缺陷的检测灵敏度要高。其原因是感应磁化时工件的铁磁性对磁化磁场造成了影响，形成了对工件的不均匀磁化，这在进行磁场分析时是应当考虑的。

对多向磁化应考虑磁化工件各个方向的磁场应力求均匀，即工件各方向上的磁场大小应尽量一致。对于多向磁化时磁场的计算一般采用逐点计算方法，即按磁化的一个周期进行分析。将该周期平均分成若干个时刻，计算出每一个时刻几种不同方向磁场的叠加矢量，描绘出其方向和大小，再结合工件形状进行分析，必要时再用试验方法进行验证，以求得正确的磁化规范。

总之，检测时不能固守某一种磁化方法，应该根据工件检测的要求和检测设备的可能来确定磁化的方法。必要时，可以加设一些辅助的方法或装置来进行磁化。

4.5 检测介质的施加和观察条件（检验方法）

4.5.1 干粉法和湿粉法

磁粉检测中施加介质（磁粉）有两种形式，一是按介质的状态，即干粉法（干法）和湿法；二是按施加的时间，即连续法和剩磁法。

1. 干粉法

所谓干粉法，是指磁粉以空气作为分散剂，磁粉以干态均匀施加在磁化工件要检查的表面上并进行检查的方法。主要适用于对表面粗糙的大型锻件、铸件毛坯、大型结构件和焊接件焊缝的局部检查，常用便携式或移动式设备与球形橡皮喷粉器或机械喷粉器配合使用，检查对象为大型工件的表面缺陷和近表面缺陷。

采用半波直流对检测表面下的不连续最灵敏，容易用于现场检测，用交流或半波直流对磁粉有极好的移动性，设备相对于湿法所用的大型设备也较便宜。干法施用的磁粉粉粒较大，而且只能用于连续法磁化，因此它只能发现较大的缺陷。一些细微的缺陷，如细小裂纹及发纹等，用干法检测不容易检查出来。干法只能进行局部检验或分区检验，比湿法检查速度慢，不适合使用短时通电技术（如脉冲电流），一般不在剩磁法中使用，用于自动化、机械化系统困难。

2. 湿粉法（湿法）

湿粉法又叫磁悬液法，它以载液为分散剂，磁粉以磁悬液方式施加在工件上。

湿法检测中，由于磁悬液的分散作用及悬浮性能，可采用的磁粉粉粒较小，因此它具有较高的检测灵敏度。通常，航空、航天、兵器、船舶、通用机械、汽车等的工件和材料，承压设备材料和钢结构的焊缝以及灵敏度要求很高的工件都要求采用湿法。湿法适合于检测表面细小缺陷，常与固定式设备、半自动和自动设备配合使用，也可以与便携式设备一道用于现场检验。但湿法对检测位于表面下较深的不连续效果不如干法，显示不清晰，批量检查时要求有磁悬液循环系统，检验后的工件也需要清洗。

湿法操作有浇注法（喷洒法）和浸渍法之分。浇注法是将磁悬液从工件的上方或侧面浇注在工件表面；浸渍法是将工件整体浸渍在磁悬液槽中。使用磁悬液要注意应充分搅拌和均匀分布，不要在工件表面形成过浓或过淡的现象，以免形成显示不足或背景过度的现象。

由于施加磁悬液的时间不同，湿法又有连续法磁化和剩磁法磁化之分。

4.5.2 连续法和剩磁法

1. 连续法

连续法又叫附加磁场法或现磁法。它是在工件被磁化磁场磁化的同时，将检测介质施加到工件上进行检验的方法。

连续法使用范围很广，它适用于所有铁磁性材料和工件的检测，特别是在工件因材质特性或形状复杂得不到所需的剩磁时，如低碳钢低合金钢及形状复杂的工件。另外，对表面有较厚覆盖层的工件也是采用连续法较为适宜。还有一些场合只能采用连续法进行检测，如组合磁化旋转磁场及 MRI（磁橡胶法）等。在使用线圈磁化工件时，如果 L/D 值太小，不利于采用剩磁法，也是使用连续法为好。

连续法有湿连续法和干连续法之分。

湿连续法就是在连续法中采用湿法操作。操作有两种方式，一是用人工手动方式进行磁粉浇撒，一是在半自动化设备中通过检测介质系统自动施加。操作中应注意的是：在通电的同时浇注磁悬液；停止浇注磁悬液后，再通电数次；取下工件检查或在通电的同时检查工件。在使用油类或其他有机载液作为磁悬液时，应控制通电时间，防止工件过热。更不要因操作失当引燃油载液。

干粉法采用连续法检测时被检工件表面应很干燥，磁粉也应烘干。使用时首先对被检查的工件接通磁化电流（交流或半波），然后用喷粉器使磁粉轻柔、均匀，像落尘一样覆盖在被磁化区域，再用喷粉器吹去表面多余的磁粉。施加干磁粉时应注意风压、风量和风口与工件的距离要掌握适当，并应有顺序地从一个方向吹向另一个方向。尽可能不干扰已经形成的磁粉显示。分布磁粉时，不要将磁化了的工件在磁粉中滚动，也不要将磁粉倒在工件上。在吹去多余磁粉期间仔细地观察缺陷磁痕的形成，并进行检测，检测结束后才能关闭磁化电源。干连续法的检测要点是：在通电磁化的同时喷撒磁粉，吹去多余磁粉，待磁痕形成和检测完成后再停止通电。

采用连续法的优点是这种方法适用于几乎任何铁磁性材料、有最高的检测灵敏度、使用交流电不受断电相位的影响、能发现近表面缺陷、并能用于组合磁化。但连续法也存在一定的局限性，这就是检测效率较低、磁化不当时容易产生非相关显示。

2. 剩磁法

剩磁法是利用材料磁化后的剩磁进行检测的，它将工件磁化到饱和后，切断磁化电流或移去磁化磁场，再施加磁悬液进行检验。

并不是所有铁磁材料都可以采用剩磁法。只有那些具有较大剩磁的材料制成的工件才能用来进行剩磁检查。一般情况下，凡经过热处理（淬火、回火、渗碳、渗氮等）的高碳钢和合金结构钢，其矫顽力 $H_c \geq 1000A/m$，且剩余磁感应强度 $B_r \geq 0.8T$ 的材料和工件可以满足以上条件。低碳钢、低合金钢、沉淀硬化不锈钢等不具备这个条件，只能采用连续法磁化。

剩磁法在某些特定场合具有特殊的意义，如对筒形工件内表面和螺纹部位以及螺栓根部检查；评价连续法检测出的磁粉显示，是属于表面缺陷还是近表面缺陷；另外，有一些只能采用剩磁法进行的方法，如冲击电流法及 MT-RC 法（磁粉检测-橡胶铸型法）等。

剩磁法采用湿法进行、一般适用于中小型工件。介质施加通常采用"浇"或"浸"的方式。施加磁悬液时，应注意保证检测面各部分被磁悬液均匀湿润，且有一定的磁粉在漏磁场处的凝聚时间。

剩磁检测速度快、效率高，有较高的检测灵敏度，目视检测可达性好，工件可与磁化装置脱离，拿到最合适的地方观察。一般不会产生非相关显示，磁痕判别比较容易，螺纹部位以及螺栓根部最宜采用，因此得到广泛使用。但是，这种方法对材料剩磁要求较高，一些剩磁难以把握或外形较大的工件不宜采用。采用交流电作为剩磁磁化电流时，若断电相位不能可靠控制，产生的剩磁将不稳定，可能严重影响检测质量。另外，剩磁检测发现近表面缺陷灵敏度低，对发纹等缺陷检测效果差。由于剩磁是单方向的，也不能用于组合磁化。

为了使用可靠，剩磁法检验必须由专业技术人员确定，必要时要先进行试验。

3. 连续法与剩磁法的比较

连续法与剩磁法的比较见表 4-6。

表 4-6 连续法与剩磁法的比较

磁化方法	优　　　点	缺　　　点
连续法	1. 适用于任何铁磁材料 2. 具有最高的检测灵敏度 3. 能用于复合磁化	1. 检验效率较剩磁法低 2. 易出现干扰缺陷磁痕的杂乱显示
剩磁法	1. 检验效率高 2. 杂乱显示少，判断磁痕方便 3. 目视检查可达性好 4. 有足够的探伤灵敏度	1. 剩磁低的材料不适用 2. 不能用于多向磁化 3. 不能采用干法探伤 4. 交流磁化时要加相位断电器

4.5.3 磁粉介质的观察要求

1. 观察条件

磁粉检测必须依赖检测人员检出和解释磁痕显示，所以目视检测时的照明极为重要。照明不充足，不仅会影响对缺陷的观察，还会使检测人员眼睛疲劳。

使用非荧光磁粉检测时，检验场地应有充足均匀的自然光或白光。要避免强光和阴影，尽可能采用充足的自然光照明，再用荧光灯补充照明。被检工件表面的白光照度一般不应小于1000lx。对复杂工件难以接近的检验部位，可采用手持聚光灯照明，现场检测时因条件限制，工件表面的照度最低一般不能小于500lx，并应保证清晰分辨出磁痕的显示。

使用荧光磁粉检测时，应在专门设置的暗区进行操作。检测采用UV-A紫外光源（黑光灯）照明，其波长范围为320～400nm，中心波长为365nm。在距离黑光灯滤光片表面400mm处，紫外辐照度应不低于10W/m²（即1000μW/cm²），且检测暗区的环境可见光照度一般应不超过20lx。

2. 暗区工作的适应

人眼瞳孔的尺寸随光线强度变化而变化并进行调整，故视觉灵敏度在不同光线强度下有所不同。如人的眼睛在强光下，对光强度的微小差别不敏感，而对颜色和对比度的差别的辨别能力很高。而在暗光下，人的眼睛辨别颜色和对比度的本领很差，却能看出微弱的发光物体或光源，因为在暗光下，眼睛瞳孔会自动放大，能吸收更多的光。当检测人员从明亮处进入暗区时，短时间内，眼睛看不见周围的东西，必须经过一段时间后才能看见，这种现象称为黑暗适应，进行荧光磁粉检测时，黑暗适应一般需要5min。

4.6　工件的退磁

4.6.1　工件退磁的必要性

退磁与工件磁化技术相反，它是将工件磁化中产生的剩磁减小到规定值以下的过程。

在工业生产中，除了有特殊要求的地方，一般都不希望工件上的剩磁过大。因为具有剩磁的工件，可能会影响后续的加工和使用。

以下情况需要对工件进行退磁：

在工件的使用区域，剩磁会影响到某些仪器和仪表的工作精度和功能，特别是在航行精密仪表中，这种影响可能更大。在机械加工中，剩磁吸附铁屑可能加速工具和零件的磨损、阻塞油路系统，影响加工进行。在电镀、电焊中，剩磁可能引起电流偏离或电弧偏吹，影响电镀或焊接质量。就是在磁粉检测中，剩磁过大也可能干扰以后的磁粉检测。而且，工件上的剩磁也会给清洗磁粉带来困难。

但是，并不是所有磁化的工件都需要退磁。如果后续工序是热处理，工件要被加热到居里温度（对钢约750℃）以上，或工件顽磁性低（如低碳钢焊接的容器、钢结构船体等）或有剩磁不影响使用的（如船体钢壳、焊缝等）可以不进行退磁。另外，交流电两次磁化工序之间或直流电先后两次磁化，后次磁化用更强的磁场时工序间则可不进行退磁。

4.6.2　退磁的原理和方法

1. 退磁原理

退磁的目的是打乱由于试件磁化引起的磁畴方向排列的一致，让磁畴回复到未磁化前的那种杂乱无章的磁中性状态，亦即 $B_r = 0$。退磁是磁化的逆过程。打乱磁畴排布的方法有两种，即热处理退磁法和反转磁场退磁法。

热处理退磁法是将材料加热到居里温度以上，使铁磁质变为顺磁质而失去磁性。这种方法适用于需要加热到居里温度以上的试件。反转磁场退磁法实际上是运用了技术磁化的逆过程，即在试件上不断变换磁场方向的同时，逐渐减少磁化磁场的强度，使材料的反复磁滞回线面积不断减小直到零（磁中性点）。这时 $B_r = 0$，$H_c = 0$，材料达到了磁中性状态。这种方法是磁粉检测中最为广泛应用的退磁方法。

反转磁场退磁有两个必须的条件，即退磁的磁场方向一定要不断地正反变化，与此同时，退磁的磁场强度一定要从大到小（足以克服矫顽力）不断地减少。图 4-31 所示为退磁原理。

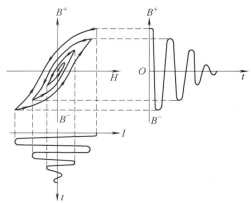

图 4-31　退磁原理

2. 退磁的主要方法

（1）交流电退磁　用交流电磁化的工件一般采用交流电退磁。退磁方法有线圈通过法和磁场衰减法等。所谓线圈通过法是将磁化工件缓慢通过退磁线圈至线圈外一定距离；而磁场衰减法是利用交流电的方向不断换向并将其电流逐渐减少至零。二者都是利用交流电的自动换向和人工控制磁场减少的方法进行退磁。

对批量中小型工件的退磁，最好把工件放在装有轨道和小车的退磁机上退磁。采用磁场衰减法进行退磁时一般应安装自动衰减退磁装置。方法是调节调压晶闸管的导通角，或调整自耦变压器输入电压，从而逐渐降低电流至零进行退磁。

在交流退磁中，还可采用交流电磁轭进行退磁。使用时，将电磁轭放在工件上缓慢移动离开工件即达到退磁目的。这种方法一般应用于平板类工件。

（2）直流电退磁　直流磁化的工件应该采用直流退磁。如果直流磁化过的工件用交流退磁，由于交流磁场有明显的趋肤效应，工件深处的剩磁仍可能保留。

直流退磁有直流换向衰减退磁和超低频电流自动退磁等方法。直流换向衰减退磁是通过不断改变直流电（包括三相全波整流电）的方向，同时使通过工件的磁化电流递减至零进行退磁。电流换向与衰减的次数应尽可能多（一般要求 30 次以上），每次衰减的电流幅度应尽可能小。如果换向频率过低或每次衰减过大，则达不到退磁目的。超低频电流自动退磁是利用超低频电流（通常指频率为 0.5~10Hz 电流）进行换向衰减退磁。超低频电流频率越低，退磁时磁场透入深度越大。

退磁的具体方法及操作将在第 5 章叙述。

复　习　题

一、选择题（含多项选择）

*1. 磁粉检测中常用的磁化电流类型有哪些?　　　　　　　　　　　　　　　（　　）

　　A. 交流电流　　　　　　　　　　　　B. 单相半波整流电流

   C. 单相和三相全波整流电流　　　　D. 以上都是

*2. 下面哪点是交流电特有的性质？　　　　　　　　　　　　　　　　（　　）
   A. 电流方向不变　　　　　　　　　B. 电流大小不变
   C. 电流频率不变　　　　　　　　　D. 以上都是

*3. 在磁化电流电表的计量中，正确的是：　　　　　　　　　　　　　　（　　）
   A. 交流电采用有效值　　　　　　　B. 半波整流电采用峰值
   C. 整流电采用平均值　　　　　　　D. 什么值都可以

*4. 磁化电流采用交流电时，其电流值计算应采用：　　　　　　　　　　（　　）
   A. 峰值　　　　　B. 有效值　　　　C. 平均值　　　　D. 以上都可以

*5. 下列关于交流电有效值的叙述中，正确的是：　　　　　　　　　　　（　　）
   A. 就是交流电的峰值　　　　　　　B. 就是交流电的平均值
   C. 为峰值的 1.414 倍　　　　　　　D. 为峰值的 0.707 倍

*6. 交流电比整流电探伤优越的地方是：　　　　　　　　　　　　　　　（　　）
   A. 交流电可以在零件上得到稳定的剩磁
   B. 交流电比整流电探测表面缺陷的灵敏度要高
   C. 连续法检查必须采用交流电
   D. 使用交流电的设备比使用整流电的设备简单

*7. 下列哪种磁化电流对检测表面的微细裂纹效果最佳？　　　　　　　　（　　）
   A. 半波整流电　　　　　　　　　　B. 三相全波整流电
   C. 交流电　　　　　　　　　　　　D. 稳恒直流电

 8. 下面仅能采用交流电磁化的方法是：　　　　　　　　　　　　　　　（　　）
   A. 中心导体法　　B. 触头法　　　　C. 磁轭法　　　　D. 旋转磁场磁化法

 9. 采用整流电流磁化工件的特点是：　　　　　　　　　　　　　　　　（　　）
   A. 电流的大小和方向都在随时间变化
   B. 电流方向发生变化大小不发生变化
   C. 能在工件上产生较稳定的剩磁
   D. 检查近表面缺陷比交流电强

*10. 采用三相全波整流电进行磁化的优点是：　　　　　　　　　　　　（　　）
   A. 设备简单
   B. 可检查近表面较深的缺陷
   C. 纵向磁化时剩磁场小
   D. 工件表面所有部分都能得到相同程度的磁化

 11. 三相全波整流电可用于检测的缺陷是：　　　　　　　　　　　　　（　　）
   A. 仅是表面缺陷　　　　　　　　　B. 仅是表面下的缺陷
   C. 表面和近表面缺陷　　　　　　　D. 表面下很深的缺陷

 12. 下列关于电流磁化的叙述中，正确的是：　　　　　　　　　　　　（　　）
   A. 直流电不能用于线圈磁化
   B. 交流电可用于多向磁化
   C. 整流电流不能用于电磁轭

D. 只要电流足够大，交流电也可以用于剩磁法检查

*13. 下列关于铁磁工件磁化的叙述中，正确的是：　　　　　　　　　　（　　）

　　A. 工件既是铁磁材料，又是导体

　　B. 工件磁化时采用的磁化方法对磁化结果的影响很大

　　C. 要施加相当强度的磁场才能使工件得到满意的磁化

　　D. 以上都是

*14. 下边哪些是不是磁粉检测的特点？　　　　　　　　　　　　　　（　　）

　　A. 磁化工件上必须施加合适的介质才能显现不连续的情况

　　B. 缺陷显示需要通过显示屏进行观察

　　C. 缺陷显示观察应在适当的照明条件下进行

　　D. 磁化后的工件一般都带有一定的剩磁

*15. 为了用磁粉检验方法检测材料中不同方向的缺陷，最好使用：　　（　　）

　　A. 两个或两个以上不同方向的磁场　　B. 两个方向相反的磁场

　　C. 采用不同磁化电流类型的磁场　　　D. 以上都可以

*16. 下列磁化方法中，长直零件中直接通入电流的磁化方法是：　　（　　）

　　A. 中心导体法　　B. 轴向通电法　　C. 磁轭法　　　　D. 线圈法

*17. 下列关于通电法磁化的叙述中，正确的是：　　　　　　　　　（　　）

　　A. 使工件得到纵向磁场　　　　　　B. 随工件直径增大，磁化电流应增大

　　C. 随工件长度增加，磁化电流增加　D. 应考虑工件长径比对磁化的影响

*18. 下面关于长轴零件通电法磁化的叙述中，正确的是：　　　　　（　　）

　　A. 磁化工件得到的磁场是纵向磁场　B. 能发现工件表面纵向缺陷

　　C. 工件长径比对磁化影响很大　　　D. 以上都正确

*19. 下列关于钢管轴向通电磁化的叙述中，正确的是：　　　　　　（　　）

　　A. 磁化时，工件上的磁场方向垂直于轴线

　　B. 能发现管内外壁上的纵向缺陷

　　C. 钢管内外都有磁场

　　D. 通电工件内壁磁场最强

*20. 对一个直径为 40mm 零件轴向通电磁化，若表面磁场强度要求为 4800A/m，则其磁化电流为：　　　　　　　　　　　　　　　　　　　　　　　　　　　（　　）

　　A. 200A　　　　　　B. 400A　　　　　C. 600A　　　　　D. 800A

*21. 采用中心导体法磁化管形工件时，可检查出的缺陷是：　　　　（　　）

　　A. 外表面纵向缺陷　　　　　　　　B. 内表面纵向缺陷

　　C. 管侧壁上的径向缺陷　　　　　　D. 以上都是

*22. 检查空心零件内表面上的纵向缺陷，应该采用的正确方法是：　（　　）

　　A. 直接通电周向磁化　　　　　　　B. 线圈纵向磁化

　　C. 磁轭纵向磁化　　　　　　　　　D. 电流通过中心导体磁化

*23. 下列关于中心导体法磁化的叙述中，正确的是：　　　　　　　（　　）

　　A. 中心导体法可以同时发现工件内、外表面的纵向缺陷及两端面的径向缺陷

　　B. 只能采用交流电连续法进行磁化

C. 芯棒应采用铜材制作，不能用铝、铁等材料制作

D. 磁化时芯棒应尽量放置于工件孔的中心，采用偏置放置时要多次查看，注意覆盖

*24. 下列关于采用触头法磁化的叙述中，正确的是：（　　）

A. 两电极连线应与预测缺陷方向垂直

B. 在探伤的有效范围内，磁场的分布是不均匀的，但磁场的方向则是一致的

C. 必须注意防止通电时烧伤工件

D. 通电支杆端头最好不用铜棒制作

25. 采用感应电流法磁化时应注意的是：（　　）

A. 一般用于检查环形零件的环向缺陷

B. 磁化时交流电应从置于孔中的铜棒上通过

C. 磁化时通过铁心的磁通不变

D. 一般用交流电产生交变磁通，用直流电产生磁通时必须快速断电，而且只能用于剩磁法

*26. 下述哪种方法不能产生周向磁场？（　　）

A. 通电法　　　　B. 触头法　　　　C. 中心导体法　　　　D. 线圈法

*27. 下列关于短线圈法磁化的叙述中，正确的是：（　　）

A. 线圈产生的磁场是纵向磁场　　　　B. 线圈产生的磁场是不均匀磁场

C. 线圈内壁中部磁场最大　　　　D. 以上都是

28. 下列哪种情况最可能产生反磁场？（　　）

A. 对圆棒工件进行通电法磁化

B. 对钢管零件进行中心导体磁化

C. 对长方形工件在线圈中进行纵向磁化

D. 焊接零件用便携式磁轭磁化

*29. 相同材料制成的钢管和钢棒，长度和外径完全相同，放在同一线圈中进行纵向磁化，产生的退磁场大小正确的是：（　　）

A. 钢管的退磁场小　　　　B. 钢棒的退磁场小

C. 退磁场都一样　　　　D. 采用交流电磁化时两者的退磁场才一样

*30. 固定极间式磁轭探伤；（　　）

A. 能对中小工件实施整体磁化　　　　B. 长工件中间检测灵敏度最高

C. 可产生周向磁场和纵向磁场　　　　D. 检测速度不如轻便式磁轭快

31. 下列关于固定式极间磁轭磁化轴类工件的叙述中，正确的是：（　　）

A. 磁极连线上的磁场方向垂直于连线

B. 能发现与轴向平行的缺陷

C. 长度过长的工件，磁化时可能中间部位磁化不足

D. 应注意退磁场对工件造成的影响

*32. 采用便携式磁轭探伤的优点是：（　　）

A. 采用直流电探伤时，检测表面缺陷灵敏度高

B. 设备轻便、灵活，适用于大型结构和现场探伤

C. 磁极周围无盲区

D. 检查速度快且不需要退磁

＊33. 直流电磁轭能产生的是什么磁场？　　　　　　　　　　　　　　　　　（　　）

　　　A. 纵向磁场　　　　B. 旋转磁场　　　　C. 交变磁场　　　　D. 周向磁场

34. 下列关于磁轭法的叙述中，正确的是：　　　　　　　　　　　　　　　（　　）

　　　A. 能发现垂直于磁极连线的缺陷

　　　B. 交流磁轭比直流磁轭更能发现距表面较深的缺陷

　　　C. 在磁极附近容易形成探伤盲区

　　　D. 磁轭中有电流通过

35. 下列关于纵向磁化方法的叙述中，正确的是：　　　　　　　　　　　　（　　）

　　　A. 磁轭与线圈磁化都属于纵向磁化

　　　B. 在线圈纵向磁化中，线圈内各部位磁场强度大小是相同的

　　　C. 便携式磁轭的有效检查范围是以两磁极连线为直径的圆内

　　　D. 线圈法磁化工件检查的有效范围约为线圈端部到线圈直径的一半处

36. 下列关于磁场的磁力线分布描述中，正确的是：　　　　　　　　　　　（　　）

　　　A. 通电圆直导体是垂直于导体各平面内以导体中心为圆心的同心圆

　　　B. 长螺线管内外是平行于线圈轴的平行线

　　　C. 条形磁铁是以磁极为中心的同心圆

　　　D. 磁轭磁场无规律分布

＊37. 下列关于磁粉检测磁化方法的图中，标志错误的是：　　　　　　　　　（　　）

A. 磁轭法　　　　　　　　　　　　　　B. 中心导体法

C、线圈法　　　　　　　　　　　　　　D. 触头法

38. 下列关于磁化方法与磁场方向的叙述中，正确的是：　　　　　　　　　（　　）

　　　A. 磁轭法中，磁场方向与磁极连线平行

　　　B. 触头法中，磁场方向与触头连线平行

　　　C. 线圈法中磁场与线圈轴向垂直

　　　D. 通电法中磁场方向与工件轴向垂直

39. 确定磁化规范的方法一般有哪些？　　　　　　　　　　　　　　　　　（　　）

　　　A. 表面磁场测定法　　　　　　　　B. 计算法

　　　C. 磁化背景法　　　　　　　　　　D. 以上都是

40. 选择磁化规范时，确定磁场磁化大小一般采用的是：　　　　　　　　　（　　）

A. 纵向磁化用安培数   B. 周向磁化用安匝数

C. 纵向磁化用安匝数   D. 周向磁化用安培数

41. 采用中心导体法对圆筒工件进行磁化，工件中产生的磁场（磁通密度）情况是：

                                                               （　　）

A. 与中心导体产生的强度和分布相同

B. 大于中心导体产生的磁场

C. 小于中心导体产生的磁场

D. 在整个圆筒形零件内都是相同的

*42. 用中心导体法磁化圆筒零件时，最大磁场强度的位置在零件的什么部位？ （　　）

     A. 外表面   B. 壁厚的一半处   C. 两端   D. 内表面

43. 周向磁化中对非圆工件常采用当量直径进行计算，当量直径是指： （　　）

     A. 工件截面积与 π 之比   B. 工件周长与 π 之比

     C. 相当于工件面积的圆的直径   D. 相当于工件周长的圆的直径

44. 使用经验公式确定通电法、中心导体法磁化规范时，选择计算公式时应考虑的是：

                                                                （　　）

A. 不同检测灵敏度要求   B. 不同工件材料的磁特性影响

C. 不同工件直径的差异   D. 以上都是

45. 线圈法纵向磁化时，计算磁场强度的正确术语是： （　　）

     A. 安培数   B. 安匝数   C. 瓦特   D. 欧姆

46. 使用线圈对工件进行磁化时，要考虑的影响因素是： （　　）

     A. 工件长径比的影响   B. 工件对线圈填充系数的影响

     C. 线圈磁化安匝数的影响   D. 以上都是

47. 线圈磁化时，计算非圆工件时所用的直径叫作： （　　）

     A. 有效（等效）直径   B. 当量直径

     C. 复合直径   D. 没有专门的名称

48. 使用线圈法对工件进行纵向磁化时，需要进行长径比计算，其正确原因是： （　　）

     A. 工件长度影响检查   B. 工件直径影响检查

     C. 工件上的退磁场影响检查   D. 工件所占线圈空间大小影响检查

49. 以下哪个公式是用于计算圆管有效直径的？ （　　）

A. $D = 2\sqrt{S/\pi}$ B. $D = \sqrt{D_1^2 - D_2^2}$

C. $D = 1/\sqrt{S}$ D. 没有专门的公式

*50. 下列关于退磁方法的叙述中，正确的是： （　　）

     A. 将工件放入通以交流电的线圈，不切断电流，使工件远离线圈

     B. 将工件放入通有直流电的线圈中，并使磁场逐渐减弱到零

     C. 工件通以超低频电流，并逐渐衰减电流到零

     D. 工件轴向通以直流电，并逐渐减少电流到零

二、问答与计算题

*1. 试述铁磁工件磁化的特点。

＊2. 什么是磁化电流？常用的磁化电流有哪几种？

＊3. 交流电的优缺点是什么？

＊4. 为什么要选择最佳磁化方向？选择工件磁化方法应考虑的主要因素有哪些？

＊5. 磁化方法有哪些种类？常用的主要磁化方法有哪些？

＊6. 通电法和中心导体法有何差异？其磁场分布有什么不同？如何计算其磁化电流？

7. 触头通电法的有效磁化范围如何确定？怎样选取磁化电流？

8. 线圈法磁化时磁场是怎样分布的？

9. 固定式磁轭和便携式磁轭有何异同？使用中要注意哪些问题？

10. 有哪些常见的多向磁化方法？它们磁场变化的轨迹是怎样的？

11. 通电法或中心导体法计算磁化电流的基本公式是什么？

12. 磁化规范选取有哪几种主要方法？

13. 计算线圈纵向磁化有哪些公式？这些公式是如何表达的？

14. 一钢管零件，直径为 30mm，壁厚为 5mm，现通以 450A 电流，用中心导体磁化钢管内外表面的磁场强度各是多少？

15. 对一长方形工件进行三相全波整流电通电连续法标准磁化规范（10D）检查纵向缺陷，工件尺寸为 30mm×40mm×200mm，求所需要的磁化电流？

16. 磁粉探伤检查某轴（如图），需探测纵向缺陷，已知该轴由合金钢制成，三段直径分别为 20mm、50mm、20mm，欲使其表面磁场强度为 4800A/m，如何探伤并计算出磁化电流？

17. 采用低填充系数偏置放置直流纵向磁化某工件，工件尺寸为 ϕ20mm×320mm，线圈匝数为 300，求所需要的磁化电流？

18. 对某钢管零件进行纵向磁化，该毛坯件尺寸为 1200mm×ϕ105mm×15mm，现在直流线圈中进行偏置放置磁化，工件对线圈的填充系数小于 0.1，线圈匝数为 50，应通入多大磁化电流？如何进行探伤检查？

19. 钢板厚度为 10mm，选用输出电流最大值 I_{max}＝500A 的触头式磁粉探伤仪进行磁粉探伤，试求触头间距的最大值为多少？

20. 长度为 190mm 的钢试样，截面为等边三角形，每边长为 20mm，求 L/D。若缠绕 9 匝线圈进行纵向磁化，求磁化电流强度 I（按 CB/T 3958—2004 低填充系数，工件偏置摆放计算）。

复习题参考答案

一、选择题

1. D；2. D；3. A、C；4. B；5. D；6. B、D；7. C；8. D；9. C、D；10. B；11. C；12. B；13. D；14. B；15. A；16. B；17. B；18. B；19A；20. C；21. D；22. D；23. A、D；24. C、D；25. D；26. D；27. D；28. C；29. A；30. A；31. C；32. B；33. A；34.

A、C；35．A、D；36．A；37．A；38．D；39．D；40．C、D；41．B；42．D；43．B；44．D；45．B；46．D；47．A；48．C；49．B；50．A。

二、问答与计算题

问答题（略）

计算题

14．$H_1 = 7165.6A/m$ $H_2 = 777A/m$；15．$I = 500A$；16．分段磁化 $I_1 = 301.4A$，$I_2 = 753.6A$；17．$I = 15A$；18．$I = 90A$，分段磁化；19．167mm；20．$L/D = 9.5$、$I = 52.6A$。

第5章 磁粉检测操作与安全防护

5.1 磁粉检测的操作程序

5.1.1 磁粉检测的时机

为了提高产品的质量，以及在产品的制造过程中尽早发现材料或半成品中的缺陷，降低生产制造成本，应当在产品制造的适当时机安排磁粉检测。通常安排的时机有两种，最终成品验收和工序间加工工艺质量控制。安排的原则如下：

1）最终成品验收。对于原材料质量能够保证，制造工艺也较稳定的制品，多数采用这一时机进行检测以保证能够提供符合质量要求的产品。

2）加工工序间的检查。在容易发生缺陷的加工工序（如锻造、铸造、热处理、冷成形、电镀、焊接、磨削、机加工、校正和载荷试验等）之后应立即安排检测工序。这样能够最大程度地节约制造成本，防止因材料和工艺缺陷造成的损失影响后续工序。但一些工序，如高强度钢焊接可能产生延迟缺陷，则应该在缺陷产生后一定时间内进行检查。

3）对特殊工序进行质量控制。电镀层、涂漆层、表面发蓝、磷化以及喷丸强化等表面处理工艺会给检测时的缺陷显示带来困难，一般应在这些工序之前检测。当镀涂层厚度较小（一般不超过 $20\mu m$）时，也可以直接进行检测，但一些细微缺陷（如发纹）的显现可能受到影响。如果电镀工艺可能产生缺陷（如电镀裂纹等），则应在电镀前后都进行检测，以便明确缺陷产生的环境。

4）装配件的检查。对滚动轴承等装配件，如在检测后无法完全去掉磁粉而影响产品质量时，应在装配前对工件进行检测。但对需要检查装配件质量的情况（如铆接）则应在装配后进行。

5.1.2 磁粉检测的操作步骤

磁粉检测的操作主要由六个部分组成：预处理、磁化工件、施加磁粉或磁悬液、在合适的光照下观察和评定磁痕、退磁、后处理。

在施加磁粉或磁悬液的过程中，因为根据施加磁粉的时机不同有连续法和剩磁法之分，所以磁悬液施加的时间也不同，它们的操作程序也有差异。连续法是在磁化过程中施加磁粉，而剩磁法则是在工件磁化后施加磁粉，它们操作时的顺序如图5-1所示。

a) 连续法

图 5-1　连续法和剩磁法操作程序

b) 剩磁法

图 5-1 连续法和剩磁法操作程序（续）

5.2 工件预处理

5.2.1 被检工件进行预处理的目的

工件的表面状态对磁粉检测灵敏度和操作都有很大影响。一般来说，检测灵敏度要求越高的工件对其表面质量要求也越高，操作要求也越严格。对受检工件进行表面预处理就是为了提高检测灵敏度、减少工件表面的杂乱显示，使工件表面状况符合检测操作的要求，同时减少磁悬液的污染，延长磁悬液的使用寿命。

5.2.2 预处理的主要内容

1）清除工件被检区域的杂物，如油污、水垢、涂料、松散铁锈、焊接飞溅、氧化皮、金属屑等能够影响检测灵敏度的任何外来物。清除的方法根据工件表面质量要求确定，可以采用机械或化学的方法进行清除，如采用溶剂清洗、喷砂或硬毛刷、除垢刀去除等方法，部分焊缝还可以采用手提式砂轮机修整。清除杂物时特别要注意工件曲面变化较大部位，如螺纹凹处淤积的污垢。用溶剂清洗或擦除时，注意不要用棉纱或带绒毛的布擦拭，防止磁粉滞留在棉纱头上造成假显示影响观察。对要求较高的工件，清除工件表面的油污和润滑油时，可采用蒸汽除油或溶剂清洗。

2）清除通电部位的非导电层和毛刺。通电部位的非导电层（如漆层及磷化层等）及毛刺不仅会隔断磁化电流，还会在通电时产生电弧烧伤工件。可采用溶剂清洗或在不损伤工件表面的情况下用细砂纸打磨，使通电部位导电良好。但最大厚度为 $20\mu m$ 的非磁性覆盖层，如完整紧贴的油漆层在采用感应磁化时可以不必除去，通常不影响灵敏度。

3）分解组合装配件。组合装配件的形状和结构一般比较复杂，难以进行适当的磁化，而且在其交界处易产生漏磁场形成杂乱显示，因此最好分解后进行检测，以利于磁化操作、观察、退磁及清洗。对那些在检测时可能流进磁悬液而又难以清除，以致工件运动时会造成磨损的装配件（如轴承、衬套等），更应该加以分解后再进行检测，但在对工件的组合性能（如压配合、铆接等）进行检测或只进行局部检查时也可不进行分解。

4）对工件上不需要检查的孔、穴等，最好用软木、塑料或布将其堵上，以免清除磁粉困难。但是，在维修检查时不能封堵上述的孔、穴，以免掩盖孔穴周围的疲劳裂纹。

5）干法检测的工件表面应充分干燥，以免影响磁粉的运动。湿法检测的工件，应根据使用的磁悬液的不同而针对处理，用油磁悬液的工件表面不能有水分；而用水磁悬液的工件表面则要认真除油，否则会影响工件表面的液体润湿。

6）有些工件在磁化前带有较大的剩磁，有可能影响检测的效果。对这类工件应先进行退磁，然后再进行磁化。

7）如果磁痕和工件表面颜色对比度小，可在检测前先给工件表面涂敷一层反差增强剂。

经过预处理的工件，应尽快安排检测，并注意防止其锈蚀、损伤和再次污染。

5.2.3 不同工件缺陷的预处理要求

不同工件缺陷的预处理要求是不一样的。一般说来，有以下三种情况：

（1）表面处理要求较高 在这种情况下，多数工件缺陷有检测灵敏度高的要求，如检查发纹、微细裂纹及特殊检查等。这类工件表面一般都很光洁，加工精细，表面粗糙度数值也较小。对这类工件的处理一般多采用溶剂（汽油、煤油及有机溶剂等）清洗，对表面的锈迹等多采用细砂纸等轻拭去除。不宜采用锉刀、砂轮或其他粗糙加工方法，以免影响缺陷磁痕的生成和判断。一般来说，这类工件磁化时也应特别注意，通电磁化时接触一定要良好，防止工件烧蚀。有条件时，尽量采用感应磁化的方法。

（2）表面处理要求一般 这类工件缺陷多数是发现裂纹类缺陷，表面情况较好，为普通机械加工表面，可采用常用预处理方法进行处理。如一般机械产品可采用清洗、喷砂等，在役产品由于锈蚀或泥垢原因可用清洗、喷砂或硬毛刷、除垢刀刷除等方法。

（3）表面处理无特别要求 这类工件缺陷，多数为大型铸、锻件毛坯及普通大型容器焊缝。检测要求为发现较大缺陷。在预处理上可以根据实际情况选择满足检测灵敏度要求的方法。

5.3 磁化操作

5.3.1 磁化电流的调节

磁粉检测中，磁化磁场的产生主要靠磁化电流来完成，认真调节好磁化电流是磁化操作的基本要求。

电流调节在工件磁化开始之前进行。按照磁化电源提供的电压调节方式，有无级调压和分级调压两种。无级调压多为晶闸管（曾称可控硅）调整电压方式，调整时应注意晶闸管调压不是均匀变化的。一般在开始时电压变化较小，逐步增大后又变小，这是因为晶闸管导通角触发的是正弦波。分级调压多为调整自耦变压器的线圈匝数比值，这种方式是有触点开关方式，按触点分布情况，电压调节比较均匀。

电流调节有两种形式：一是工件作为通电回路一部分得到磁化，这种形式多用于通电法或局部通电法；另一种是工件被感应磁化，如中心导体法及线圈法等。

对第一种方法，由于磁粉检测中通电磁化时电流较大，为防止通电时接触不良产生电弧烧伤电触头，通常电压调整和电流检查是分别进行的，即将电压开路调整到一定位置再接通磁化电流，一般不在磁化过程中调整电流。调整时，电压也是由低到高进行调节，以避免工件过度磁化。由于电流表是串联在电路中的，磁化电流的调节应在工件夹持在探伤机两电极时进行，观察时应注意电流表指示的稳定。电流调节过程中，工件与接触板要接触良好，必要时可增加铜网或铅垫以减小接触处的电阻。为了能够较好地调节电流和防止工件过热或烧伤，可以先用一根铜棒进行电流的预调节，待电流指示到位后再装夹上工件，不过此时还应该对电流进行校正，因为工件材料的电阻率较大，一般都要略微向大的电流值调节。

对感应磁化工件电流的调节，原则上也应该在加上工件后进行，特别是在采用交流电流作为磁化电流的场合，如交流线圈、中心导体等磁化方式。这是由于铁磁材料工件置入交变磁场将很大程度地影响原来的磁场形式，改变电路的阻抗，使空载时的磁场发生变化（一般磁化电流都会减少）。也可以采用不加载工件进行磁化电流预调节，但应该以放入工件后的电流磁场为工作磁场。

电流调整好后不能随意更换不同类型工件。必须更换时，应重新核对电流，不符合要求应重新调整。

目前，不少固定式磁化设备加装了磁化电流预选装置，即在磁化前输入选定数值的磁化电流，工件磁化时设备自动进入预选电流的数值。这种方法大大节省了电流调试的时间，是一种值得注意的好方法。

便携式磁轭设备磁化电流一般为固定值，使用时不需要调节。在检查有调节要求（包括可变距离磁轭的调节）的设备时，应对其检测能力进行检查。具体方法是检查其电磁提升力或测试范围内的磁场强度是否符合标准规定。

5.3.2　磁粉的施加技术

1. 工件表面状态和磁粉的选用

如果磁痕与工件表面颜色对比度小，或工件表面粗糙影响磁粉显示时，可在检验前先给工件施加一层薄而均匀的，经批准认可的反差增强剂。如果表面金属光泽在白光照射下特别影响观察，可以采用荧光磁粉进行检验。黑磁粉在浅色零件表面（如喷砂表面）特别醒目；而荧光磁粉在紫外光照射下能提供最大的对比度和可见度。荧光磁粉不仅解决了特别光亮工件反光刺眼的问题，就是对暗色表面工件的检查效果也特别好。在条件许可的地方，应尽量采用荧光磁粉。

2. 连续法和剩磁法检测操作要点

1）连续法可用于能够磁化的任何钢铁工件，检验低碳钢或者几乎没有剩磁的纯铁必须采用这个方法；而剩磁法仅仅适用于有足够剩磁的材料制成的工件。

2）连续法检测的要点是：采用湿法时先将工件用磁悬液均匀湿润后通电1~3s，再浇洒磁悬液，停止浇洒后再通电数次，每次0.5~1s。用干法检测时应先对工件通电，通电磁化过程中在工件表面薄薄地均匀喷撒一层磁粉。在完成磁粉施加和吹去多余磁粉并进行观察磁痕后才能切断电源。

3）剩磁法检测的要点是：磁化电流的峰值应足够高，并且有一定的持续时间，一般应大于1/4s以上；使用冲击电流持续时间应大于1/100s，反复通电几次。工件要用磁悬液均匀湿润，有条件时采用浸入方式。浸入时，工件应置于搅拌均匀的磁悬液中数秒（一般3~20s）后取出，然后静置数分钟后再进行观察。

3. 干法与湿法的操作要点

（1）干法操作要求　干法检测常与支杆触头、Π形磁轭等移动便携设备并用，主要用来检查大型毛坯件、结构件以及野外检测作业。干法只适用于连续法检测，必须在工件表面和磁粉完全干燥的条件下进行，否则表面会粘附磁粉使衬底变差影响缺陷观察。同时，在干法检测的整个磁化过程中要一直保持通电磁化，只有观察磁痕结束后才能撤除磁化磁场。

施加磁粉时，干磁粉应呈雾状分布于被磁化的工件表面，形成一层薄而均匀的磁粉覆盖层。然后再用压缩空气轻轻吹去多余磁粉。吹粉时，要有顺序地移动风具，从一个方向吹向另一个方向，注意不要干扰缺陷形成的磁痕，特别是弱磁场附着的磁粉。

磁痕的观察和分析在除去多余磁粉的同时进行。

（2）湿法操作要求　湿法有油、水磁悬液两种，常与固定式磁粉检测设备配合使用，也可与其他设备并用。

湿法使用的磁悬液施加前必须均匀搅拌，并且要有一定的浓度。针对不同的试件浓度可以做一定的调整，如对表面粗糙的工件一般不用太细的磁粉且浓度也适当降低，以防止形成不良背景。对要求较高且表面粗糙度较小的工件则可适当提高浓度和采用较细的磁粉，但对检查高强度螺纹根部的缺陷，浓度不能太大，最好采用荧光磁粉检查，这样容易发现缺陷。

从油和水磁悬液的角度来说，油液有较好的流动性，但应保持适当的黏度，并应注意油的闪点和味道。使用水磁悬液时，要有足够的润湿性和磁粉的悬浮程度，同时还要注意工件的防锈。水液使用时，要防止工件表面产生的不湿润现象（水断现象）。一般来说，当水磁悬液漫过工件时，工件表面液膜断开，形成许多小水点，就不能进行检测，还应加入更多的润湿剂。工件表面的粗糙度越低，所需的润湿剂也越多，但润湿剂增多的量应适当，不能使磁悬液的 pH 值过高，一般应在 8~10 范围内，最好是在 9.2 以下。

磁悬液的施加方式主要有浇和浸。所谓浇是通过软管和喷嘴将液槽中的磁悬液施加在工件上，或者用毛刷或喷壶将搅拌均匀的磁悬液洒在工件表面。浸是将已磁化的工件浸入搅拌均匀的磁悬液中，当工件被均匀湿润后再从槽中取出来。浇法多用于连续法磁化和较大的工件，浸法则多用于剩磁法检测和尺寸较小的工件。采用浇法时，要注意液流不要过猛，以免冲掉已经形成的磁痕；采用浸法时，要注意在液槽中浸放的方法、时间和取出方法的正确性。浸放时，不能让工件直接放在液槽底部，防止沉淀的磁粉粘附在工件的磁极上影响判伤。浸放时间不能过长，工件取出时宜缓缓拿出液面，若速度过快将影响磁痕的形成。

5.3.3　磁化操作

1. 磁化操作要点

工件常用的磁化方法有周向磁化、纵向磁化及组合（多向）磁化等方法，不同工件检测有不同的磁化方法要求。在选择磁化方法时，应着重考虑下列条件：

1）磁场方向应尽量与预计的缺陷方向垂直，若不知道缺陷方向，可进行两次以上的不同方向的磁化操作。

2）磁场方向尽量与检测面平行。

3）要注意工件形状和尺寸对磁化的影响，特别是退磁场的影响。

4）在不允许工件表面有烧损检测面的情况时，应选择不直接对工件通电的方法，即尽量采用磁感应磁化的方法。

2. 综合性能测定

磁粉检测系统的综合性能是指利用自然缺陷或人工缺陷试块上的磁痕来衡量磁粉检测设备、磁粉和磁悬液的系统组合特性。综合性能又叫系统综合灵敏度，利用它可以反映出设备工作是否正常及磁介质的好坏。

鉴定工作在每班检测开始前进行，必要时也可在检测过程中进行。推荐采用带自然缺陷的试块进行综合性能鉴定，但试块上的缺陷应能代表同类工件中常见的缺陷类型，并具有不同的严重程度。当按规定的方法和磁化规范检查时，若能清晰地显现试块上的全部缺陷，则认为该系统的综合性能合格。在采用人工缺陷试块（环形试块或灵敏度试片）时，应按规定的方法和电流进行磁化，试块或试片上应清晰显现出适当大小和数量的人工缺陷磁痕，这些磁痕即表示了该系统的综合性能。在磁粉检测工艺图表中应规定对设备器材综合性能的要求。

综合性能测定前试块或试片应进行退磁。

3. 周向磁化注意事项

周向磁场磁化时，由于感应磁场通常包容于工件之内，存在于工件外的漏磁场很少，但应注意工件上一些人工槽孔形成的漏磁场对检测效果的影响。

磁化前，除进行综合性能试验外，应对被检测工件表面磁场的有效性进行检查，特别是对一些难以进行磁化的地方。主要方法有用特斯拉计检查或用适当的灵敏度试片进行测试，看相应部位的磁场强度是否符合检查要求。

在采用通电法磁化时，由于磁化电流数值较大（$10^2 \sim 10^4$ 数量级），主要应防止工件通电时的过热或因工件与夹头接触不良造成端部的烧伤。因此，工件夹持时要有一定的接触压力和接触面积，如安装铜网或软金属等使接触处有良好的导电性能。特别是对一些尖锥形的工件（如刺刀、炮弹体等）更要考虑加装专门的接触套以防止尖锥部过热。一些小的工件由于使用电压较低，往往在通电一瞬间端部产生一火花后指示表便停止指示，这时应注意检查工件端部由于烧蚀氧化形成非导电层而不能导电。

对一些批量生产的异形零件，设计专用工装是一种好的方法，这不仅保证零件需要检查的部位都能得到充分的磁化，更能提高工作效率，降低检测人员的劳动强度。

触头通电法常用于对大型构件的焊缝进行检查，如对锅炉压力容器、钢壳船体的焊缝等进行检查。由于检查不能一次通电完成，应根据需要进行多次磁化，每次磁化应规定有效的检测范围和磁化方向，并注意有效范围边缘应相互重叠。

触头通电法磁化时最容易出现的是触头与工件表面接触不良，以致造成打火并灼伤工件，因此，通电时不应移动触头。另外，最好采用铝或钢的编织管触头或衬垫，而不用铜来制作支杆电极触头，因为当电弧发生时，铜有可能渗入工件影响金属组织形成裂纹。使用触头通电法时，要注意连接电缆不宜过长，过长电缆的电能损耗会影响检测效果。

采用中心导体法磁化时，芯棒的材料可用导电良好并具有一定强度的铜或铝棒（管）。一般不用钢铁制作中心导体，主要原因是钢铁的电阻率较大，磁化时容易发热影响操作。检测时，要注意通电导体应尽可能地置于工件中心。这样不仅有利于工件表面得到均匀磁化，而且也避免因工件的重心不稳而影响转动的灵活。当芯棒位于管形工件中心附近时，工件上的磁场是均匀的，但工件直径较大且芯棒远离工件中心时，工件上的磁场是不均匀的。靠近芯棒处磁性较强并且工件直径较大检测设备又不能提供足够的电流时，可以采用偏置芯棒法进行检测。检测时芯棒应与工件内表面接触，并不断转动工件（或移动芯棒）进行检查。这时应注意分段磁化并且相邻区域有一定的重叠面。采用中心导体法时还应注意，当芯棒上的工件放置好并已调定了电流后，不能再随意增减工件数量，因为增减工件都将会改变磁化电流，引起磁化磁场的改变。

4. 纵向磁化注意事项

采用线圈法进行纵向磁化时，工件一般应平行于线圈轴放置于内壁。如果工件较短（$L/D<2$），可以将数个短工件串联在一起，或者在工件两端加接延长块检测。若工件长度远大于线圈直径，由于线圈有效磁化范围的影响，应对工件进行分段磁化，分段时每段不应超过线圈直径的一半。磁化时还应注意每段区间之间的覆盖。线圈磁化时，要注意直流线圈和交流线圈的区别。直流线圈的磁场一般都较强，使用时不能手持工件放入已通电的线圈。由于线圈磁化时工件两端的磁场是发散的，端头面上的横向缺陷不易得到显示，直流线圈表现得更为明显。这时可以使用快速切断电流的方法解决这一问题。快速切断电流时，由于自感的作用，垂直于工件的截面上将感应产生闭合电流，这种感应电流产生的磁场正好与缺陷构成一定角度，使缺陷能被检查出来。

用磁轭法进行纵向磁化时，磁极与工件间的接触要好，否则将产生很大的漏磁场影响检测灵敏度。极间磁轭法检测时要注意长工件磁化时中间部位可能磁化不足，同时要注意工件的横截面不能大于磁轭截面。使用便携式磁轭及交叉磁轭旋转磁场检测时，应注意磁极与工件的间隙不能过大。如果有较大间隙存在，接触处将有很强的漏磁场吸引磁粉，不仅形成检测的盲区同时还降低了工件表面的磁场强度。另外，还应注意磁轭在工件上的有效检测范围和每次检测间的重叠区域，保持一定的覆盖面。同时，磁轭在工件上的行走（移动）要注意方向，一般应自上而下，防止因磁悬液流淌干扰已形成的磁痕；行走速度也要适宜，不要因速度过快而造成漏检。

组合多向磁化时应采用连续法进行检查，分别按相关磁化方法进行调整。

5.4　磁痕观察、评定与记录

5.4.1　磁痕观察的环境

磁痕是磁粉在工件表面形成的图像，又叫作磁粉显示。磁痕观察应该在宽敞、整洁、通风良好且无强光刺眼的环境中进行，并应满足标准规定的光照条件。

采用白光检查非荧光磁粉或磁悬液显示的工件时，应能清晰地观察到工件表面的微细缺陷。使用荧光磁悬液时，必须采用符合要求的紫外线灯，并在有合适的暗室或暗区的环境中观察。在紫外灯下观察前，检查人员应经过暗场适应时间，一般不应少于1min。

5.4.2　磁痕观察的方法

工件上形成磁痕后应及时观察和评定。观察通常在施加磁粉结束后磁痕生成时进行，在用连续法检验时，也可以在磁化的同时检查工件，观察磁痕。

观察磁痕时，首先要对整个检测面进行检查，大致了解磁粉显示的分布。对一些体积太大或太长的工件，可以划定区域分片观察。对一些旋转体的工件，可画出观察起始位置再进行磁痕检查。在观察可能受到妨碍的场合，可将工件从探伤机上取下仔细检查。检查取下的工件时，特别是采用连续法检查时，应及时观察。

在整个观察过程中，注意不要擦掉已形成的磁痕或使其模糊。如果磁痕被擦掉了，或磁痕不清晰以及存在疑问，都要进行复验。某些已被发现又被排除（用修挫、打磨、熔补等）的缺陷也必须进行重新检验，直至缺陷被完全消除。

观察时，要仔细辨认磁痕的形态特征，了解其分布状况，结合其加工过程，正确进行识别。对一些不清楚的缺陷磁痕，可以重复进行磁化，必要时还可加大磁化电流进行磁化，也可以采用低倍放大镜（2~10倍）对磁痕进行观察。

观察时，检验人员不准戴墨镜或光敏镜片眼镜，但可以戴防护紫外辐射的眼镜。由于观察人员眼睛容易疲劳，在连续观察一段时间（如1h）后应适当休息10~15min，以保证眼睛的正常工作。

5.4.3　材料不连续的认识与评定

材料的均匀状态（致密性）受到破坏，自然结构发生突然变异叫作不连续。这种受到破坏的均质状态可能是材料中固有的，也可能是人为制造的。而通常影响材料使用的不连续性就叫作缺陷或疵病。

并非所有的磁粉显示都是缺陷磁痕。除缺陷能产生磁痕外，工件几何形状和截面的变化、表面预清理不当、过饱和磁化、金相组织变化等也可能产生磁粉显示（非相关显示），由于操作不当还可能形成磁粉的假显示。应当根据工件的工艺特点和磁粉的不同显示分析磁痕产生的原因，确定磁痕的性质。

对工件来说，不是有了缺陷就要报废。因此，对有缺陷磁痕的工件，应该按照验收技术条件（标准）对工件上的磁痕进行评定。不同产品有不同的验收标准，同一产品在不同使用地方也有不同要求。比如发纹在某些产品上是不允许的，但在另一些产品上则是无所谓的。因此，严格按照验收标准评定缺陷磁痕是必不可少的工作。

5.4.4　磁痕的记录与保存

磁粉检测主要是靠磁痕图像来显现缺陷的。应该对磁痕情况进行记录，对一些重要的磁痕还应该复制和保存，以作为评定和使用的参考。

磁痕记录有几种方式：

1）绘制磁痕草图。在草图上标明磁痕的形态、大小及尺寸。

2）透明胶纸粘印。用化学溶剂（四氯化碳等）小心除去磁痕周围油液并让磁痕干燥后，再用薄透明胶纸覆盖在磁痕上将磁痕粘印下来，然后取下胶纸再贴到具有反差颜色的纸或卡片上。此法经剥取和粘贴程序，极易改变磁痕图像原貌，需小心操作。

3）在磁痕上喷涂一层可剥离的薄膜，将磁痕粘在上面取下薄膜。

4）用橡胶铸型法对一些难以观察的重要孔穴内的磁痕进行保存。

5）照相复制。对带磁痕的工件或其磁痕复制品进行照相复制，用照片反映磁痕原貌。

照相时，应注意放置比例尺，以便确定缺陷的大小。

6）用记录表格的方式记下磁痕的位置、长度和数量。

对记录下的磁痕图像，应按规定加以保存。对一些典型缺陷的磁痕，最好能够做永久性记录。

5.4.5　试验记录与检测报告

（1）试验记录　试验记录应由检测人员及时填写。记录上应真实准确地记下工件检测时的有关技术数据并反映检测过程是否符合工艺说明书（图表）的要求，并且具有可追溯性。

记录主要应包括以下内容：

1）试件。记录其图号、名称及试件状况（尺寸、材质、热处理状态及表面状态等）。

2）检测条件。包括检测时机、检测工艺图表规定的设备、器材、方法等的主要要求。

3）检测结果。应按要求对检测结果进行记录。记录中，应对缺陷磁痕大小、位置、磁痕评定等级等进行记录。在采用有关标准评定时，还应记下标准的名称及要求。对不合格品的处理情况（返工数、返工合格数、报废数、处理文件编号等）也应记录。

4）其他。如检测时间、检测地点以及检测人员姓名与技术资格等。

（2）检测报告　检测报告是关于检测结论的正式文件，应根据委托检测单位要求做出，并由检测责任人员等签字。检测报告可按有关要求制定，一般应包括以下内容：

1）一般情况。包括送检单位，报告编号，工件图号、名称，生产编号和质量编号，委托单编号或文件编号，检测时机（例如热处理前或后、最终机加工前或后、电镀前或后等）。

2）检测情况。所用的书面工艺规范和所使用的检测图表编号；所使用的检测介质和使用的反差增强剂（如使用）；检测数量和验收/拒收数量。如有超过验收标准的缺陷，应在报告上摹绘缺陷磁痕在工件上的位置、形状、尺寸、方向和数量。

3）检测日期及检测者和复验者的姓名及技术资格。

（3）检测报告的核查　必要时可对检测报告进行核查。核查可选择以下方法：复核者重新检测；在工件上贴合适的试片，观察试片的显示情况；用已使用过的对比试块观察显示情况；进行综合性能试验以验证检测结果无误。

5.5　退磁

5.5.1　实现退磁的方法

如前所述，如果磁场不断反向并且逐步减小强度到零，则剩余磁场也会降低到零。磁场的反向和强度的下降可以用多种方法实现。如试件中磁场的换向可通过下述方式完成：

1）不断反转磁化磁场中的试件。

2）不断改变磁化磁场电流的方向，使磁场不断改变方向。

3）将磁化装置不断进行 180°旋转，使磁场反复换向。

磁场强度的减少可通过下述方式完成：

1）不断减少退磁场电流。

2）使试件逐步远离退磁磁场。

3）使退磁磁场逐渐远离试件。

5.5.2　退磁中应注意的问题

在退磁过程中，磁场方向反转的速率叫退磁频率。方向每转变一次，退磁的磁场强度也应该减少一部分，减少量和换向的次数，取决于试件材料的磁导率和试件形状以及剩磁的保存深度。材料磁导率低（剩磁大）及直流磁化后，退磁磁场换向的次数（退磁频率）应较多，每次下降的磁场值应较少，且每次停留的时间（周期）要略长，这样可以较好地打乱磁畴的排布。对磁导率高及退磁因子小的材料或经交流磁化的工件，由于剩磁较低，退磁磁场阶跃下降可以比较大。

退磁时的初始磁场值应大于工件磁化时的磁场，每次换向时磁场值的降低不宜过大或过小且应停留一定时间，这样才能有效地打乱工件中的磁畴排布。在交流退磁中，由于换向频率是固定的，所以其退磁效果远不如超低频电流。

在实际的退磁方法中，以上的方法都有可能采用，如交流衰减退磁、交流线圈退磁及超低频电流退磁等。

一般来说，进行了周向磁化的工件退磁，应先进行一次纵向磁化。这是因为周向磁化时工件上的磁力线完全被包含在闭合磁路中，没有自由磁极。若先在磁化的工件中建立一个纵向磁场，使周向剩余磁场和纵向磁场合成一个沿工件轴向的螺旋状多向磁场，然后再施加反转磁场使其退磁，这时退磁效果较好。

纵向磁化的工件退磁时，应该注意退磁磁场方向交变减少过程的频率。当退磁频率过高时，剩磁不容易退干净，当交替变化的电流以超低频率运行时，退磁的效果较好。

采用交流磁化的工件，多用交流退磁；采用直流磁化的工件，多采用低频电流退磁。但应注意，采用晶闸管制作交流电压调整磁化的工件，有时由于断电相位的原因使工件带有较多的剩磁，这时可采用低频电流或用晶闸管进行电流衰减的方法退磁。

利用交流线圈退磁时，工件应缓慢通过线圈中心并移出线圈1.5m以外；若有可能，应将工件在线圈中转动数次后移出有效磁场区，退磁效果会更好。但应注意，不宜将过多工件堆放在一起通过线圈退磁，由于交流电的趋肤效应，堆放在中部的工件可能会退磁不足。最好的方法是将工件单一成排通过退磁线圈，以加强退磁效果。

采用扁平线圈或Π形交流磁轭退磁时，应将工件表面贴近线圈平面或Π形交流磁轭的磁极处，并让工件和退磁装置做相对运动。工件的每一个部分都要经过扁平线圈的中心或Π形磁轭的磁极，将工件远离它们后才能切断电源。操作时，最好像电熨斗一样来回"熨"过几次，并注意一定的覆盖区，可取得较好的效果。

长工件在线圈中退磁时，为了减少地磁的影响，退磁线圈最好东西方向放置，使线圈轴与地磁方向成直角。

5.5.3　退磁效果的测量

退磁效果用专门仪器检查（一般采用磁强计进行检查），应达到规定的要求，一般要求不大于0.3mT（3Gs）。测量时，应将磁强计上标箭头处与测试部位接触，即可读出该点的剩磁值。检查时，应特别注意容易产生磁极的地方，如纵向磁化时的工件端面，以及工件上的槽孔处等。

在要求不很高时也可用大头针来检查，方法是用退磁后的工件磁极部位吸引大头针，以吸不上为符合要求。

5.6 后处理

5.6.1 工件的标记和处理

1. 合格件的标记和处理

经磁粉检测并已确定合格的工件应做出明显标记，标记的方法和部位需事先由设计或工艺部门同意，而且应当不影响工件的使用和以后的检验工作。

标记的方法：

1）打钢印或盖检印。钢印上应含有无损检测种类和检测者的编号。检印上还应有检测日期。检测者的钢印和检印都应在有关部门备案。

2）电化学腐蚀。不允许打钢印的工件可用电化学腐蚀标记，所用的器材应对产品无损害。

3）挂标签。表面粗糙的产品，或不允许用上述方法标记时，可以挂标签或装袋（筐），用文字说明该批工件合格。

工件做好标记后，填好原始检测记录，将合格工件同检测报告或盖好检验印章的工艺卡一起返回委托单位，进行后清洗。

2. 不合格工件的处理

磁粉检测拒收的工件，也应做好明显的标记，由委托单位连同检测报告或故障单送工程部门或其委托单位处理，或者排除、修补，或者报废。检测单位接到处理文件后对返工工件重新进行检验。注意严防将拒收件混入合格工件中。

5.6.2 后清洗

经过退磁的工件，如果附着的磁粉不影响使用，可不进行清洗。但如果残留的磁粉影响以后加工或使用时，则在检查后必须清洗。

清洗主要采用以下方法：

1）除去表面残留磁粉和油迹。可用合适的溶剂清洗，采用刷、压缩空气吹或其他方法进行。清洗中，应注意清洗工件表面包括孔内、裂纹和通路中的磁粉。也可以将磁粉烘干后进行清除。

2）如果使用了封堵，应去掉封堵后再清洗。

3）如果涂敷了反差增强剂，应清洗掉。

4）使用水磁悬液检测的工件为防止表面生锈时，可以用脱水防锈油进行处理。脱水防锈油是用 $5^\#$ 复合剂和煤油按 1：2 的容积比混合配制而成的。防锈油槽是一个上大下小的容器，槽上有盖，以防油的挥发，下面有排水阀，以便随时排水。当带水的工件放入槽中浸透时，工件表面的水分即被脱下，并同磁粉一起沉淀到油槽下部。取出工件后。工件表面即上了一层防锈油，当槽中的水超过一定量时，应打开阀排水并及时补充脱水防锈油。

5.7 磁粉检测过程中的安全和防护

磁粉检测过程涉及电流、磁场、化学药品、有机溶剂、可燃性油及有害粉尘等，应特别注意安全与防护问题。避免造成设备和人身事故；引起火灾或其他不必要的损害。

磁粉检测的安全防护主要有以下几个方面：

1）设备电气性能应符合规定，绝缘和接地良好。使用通电法和触头法磁化检查时，电接触要良好。电接触部位不应有锈蚀和氧化皮，防止电弧伤人或烧坏工件。

2）使用铅板作为接触板的衬垫时应有良好的通风设施，使用紫外线灯应有滤光板，使用有机溶剂（如 CCl_4）冲洗磁痕时要注意通风。因为铅蒸气、有机溶剂及短波紫外线都是对人体有害的。

3）用化学药品配制磁悬液时，要注意药品的正确使用，尽量避免手和其他皮肤部位长时间接触磁悬液或有机溶剂化学药品，防止皮肤脂肪溶解或损伤，必要时可戴胶皮防护手套。

4）干粉检测时，应防止粉尘污染环境或吸入人体，可使用吸尘器或戴防护罩进行检测工作。

5）采用旋转磁场检测仪如用 380V 或 220V 电压的电源，必须很好地检查仪器壳体及磁头上的接地良好。同样在进行其他设备的操作时，也要防止触电。

6）使用煤油作为载液时，工作区应禁止明火。

7）检验人员连续工作时，工间要适当休息，避免眼睛疲劳。当需要矫正视力才能满足要求时，应配备适用眼镜。使用荧光磁粉检验时，宜佩戴防护黑光的专用眼镜。

8）在一定的空间高度进行磁粉检测作业时，应按规定加强安全措施。

9）在对易燃、易爆物品储放区现场作业时，应按有关规程防护。同时直接通电法、触头法等不适宜在此类环境下工作。

10）在对武器、弹药及特殊产品进行必要的磁粉检测时，应严格按有关安全规定办理。在火工区域、特殊化工环境等处进行检测时也应注意遵守有关安全规定。

复 习 题

一、选择题（含多选题）

1. 需要进行磁粉探伤的工件，合适的时机是：　　　　　　　　　　　　　（　　）

    A. 检验工序一般应安排在铸造、锻造、热处理、冷成形、焊接、磨削、机加工、校正和载荷试验等可能产生表面和近表面缺陷的工序之后进行

    B. 凡覆盖有机涂层、发蓝、磷化和喷丸强化的零件，检验应在这些工序之前进行

    C. 最终电镀层厚度大于 0.020mm 的零件，应在电镀之前进行磁粉检验，在 0.020～0.127mm 之间且抗拉强度大于 1104MPa 的零件，在电镀前和电镀后都应进行

　　　磁粉检验

　　　D. 以上都正确

2. 对高强度钢焊缝进行检查的时机应选在什么时候？　　　　　　　　　（　　）

　　　A. 焊接结束后立即进行　　　　　　　B. 焊接结束至少 24h 后进行

　　　C. 焊接结束后一个月进行　　　　　　D. 什么时候都可以进行

*3. 工件预处理的目的是：　　　　　　　　　　　　　　　　　　　　　（　　）

　　　A. 使探伤工作更安全　　　　　　　　B. 使工作面更美观

　　　C. 使探伤面灵敏度提高，减少杂乱显示　D. 使磁场强度选择更准确

*4. 下列关于探伤前的预处理方法的叙述中，正确的是：　　　　　　　　（　　）

　　　A. 需探伤的工件在探伤前都必须退磁

　　　B. 电镀工件必须去掉镀层后再进行探伤

　　　C. 易流进磁粉，清除又困难的孔洞，必须在探伤前用无害物质堵住

　　　D. 电极接触部位的油污附着对探伤无妨碍

*5. 磁粉探伤前，为什么要分解组合件？　　　　　　　　　　　　　　　（　　）

　　　A. 探伤时可以见到所有表面

　　　B. 组合件交界面产生的漏磁场可能使磁痕发生混淆

　　　C. 分解后的零件通常比较容易操作

　　　D. 以上都是

*6. 维修探伤主要是检查疲劳裂纹，因此探伤前必须注意：　　　　　　　（　　）

　　　A. 充分了解工件在使用中的受力状态、应力集中部位、易裂部位及裂纹方向

　　　B. 工件的材质和表面状态

　　　C. 清除污物和锈斑

　　　D. 以上都必须注意

*7. 表面经过黑色处理的工件进行检测时，应该采用的检测介质是：　　　（　　）

　　　A. 黑色磁粉　　　　　　　　　　　　B. 荧光磁粉

　　　C. 反差增强剂和黑色磁粉　　　　　　D. 以上都可以

*8. 检测中采用试块进行综合性能测试时，正确的是：　　　　　　　　　（　　）

　　　A. B 型试块应采用直流电流检查

　　　B. E 型试块应采用交流电流检查

　　　C. 自然试块应采用与试件一致的条件检查

　　　D. 以上都是

*9. 使用 A 型灵敏度试片进行磁场检查时要注意的是：　　　　　　　　（　　）

　　　A. 使用方法是剩磁法　　　　　　　　B. 使用方法是连续法

　　　C. 应该采用干粉法　　　　　　　　　D. 应该采用湿粉法

*10. 下列关于使用灵敏度试片的叙述中，正确的是：　　　　　　　　　　（　　）

　　　A. 采用试片的主要目的是为了测定检测系统的综合性能

　　　B. 可用试片估计连续法检查的磁化电流

　　　C. 可用试片来大致确定剩磁法检查的磁化电流

　　　D. 可用试片确定工件剩磁的大小

*11. 下列关于磁粉探伤灵敏度试片的叙述中，正确的是：　　　　　　　（　　）

　　A. 使用试片时，应将有槽的一面紧贴于被探伤工件的表面

　　B. 安放试片时，试片上槽的长度方向应与磁场方向一致

　　C. 连续法或剩磁法检验中使用相同试片的效果也是相同的

　　D. 变形的试片，对测试结果无影响

*12. 下列关于磁化操作的叙述中，正确的是：　　　　　　　　　　　（　　）

　　A. 所加的磁化方向应尽量与工件表面垂直

　　B. 难以估计缺陷方向时，应分别进行改变方向的两次以上磁化

　　C. 用线圈磁化长工件时，应分别进行改变方向的两次以上磁化

　　D. 磁化时间越长越好

*13. 零件表面通电或用夹头通电时，为什么要使用大的软接触面如铅或铜辫？　（　　）

　　A. 为增大接触面积，减少烧伤零件的可能性

　　B. 因为它们的熔点低

　　C. 因为它们有助于金属散热，从而有利于磁感应

　　D. 为了增大接触面积和磁通密度

*14. 通电法磁化时，容易在工件两端产生"打火"或过热现象，可能的原因是：

　　　　　　　　　　　　　　　　　　　　　　　　　　　　　　（　　）

　　A. 工件材料质量不好　　　　　　　B. 工件材料电阻太大

　　C. 工件与接触板间的接触不好　　　D. 工件与接触板间的压力太大

15. 下列关于触头法磁化叙述中，正确的是：　　　　　　　　　　　（　　）

　　A. 磁化时应考虑有效磁化范围

　　B. 磁化电流计算与轴向通电法相同

　　C. 磁化时应考虑电流类型和工件厚度影响

　　D. 触头电极间距离对磁化电流强度无影响

*16. 线圈法磁化工件时应注意的是：　　　　　　　　　　　　　　　（　　）

　　A. 粗短工件最好在工件两端接上同样粗细的长铁棒

　　B. 将数个工件捆成一束磁化效果最好

　　C. 线圈两端及中心作用在工件上的磁场强度相等

　　D. 工件两端的探伤灵敏度要比中间高

17. 用交流电线圈磁化时要注意的是：　　　　　　　　　　　　　　（　　）

　　A. 线圈电阻不能小　　　　　　　　B. 线圈匝数不能多

　　C. 线圈直径应当控制　　　　　　　D. 以上都是

18. 对某大型铸件用触头法进行检查，采用的磁化电流最好是：　　　（　　）

　　A. 交流电流　　　　　　　　　　　B. 单相半波整流电流

　　C. 单相全波整流电流　　　　　　　D. 三相全波整流电流

*19. 对一个表面有沟槽的工件进行表面疲劳裂纹检查，采用的磁化电流最好是：（　　）

　　A. 交流电流　　　　　　　　　　　B. 单相半波整流电流

　　C. 单相全波整流电流　　　　　　　D. 三相全波整流电流

*20. 用中心导体法对钢管类工件进行磁化时，一般不用钢棒作为中心导体，其原因是：

( )

    A. 钢棒是铁磁性材料   B. 钢棒的导电性能差

    C. 钢棒比铝棒的质量大   D. 采用水磁悬液时钢棒容易锈蚀

*21. 下列关于通电周向磁化时选择电流值的叙述，正确的是? ( )

    A. 工件越长电流越大

    B. 工件截面化越剧烈电流值越大

    C. 同样直径的工件，剩磁法探伤时磁化电流要比连续法时大

    D. 标准磁化规范连续法探伤时，应使工件磁化到接近磁饱和

22. 使用便携式磁轭对平面工件进行检测时应注意： ( )

    A. 铁心中磁通量一定时，磁极间距增大，磁化效果变好

    B. 磁极周围有盲区，当磁极与探测面间隙增大时，盲区也增大

    C. 铁心中磁通量一定时，交流磁轭的探伤灵敏度随钢板的厚度增加而提高

    D. 可以检查出工件中的夹层

*23. 检验细微的浅表面裂纹时的最佳磁粉试验方法是： ( )

    A. 干法交流电   B. 干法直流电   C. 湿法交流电   D. 湿法直流电

*24. 磁化，断电，然后给工件施加磁介质的检验方法叫作： ( )

    A. 连续法   B. 剩磁法   C. 湿法   D. 干法

25. 下列关于检验方法的叙述中，正确的是： ( )

    A. 所有的铁磁材料均可采用剩磁法

    B. 剩磁法可用于热处理后的弹簧钢、工具钢、轴承钢

    C. 剩磁法比连续法所需的磁场强度小

    D. 低碳钢淬火后可使用剩磁法

*26. 连续法探伤时应注意的是： ( )

    A. 电磁软钢与低碳钢只能采用连续法

    B. 连续法必须将工件磁化到饱和

    C. 淬火和回火处理的弹簧钢、工具钢等仅不能用连续法进行检查

    D. 电流过低时，工件上将会出现干扰缺陷的杂乱显示

*27. 湿式连续法浇洒磁悬液应在何时停止： ( )

    A. 通电后立即停止   B. 断电流的同时停止浇洒

    C. 先停止浇洒后断电   D. 先断电，后停止浇洒

28. 下列关于剩磁法适用范围的叙述中，正确的是： ( )

    A. 材料可以是低碳钢

    B. 只适用于纵向磁化，不适用于周向磁化

    C. 只适用于矫顽力和剩磁较大的材料

    D. 可以采用直流电磁化

*29. 下列关于对磁痕观察的叙述中，正确的是： ( )

    A. 荧光磁粉应在荧光下进行观察

    B. 非荧光磁粉应在白光下观察

C. 剩磁法在磁化的同时浇撒磁粉进行观察

D. 连续法应在磁化后浇洒磁悬液观察

*30. 下列关于对磁痕的观察和分析的叙述中，正确的是：　　　　　（　　）

　　A. 当发现磁痕时，必须观察表面有无氧化皮、铁锈等附着物，以免误判

　　B. 为确定磁痕是否由缺陷引起，有时需要把磁痕擦去，重新探伤检验其重复性

　　C. 如果试件上出现遍及表面的磁痕显示，应减小电流重新磁化

　　D. 以上都是

*31. 下列关于磁痕观察方法的叙述中，错误的是：　　　　　　　　（　　）

　　A. 对大型试件，应分区进行检查

　　B. 对不清楚的磁痕，可擦拭后重新磁化观察

　　C. 连续法磁化时，只能将试件在设备上进行观察

　　D. 对细微缺陷，可用低倍放大镜进行观察

*32. 下列关于磁粉探伤后工件退磁的叙述中，正确的是：　　　　　（　　）

　　A. 凡经磁粉探伤的工件都必须退磁

　　B. 剩磁不妨碍工件加工和使用，或要进行高于居里点以上的热处理时，可以不进行退磁

　　C. 下次磁化将使用比前一次更强的有效磁场磁化时，必须进行退磁

　　D. 直流电磁化的工件，可以不退磁

33. 采用超低频电流退磁时，退磁频率的大小影响的是：　　　　　（　　）

　　A. 磁场的大小　　　B. 磁场的深度　　　C. 电流的大小　　　D. 没有影响

*34. 交流线圈退磁时要将工件从线圈中缓慢移出至线圈1m以外，其原因是：（　　）

　　A. 打乱工件中的磁畴排布　　　　　B. 改变磁场方向

　　C. 将磁场强度逐渐减少到最小　　　D. 以上都是

35. 下列关于退磁的叙述中，正确的是：　　　　　　　　　　　　（　　）

　　A. 将工件上的剩磁减少到不妨碍使用的程度

　　B. 将工件放入通以直流电的线圈，不切断电流，使工件远离线圈

　　C. 不改变线圈的磁场方向，并使磁场逐渐减弱到零

　　D. 轴向通以直流电，并逐渐减少电流到零

*36. 利用交流线圈对批量生产的小工件进行退磁，最好的方法是：　（　　）

　　A. 将工件堆放在筐子里移出线圈

　　B. 将工件沿轴向一件件排成长队通过线圈

　　C. 将工件横放整齐通过线圈

　　D. 怎么都可以

*37. 零件退磁后，剩磁大小一般用哪种方法进行检查？　　　　　　（　　）

　　A. 在零件上放一块磁铁　　　　　　B. 用磁性材料测量仪检查

　　C. 用袖珍磁强计检查　　　　　　　D. 仔细观察零件表面是否粘附磁粉

*38. 下面哪种方法是用来保存磁粉显示图形的？　　　　　　　　　（　　）

　　A. 透明漆覆盖　　　B. 透明胶带粘贴　　　C. 照相记录　　　D. 以上都是

*39. 下面哪些是磁粉检测安全防护工作中应该注意的？　　　　　　（　　）

A. 使用通电法和触头法磁化时，电接触要良好，电接触部位不应有锈蚀和氧化皮，防止产生电弧伤人

B. 使用黑光灯时，人眼应避免直接注视黑光源，应经常检查滤光板，不允许有任何裂纹，以防短波黑光对人的危害

C. 磁粉检验设备应正确维护，以防电气短路对人员安全带来威胁，应注意减少起弧和油槽起火

D. 以上都是

*40. 磁粉检测中对黑光防护是很重要的。为了使用安全应该做的是： （ ）

A. 多加几道滤光降低其辐射强度

B. 检测中避免直接凝视黑光源

C. 遮蔽零件外的多余黑光，以免照射到手上

D. 戴上太阳镜经常观察和检查滤光片是否破裂

二、问答题

*1. 简述磁粉检测的操作程序。

2. 磁粉检测的时机是怎样安排的？

*3. 为什么要对工件进行预处理？预处理主要包括哪些内容？

*4. 怎样在探伤机上调整磁化电流？

*5. 为什么要对磁粉检测系统进行综合性能鉴定？有哪些方法可以进行综合性能鉴定？

*6. 连续法与剩磁法的操作要点是什么？

7. 线圈法磁化时应注意哪些问题？

8. 进行磁轭法磁化应注意哪些问题？

9. 采用线圈或磁轭对工件进行纵向磁化有什么相同及相异之处？

*10. 怎样正确使用紫外灯？

*11. 磁痕记录有哪几种主要方式？

12. 退磁有哪些主要方法？

*13. 退磁操作要注意哪些问题？

*14. 磁粉检测后处理包括哪些工作？如何进行？

*15. 磁粉检测安全防护有哪些要求？

复习题参考答案

一、选择题

1. D；2. B；3. C；4. C；5. D；6. D；7. B、C；8. D；9. B、D；10. A、B；11. A；12. B；13. A；14. C；15. A、C；16. A；17. B；18. B；19. A；20. B；21. C、D；22. B；23. C；24. B；25. B；26. A；27. C；28. C；29. B；30. D；31. C；32. B；33. B；34. C；35. A；36. B；37. C；38. D；39. D；40. B。

二、问答题（略）

第6章 磁痕分析与评定

6.1 磁痕分析与评定的意义

6.1.1 磁痕显示的分类

材料均质状态受到破坏称为不连续，影响工件使用性能的不连续称为缺陷。磁粉检测的基本任务就是将铁磁性材料工件表面和近表面存在的缺陷在漏磁场的作用下以磁粉图像（磁痕）的形式显示出来。

并不是工件上所有漏磁场形成的磁痕都是缺陷。为了区别不是缺陷的磁痕，通常把材料缺陷产生的漏磁场所形成的磁粉显示称作相关显示，而把由于工件截面变化、材料磁导率差异等原因产生的漏磁场所形成的磁粉显示称作非相关显示。除此之外，还有一些不是由于漏磁场产生的磁痕，称作假显示。非相关显示和假显示也叫作伪缺陷磁痕。

各种显示之间的区别如下：

相关显示和非相关显示是由漏磁场吸附磁粉形成的；而假显示则不是由漏磁场吸附磁粉形成的。非相关显示和假显示都不影响工件的使用性能，而只有超过验收标准规定的相关显示才影响工件的使用性能。

6.1.2 缺陷磁粉分析与评定的意义

缺陷磁痕的特征及分布揭示了缺陷的性质、形状、位置和数量。通过对缺陷的磁痕进行综合分析和评定，可以判断工件质量的优劣。应当正确地辨认和分析磁痕。

1）正确的磁痕分析与评定可以极大地避免漏检和错检。若将相关显示判为非相关显示，甚至为假显示，则会产生漏检，把本来不合格的工件验收，会造成重大质量隐患。相反，如果把非相关显示，甚至为假显示误判为相关显示，则把本来是合格的工件拒收或报废，也造成人力物力的浪费。

2）通过磁痕分析能大致确定缺陷的性质、大小和方向。结合工件的受力状况和技术条件的要求，可正确判断工件是否返修或报废，并为产品设计和改进工艺提供可靠的信息。

3）对在役件和维修件进行检测，可以发现疲劳裂纹，通过周期性定检和监测疲劳裂纹的扩展速率，能保证设备的安全运行，及早预防事故的发生，避免设备和人身事故的出现，并减少不必要的损失。

不同磁粉显示的图像表示的意义不一样。为了做到熟练地辨认各类缺陷所形成的磁痕，就要求磁粉检测工作者通过培训学习，熟悉被检查工件的生产工艺过程，了解各种缺陷性质及产生的原因，在实践中积累对磁痕辨别的经验，结合工件材料、形状和加工工艺，熟练掌握各种磁粉显示特征、产生原因和鉴别方法，正确执行验收技术条件。为了做出对磁痕性质的正确结论，某些时候尚需借助其他检测手段或做破坏性的金相检查来确定缺陷的性质。这样才能在实际工作中得心应手，做出正确无误的判断，对照验收标准做出验收与拒收的评定。

6.2 非相关显示和假显示

6.2.1 非相关显示

非相关显示不是来源于缺陷，但确是由于漏磁场而产生的。其形成原因很复杂，一般与工件材料、外形结构、所采用的磁化规范、工件的制造工艺等因素有关。有非相关显示的工件，其强度和使用性能并不受影响，所以它对工件不构成危害。但是，这类显示容易与相关显示混淆，不如假显示那么容易识别。

引起非相关显示的原因、磁痕特征与鉴别方法如下：

1. 工件几何形状引起的非相关显示

这类显示比较常见，主要表现为工件截面突变。如工件上有小孔、键槽、螺纹、齿根尖角及断面突变等形状，将引起工件局部截面减少，导致漏磁场在截面较薄处产生并吸引磁粉，形成磁粉显示。

截面变化一般有两种情况，一是工件表面上的孔、槽等断面突变，如键槽、油孔、工件的台阶面、齿轮、螺纹的根部等都容易在磁化时吸附磁粉；另一种是工件近表面的孔、洞、槽，与轴连接的内键槽、套筒零件上的螺钉孔等。这两类磁痕显示的特点都是分布不集中，松散，不浓密，轮廓不清晰，具有一定宽度，有规律地重复出现在同类工件上，而且近表面的显示更为松散。

这类显示的鉴别方法是结合工艺过程和工件几何形状分析，观察表面几何形状的变化，看有无产生漏磁场的可能。有时也可略降低磁化磁场，看磁粉堆积是否减少或不吸附磁粉。若采用剩磁法、低浓度磁悬液并适当增长磁悬液的施加时间，磁粉聚集更不明显。应防止杂乱显示掩盖真正缺陷的磁痕。如工件的螺纹根部或齿根部位也常常产生相关显示与非相关显示混杂，甚至遍及整个根部，这种显示与缺陷的显示很难区分。检验人员也只有积累了大量经验才能识别。图 6-1 所示为螺纹纵向磁化根部的非相关显示。

图 6-1 螺纹纵向磁化根部的
非相关显示（荧光磁粉）

2. 机械连接和机械创伤引起的非相关显示

一些工件在使用或制造过程中需要进行连接，在连接部位处就可能出现漏磁场形成磁痕。图 6-2 和图 6-3 显示了两种不同连接方式形成的磁痕（荧光磁粉显示）。

工件在机械加工中，若表面有较深的刀痕、划痕、局部撞击以及滑移等压力变形等都有可能产生局部漏磁场，吸附磁粉而形成非相关磁痕。如在加工划线时，表面留下

图 6-2 铆接孔处的磁痕
（荧光磁粉）

的划痕；铰孔时，由于铰刀变钝，孔的内表面会产生刀痕；铣工件表面时，过粗的刀纹也可能吸附磁粉。这类磁痕的特征是：磁痕成规则的线状，较宽而直，两端不尖，磁粉图像轮廓不清晰，磁粉沉积稀薄而浅淡。重复磁化时，图像的重现性差；降低磁化磁场强度，磁痕不明显。擦去磁痕后，肉眼或放大镜可以观察到划痕或刀痕的底部凹处有金属光泽，以此可与裂纹相区别。减小加工粗糙度或局部打磨均可以消除这类磁痕。图6-4和图6-5所示为这类磁痕的显示。

图6-3　用螺钉连接的连杆
（荧光磁粉）

图6-4　工件加工划线形成的磁痕（荧光磁粉）

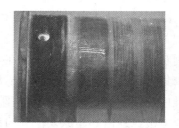

图6-5　划伤（荧光磁粉）

3. 工件材质及加工引起的非相关显示

工件材料因素引起的非相关显示有下面几种情况：材料金相组织的变化、工件材料间磁导率的差异、原始组织不均匀和碳化物层状组织的影响等。

材料金相组织的变化经常发生在淬火（例如高频淬火、局部淬火）或焊接加工时，由于冷却速度不均匀而导致金相组织发生差异，检测时在两种组织的交界处形成磁粉显示。在焊接件上，当焊缝熔敷金属与热影响区的基体金属有不同的金相组织相邻存在时，也会产生漏磁场并形成磁痕。另外，在冲模分型面上低倍组织不均匀处也会出现磁粉显示。这类显示呈带状，松散而不浓密。可根据磁粉分布特征、材料和工艺状态进行分析判断。

在焊接过程中，将两种磁导率不同的材料焊接在一起，或基体金属与焊条的磁导率截然不同（例如用奥氏体钢焊条焊接铁磁性材料），在焊缝与基体金属交界处就会产生磁痕。结合的材料磁性差异越大，在结合部形成漏磁场的可能性也越大，磁痕的显现也越明显。如钻头的高速钢刃部与较软钢材柄部焊接，在其界面上就有明显的磁痕出现。材料磁性差异越大，磁痕显现得越明显，要结合焊接工艺加以鉴别。图6-6所示为钻头结合部的非相关显示（荧光磁粉）。

图6-6　钻头结合部的非相关显示
（荧光磁粉）

原始组织的不均匀，带状组织严重。高碳钢和高碳合金钢的钢锭凝固时，所产生的树枝状偏析导致钢的化学成分不均匀，在枝晶间隙中形成碳化物，在轧制过程中沿压延方向被拉成带状，带状组织导致组织的不均匀性产生，因磁导率的差异而形成磁痕。例如Cr12MoV，属高碳、高铬模具钢，极易产生合金碳化物，磁痕呈带状，各碳化物分布带之间相互平行。如果在磁痕部位切取横剖试样，用高倍显微镜观察，发现不了任何组织。如果在磁痕部位切取纵剖试样，则可发现带状碳化物组织，碳化物带状组织的磁痕与发纹相似。图 6-7 所示为带状组织磁痕。

图 6-7　带状组织磁痕

4. 检测工艺不适当引起的非相关显示

不适当的检测工艺，如磁化电流过大、电极或磁极干扰、磁写等都容易形成非相关显示。

在采用连续法磁化时，如果磁化电流过大，工件将获得过饱和磁化，此时工件极易显示出沿轧制方向的金属纤维组织，称为金属流线。流线的磁痕呈不连续的线状，成群出现，互相平行，沿金属纤维方向分布，面积大，常常遍及整个工件。降低电流值时，磁痕会减弱或消失。

使用触头法或磁轭法检测时，在电极或磁极处电流密度过大或磁阻过大，导致触头附近磁粉过密集聚。这些磁痕松散，容易与缺陷区分，但容易形成过度背景，掩盖相关显示。在一些标准中规定，凡电极与磁极周围 25mm 范围内的磁粉显示都不作为判断的依据。退磁后，改变电极或磁极到与原来位置的垂直方向，重新检验，该处磁粉显示重复出现者可能是相关显示，否则为非相关显示。

另外，当两个已磁化的工件互相摩擦或将已磁化的工件和未磁化的工件乱放在一起，在工件的接触处将产生磁场的畸变，此时若浇以磁悬液，畸变磁场将显示磁痕。这种磁痕叫作磁写。磁写与真正缺陷形成的磁场是不同的，它可以沿任何方向出现，其磁痕由稀松的磁粉堆集而成，线条不清晰。把工件退磁后重新充磁，则磁写引起的显示可不再出现。但严重的磁写，须仔细地多方向退磁方能消失。图 6-8 所示为磁写图形（该图用磁笔在工件上写字）。

图 6-8　磁写（荧光磁粉）

6.2.2　假显示

假显示不是由于漏磁场吸附的原因形成的磁痕，它主要是由以下原因造成的：

1）工件表面粗糙或表面沟槽（例如焊缝两侧的凹陷，粗糙的机加工表面和铸件表面的沟壑等）会滞留磁粉而形成磁痕。其特点是磁粉的堆集很松散，如果将工件在煤油或水分散剂内漂洗可将磁痕去除。图 6-9 所示为铸钢件表面沟壑形成的假显示。

2）工件表面的氧化皮和锈蚀以及油漆斑点的边缘上会出现磁痕。清除氧化皮和油漆，重新检测，即可消除。

3）油、油脂、纤维等脏物都会粘附磁粉而形成磁痕。这类磁痕重复性较差，可以通过加强预处理和对磁悬液进行清洁检查后重新检验，该显示不再出现。图 6-10 为沾染磁悬液的棉纤维形成的假显示。

4）磁悬液浓度过大或搅拌不均匀，施加磁悬液方式不适当，都可能造成假显示。漂洗后显示不再出现。

图6-9　铸钢件表面沟壑形成的
假显示（荧光磁粉）

图6-10　沾染磁悬液的棉纤维形成的
假显示（荧光磁粉）

6.3　相关显示

6.3.1　常见缺陷的分类

材料中的缺陷磁痕即为相关显示的磁痕。按其形成时期，可分为原材料本身潜藏的缺陷、热加工过程中产生的缺陷、冷作加工过程中产生的缺陷以及使用过程中产生的缺陷等几大类。而按照缺陷的表现形式又可分为各种不同形式的裂纹、发纹、气孔、夹杂或夹渣、疏松、冷隔、分层、未焊透等多种。

1. 原材料本身潜藏的缺陷

这类缺陷通常叫作原材料缺陷，是指钢材从冶炼开始，经轧制等工序直到做成各种不同规格型材的全过程中产生的缺陷。这类缺陷有的一直保留在工件内部，有的经加工后才暴露于表面或近表面。这类缺陷包括：缩管残余和中心疏松、气泡（包括皮下气泡）、金属夹杂物和非金属夹杂物、发纹、夹层和分层、白点等。

原材料缺陷主要是在铸锭结晶和钢材轧制时产生，以铸锭结晶时产生的缺陷最多，影响也较大。上述缺陷中，除夹层和分层外，其余缺陷基本上是在钢材冶炼铸锭过程中产生的。

2. 热加工过程中产生的缺陷

热加工是指在工件加工过程中材料经过加热处理，如锻造、铸造、焊接、热处理等。经过热加工，原材料中的缺陷有可能发展，同时热加工中也可能产生新的缺陷。其缺陷形式如下：

1）锻造过程产生的缺陷：主要包括锻造裂纹、锻造折叠和锻造过烧。这些缺陷一方面是原材料缺陷在锻造加热、锻压变形和冷却过程中扩展产生的，另一方面则是由于锻造工艺不当而形成的。其中锻造裂纹危害最大。

2）铸造过程产生的缺陷：主要包括铸造裂纹（热裂纹和冷裂纹）、铸造缩孔与疏松、气孔、冷隔等。其中缩孔、疏松、气泡、夹渣等铸造缺陷产生的机理与钢锭中的缺陷基本相同，但由于铸件一般都比钢锭形状复杂，因而缺陷表现也有所不同。

3）焊接过程产生的缺陷：主要包括焊接裂纹、未焊透、气孔、夹渣等。由于焊接时温度高，外界气体大量分解溶入，加之是局部加热，时间又短，因此极易产生缺陷，特别是焊接裂纹对构件造成了极其严重的影响。

4）热处理过程产生的缺陷：工件热处理分为普通热处理和化学热处理（表面处理）两种。普通热处理中的缺陷主要是淬火裂纹，化学热处理中则有电镀裂纹、酸洗裂纹和应力腐蚀裂纹等几种。

3. 冷加工过程中产生的缺陷

冷加工即通常所说的机械加工（切削、磨削、冷挤压、敲击、精加工等），它是在常温下进行的，主要缺陷是裂纹。常见的有矫正裂纹、磨削裂纹和过盈裂纹等。

4. 使用过程中产生的缺陷

使用过程中工件由于不同形式的往复或交变载荷的影响，使工件受到集中的应力作用，从而开裂造成疲劳裂纹。按工件受力状态和工作条件的不同，疲劳裂纹有应力疲劳裂纹、磨损疲劳裂纹和腐蚀疲劳裂纹等三种。

6.3.2 裂纹及其磁痕

在各类材料缺陷中，裂纹占有相当大的比例，也是危害性最大的缺陷。所谓裂纹是完整的金属在应力、温度、时间和环境共同作用下产生的局部断裂，它可以在锻造、轧制、铸造、热处理、冲压、焊接、矫正、磨削等生产过程中产生，也可能在使用中受到应力作用而产生。由于各种裂纹形成的机理不同，其分布规律和磁痕图像也有所差别。按生产过程和使用过程来分，裂纹可分为热加工裂纹、冷加工裂纹和其他裂纹。

1. 热加工裂纹

热加工裂纹主要有铸造裂纹、锻造裂纹、焊接裂纹、淬火裂纹、脆化裂纹和原材料裂纹等。

（1）铸造裂纹　铸造裂纹是由于铸件在凝固收缩过程中，各部分冷却速度的不一致，金相组织转变和收缩程度也不相同，产生了很大的铸造应力，当应力超过钢的极限时便产生了破裂。有热撕裂（龟裂）和冷裂纹两种。

其磁痕特征是：热撕裂多呈连续的、半连续的曲折线状（网状或龟纹状），起始部位较宽，尾端纤细；有时呈断续条状或枝权状，粗细均匀，显示强烈，磁粉聚集浓密，轮廓清晰，重现性好。热裂纹分布不规则，多出现在铸件的转角和薄厚交界处以及柱面和板壁面上（见图6-11）。

同一炉号同一种铸件的热裂纹部位较固定。冷裂纹多出现在应力集中区，如内尖角处孔周围、截面突变部位、台阶和板壁边缘。冷裂纹磁痕多呈较规则

图6-11　精铸件铸造裂纹（荧光磁粉）

的微弯曲线状，起始部位较宽，随延伸方向逐渐变细，有时贯穿整个铸件，边界通常较整齐。冷裂纹磁痕显示强烈，磁粉聚集浓密，轮廓清晰，重现性好，抹去磁粉后一般肉眼可见。

（2）锻造裂纹 锻造裂纹的形成是多种多样的，与工件材料的冶金缺陷（缩管残余、皮下气泡、非金属夹杂物等）有关，也与锻造时的工艺处理不当（热加工不均匀、控温不当、变形速度过大或变形不均匀、冷却速度过大等）有关。无论何种原因造成的锻造裂纹，一般都比较严重，有的肉眼可见，有的经检测可见。

锻造裂纹的磁痕大多呈现没有规则的线状，显示强烈，磁粉聚集浓密，轮廓清晰，重现性好。锻造裂纹多出现在变形比较大的部位或边缘。锻造裂纹如图6-12和图6-13所示。

图6-12 锻造裂纹（黑磁粉）

图6-13 锻造裂纹（荧光磁粉）

（3）焊接裂纹 焊接裂纹又叫作熔焊裂纹，它是工件焊接过程中或焊接以后在焊缝及热影响区出现的金属局部破裂。这是焊接结构上最危险的一种缺陷，不仅减少了焊缝有效面积，降低了强度，还造成了焊接区应力集中，促使裂纹扩展以至引起构件破断。一般有热裂纹（产生在1100～1300℃范围）和冷裂纹（产生在100～300℃范围）之分。焊接裂纹产生的原因很多，主要有焊接工艺不当、焊条质量不好或工件局部加热时温度极不均匀造成应力过大等。

焊缝及热影响区所形成的裂纹，其磁痕呈纵向、横向线状，树枝状或星形线辐射状，显示强烈，磁粉聚集浓密，轮廓清晰，大小和深度不一，重现性好。对焊缝边缘的裂纹，常因与焊缝边缘下凹所聚集的磁粉相混而不易观察，将凹面打磨平后，若还有磁粉堆积，可做出裂纹缺陷判断。

焊接裂纹如图6-14～图6-16所示。

图6-14 焊接裂纹
（荧光磁粉）

图6-15 焊接裂纹
（黑磁粉）

图6-16 钢板对接焊缝裂纹（黑磁粉）

（4）淬火裂纹 淬火裂纹是工件热处理时由应力所引起的裂纹。一般发生在工件应力容易集中的部位（如孔、键以及截面尺寸突变的部位）。通常是由表向内裂入，以开裂的方式将应力释放出来。产生淬火裂纹的原因很多，主要有：工件原材料成分偏析、热处理方法不当、工件几何形状突变、几何形状复杂、工件表面硬化处理引起等。

淬火裂纹的磁痕呈线状、树枝状或网状，起始部位较宽，随延伸方向逐渐变细，显示强烈，磁粉聚集浓密，轮廓清晰，形态刚健有力，重现性好，抹去磁粉后一般肉眼可见。淬火裂纹多发生在工件上应力集中的部位，如尖角处、眼孔边缘、键槽及截面变化处等。

图 6-17～图 6-20 所示为四种典型的淬火裂纹（荧光磁粉）。

图 6-17　淬火裂纹

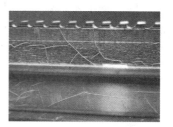

图 6-18　工具钢淬火裂纹

图 6-19　高频局部淬火裂纹

图 6-20　渗碳淬火裂纹

（5）脆化裂纹　脆化裂纹是在化学热处理过程中产生的，如电镀（发蓝处理、镀铬、镀锌等）和酸蚀（电解酸洗等）等表面处理过程。脆化裂纹磁痕裂纹细窄，深浅不一，多成折线或网状，磁粉聚集浓密而集中，从不单一存在，总是大面积成群出现。

图 6-21 所示为刺刀镀铬后产生的脆化裂纹。

（6）原材料裂纹　原材料在冶炼和轧制过程中产生的裂纹。这些裂纹产生的机理与铸、锻过程产生的裂纹相同。

图 6-21　刺刀镀铬后产生的脆化裂纹（黑磁粉）

其磁痕呈线状，显示强烈、磁粉聚集浓密，轮廓清晰，重现性好，多与金属纤维方向一致。

图 6-22 和图 6-23 所示为原材料裂纹。

图 6-22　钢管原材料裂纹（黑磁粉）

图 6-23　钢棒原材料裂纹（黑磁粉）

2. 冷加工裂纹

冷加工裂纹主要有磨削裂纹、矫正裂纹、过盈裂纹等。

（1）磨削裂纹　磨削裂纹是工件进行磨削加工时在工件表面上产生的裂纹。由于产生的原因不同，种类也比较多。按其形状分类有：网状磨削裂纹（鱼鳞状、龟纹状、云霞状）、放射状磨削裂纹、无规则弯曲状磨削裂纹。网状磨削裂纹多出现于平面或曲率半径不大的磨削面上，常成群出现。放射状磨削裂纹多出现于曲率半径较大的曲面上，也是成群出现较多。

磨削裂纹的磁痕是呈网状或辐射状和相互平行的短曲线条，显示强烈，磁粉聚集紧密而集中，但磁粉堆集不高，磁痕细而尖，轮廓较清晰，重现性好，出现数量也较多，通常与磨削方向垂直。

磨削裂纹如图 6-24 和图 6-25 所示。

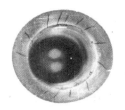

图 6-24　磨削裂纹（黑磁粉）

图 6-25　内孔磨削裂纹（荧光磁粉）

（2）矫正裂纹　矫正裂纹是在变形工件校直过程中产生的，它出现在与工件受力方向相同的最大张应力部位。其磁痕特征是磁粉吸附浓厚而集中，纤细而刚健，两端尖细，中间粗大，呈直线状或微弯曲，不分支、不开叉，单个出现。

图 6-26 所示为某轴矫正裂纹磁痕。

（3）过盈裂纹　过盈裂纹是零部件装配过程中由于过盈配合不当产生的。有时虽未达到破裂程度，但由于应力过大未加处理，在酸洗氧化或电镀过程中形成应力腐蚀裂纹或酸洗裂纹。其磁痕特征是磁粉聚集较快、堆积较高，浓厚紧密而集中、两端尖细，擦去磁粉后，往往可以看到细小裂纹的痕迹。

图 6-27 所示为某工件铆接产生的过盈裂纹磁痕。

图 6-26　矫正裂纹磁痕（荧光磁粉）

图 6-27　过盈裂纹磁痕（荧光磁粉）

3. 使用过程中产生的裂纹——疲劳裂纹

工件在使用过程中，由于受多次交变应力的作用，引起工件上原有的小缺陷（如钢的成分及组织不均匀、冶金缺陷、尖锐的沟槽和孔洞等）延伸，扩展成疲劳裂纹。根据工件工作条件和受力状态的不同，疲劳裂纹有应力疲劳裂纹、磨损疲劳裂纹和腐蚀疲劳裂纹三种，三种中以应力疲劳裂纹最为常见。这种疲劳裂纹是在交变载荷下逐步扩展形成的，常发生在工件上应力较集中的地方，如齿轮根部、轴径、柱塞顶端等部位。其磁痕呈线状或曲线状随延伸方向逐渐变细，显示强烈，磁粉聚集集中，轮廓较清晰，重现性好，常成群出现，特别是内孔壁的疲劳裂纹大多如此，在主裂纹旁边还有许多平行的小裂纹。

图 6-28 和图 6-29 所示为疲劳裂纹磁痕。

图 6-28　疲劳裂纹磁痕（黑磁粉）

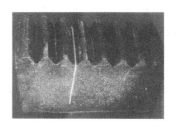

图 6-29　齿条疲劳裂纹磁痕（荧光磁粉）

6.3.3　其他缺陷及其磁痕

1. 原材料缺陷

（1）发纹　发纹是磁粉检测中的一种常见缺陷，主要由钢中的气泡和夹杂物引起。在锻轧时，这些夹杂物和气泡沿锻轧变形方向延伸，成为细线状，顺金属纤维方向分布。

发纹的磁痕特征为：呈发丝一样短而平直的线状或断续点状，形细而直，两端圆钝，图像清晰，磁粉聚集浅淡而稀薄，但很均匀，重现性较好，常独立或分散地存在于机械加工过的工件表面上，擦去磁粉后，一般肉眼看不见痕迹。

发纹对工件材料的力学性能无显著影响，但在要求严格的工件上，有可能成为产生疲劳裂纹的裂纹源。

图 6-30 和图 6-31 所示均为发纹磁痕。

图 6-30　发纹磁痕（荧光磁粉）

图 6-31　原材料发纹在热处理时的扩张开裂磁痕（荧光磁粉）

（2）非金属夹杂物　钢中的非金属夹杂物主要是铁元素和其他元素与氧、氮等作用形成的氧化物和氮化物，以及硫化物、硅酸盐等。同时，由于冶炼和浇注的疏忽，混入钢中的钢渣和耐火材料的剥落都带来了非金属夹杂物。这些夹杂物以镶嵌方式在钢中存在，降低了钢的力学性能，给金属破裂创造了条件。

非金属夹杂物的磁痕沿纤维状分布，呈短直线状或断续线状，两端不尖锐，一般情况下磁粉堆积不很浓密，颜色较浅淡（粗大夹杂物除外），擦去磁粉后，一般看不出痕迹。

发纹与非金属夹杂物从磁痕特征上不易区分，有时把细小的磁痕当作发纹对待。夹杂磁痕如图 6-32 所示。

（3）白点　白点是隐藏于钢材内部的开裂型缺陷，在热轧和锻压的合金钢中，特别是

图 6-32　夹杂磁痕（荧光磁粉）

在含 Ni、Cr、Pb、Mn 的钢中较常见。它大多分布于钢材近中心处，是在纵断面上呈椭圆形的银白色斑点，所以叫白点。在钢材横断面上则表现为短小断续的辐射状或不规则分布的小裂纹。白点裂纹多为穿晶断裂，也有沿晶粒边界分布，其裂纹边缘呈锯齿形的，多以成群出现。

　　白点属于危险性缺陷。它是钢材经锻压或轧制加工时，在冷却过程中氢气析不出钢材而进入钢中微隙并且结合成分子状态，它和钢相变时所产生的局部应力相结合，形成巨大的局部压力，在达到钢的破裂程度以上时使钢产生内部破裂形成白点。

　　磁痕特征：在横断面上，白点磁痕呈锯齿状或短曲线状，形似幼虫样。磁痕吸附浓厚而紧密，轮廓清晰，中部粗大，两端尖细略成辐射状分布。在纵向剖面上，磁痕沿轴向分布，类似发纹，但磁痕略弯，磁粉吸附浓密而清晰。

图 6-33　白点磁痕（黑磁粉磁痕贴印件）

　　白点磁痕如图 6-33 所示。

2. 锻轧缺陷及其磁痕（除裂纹外）

（1）锻造折叠　折叠常出现在锻造和轧制工件及钢材中。在工件锻轧过程中，有外来物或工件外皮被卷入基体金属，由于外来物或外皮已经氧化，使其不能锻合而形成折叠。折叠的轮廓不规则，多与表面成一定的角度。若折叠不严重，可以通过机加工完全去掉；若延伸至工件内部很深，超过加工余量时，则将破坏基体金属的连续性，严重影响工件材料的使用。

　　磁痕特征：多与表面成一定角度的线状、沟状、鱼鳞片状，一般肉眼可见。磁粉聚集程度随折叠的深浅和夹角大小而异，高低不等，有的较宽，有的较窄。金相检查折叠两侧有脱碳现象。常出现于尺寸突变转接处，易过热部位或者在材料拔长过程中。

　　图 6-34 所示为某连杆零件头部折叠的磁痕。

（2）夹层和分层　钢锭中的气泡和大块夹杂物，经轧制成板材或带材时，被压扁而又不能焊合，前者形成分层，后者形成夹层。当夹层或分层暴露于钢材表面或近表面时，才能被磁粉检测发现。

　　磁痕特征：磁粉沉积浓密，呈直线状，磁痕边缘轮廓清晰。一般擦去磁痕后，磁痕处有肉眼可见的条状纹痕。

　　分层磁痕如图 6-35 所示。

图 6-34　某连杆零件头部折叠的磁痕（荧光磁粉）

图 6-35　分层磁痕（荧光磁粉）

（3）拉痕 钢坯在轧制过程中，如果模具表面粗糙度较高，润滑不良或残留氧化皮及存在其他影响时，便会在钢材表面上产生划伤，叫作拉痕。拉痕在棒材上成连续或断续直线，管材上表现为略带螺旋的线。其磁粉表现为聚集较浓，清晰可见。

3. 铸造缺陷及其磁痕（除裂纹外）

（1）铸件缩孔与疏松 在铸件的某些部位，由于冷凝体积收缩时金属补充不及所造成的孔穴叫作缩孔。缩孔多出现于铸件厚截面处，其形状很不规则，内外表面高低不平，经机械加工至表面及近表面处时，磁粉检测才能发现。

缩孔磁痕特征：磁粉堆积浓厚，磁痕外形极不规则，多呈云霞状出现。

疏松又叫缩松，它是铸件常见的非扩散性的多孔型缺陷。铸件在凝固收缩过程中得不到充分补缩，因而出现了极细微的不规则的分散或密集的孔穴，即疏松。多出现在铸件散热条件差的内壁、内凹角和补缩条件差的均匀壁面上。在铸造缩孔的周围，也常伴有严重的疏松存在。

疏松磁痕特征：呈各种形状的短线条或点状，散乱分布，磁粉聚集分散，显示方向随磁化方向的改变而变化。

疏松磁痕如图 6-36 和图 6-37 所示。

图 6-36 疏松磁痕（黑磁粉）

图 6-37 疏松磁痕（荧光磁粉）

（2）铸件气孔 铸件内部的气孔多呈圆形、蛋形或梨形存在，大小不等，单个分散或集中出现，常分布于铸件的近表面层，是铸件内的一种空洞型缺陷。形成原因是进入铸件金属液内的气体在液体冷凝时未能及时逸出表面而存留于铸件中。气孔内表面光滑，有时被氧化物覆盖。

磁痕特征：一般多呈圆形或椭圆形，近表面气孔磁粉聚集较多，呈堆积状；远离表面的气孔则磁粉吸附稀少，浅淡而疏散，但磁痕均有一定面积。

（3）冷隔 铸件金属液体在铸型内流动冷却过程中被氧化皮隔开，不能完全融为一体，形成对接或搭接面上的未融合缝隙，叫作冷隔。它是由于铸件形状过于复杂、铸型设计不当、浇注系统不当而使金属液流程过长、浇注温度低或排气不良等原因引起的。磁痕特征：磁粉呈长条状，两端圆秃，磁粉聚集较少，浅淡而较松软。

4. 焊接缺陷及其磁痕（除裂纹外）

焊接过程实质是一个冶金过程，但焊接过程的温度更高，化学元素烧损严重。同时，焊接时外界气体大量分解溶入熔池，使焊接容易产生缺陷。焊接的加热是局部加热，时间短，基体金属和熔池间温差大，冶金反应不平衡，内应力大，偏析也较严重，焊接时产生某些缺陷是难以避免的。焊接时除了可能产生焊接裂纹外，还有可能出现其他一些缺陷。

（1）未焊透与未熔合　焊接时，接头未完全熔透的现象叫作未焊透；焊道与母材之间或焊道之间未完全熔化结合的部分叫未熔合。其产生原因包括：焊接规范选择不当；焊接速度过快；焊接时，焊条偏向一边太多；坡口角或间隙太小，熔深减小；坡口准备不良，不平或有异物等。

磁痕特征：多呈条状，磁粉聚集程度随未焊透部位到表面距离而异，吸附松散，重现性好。未焊透多出现在熔合线中间部位，边缘处的未熔合方向多与焊道一致。

（2）气孔和夹渣　气孔和夹渣也是焊缝中常见的一种缺陷，这两种缺陷经常相伴而生，同时存在，而且多埋藏于焊缝内部。两种缺陷中，夹渣对焊件的机械性能影响比气孔大，容易引起应力集中。

气孔是焊接过程中气体在金属冷却之前来不及逸出而保留在焊缝内的孔穴，夹渣是熔池内未来得及浮出而残留在焊接金属内的焊渣。气孔多呈圆形、椭圆形，夹渣多呈点状和条状。只有两者在表面或近表面时，才能被磁粉检测所发现。

磁痕特征：磁粉沉积为点状（椭圆形）或粗短线条状，磁粉堆集不紧密，较平直。条状两端不尖细，但磁痕有一定的面积。

6.4　显示的分级与评定

6.4.1　显示的解释、分级与评定

1. 显示的解释与分级

磁粉检测显示的解释就是确定所发现的显示是假显示、非相关显示，还是相关显示；并按照技术条件对相关显示进行分级和评定。

相关显示分级方法是按磁痕的形态和大小进行，一般将缺陷磁痕按形状和集中程度分为三种情形：

1）线状缺陷磁痕——其长度为宽度 3 倍以上的缺陷磁痕。

2）圆状缺陷磁痕——除线状缺陷磁痕以外的缺陷磁痕。

3）分散缺陷磁痕——在一定区域内同时存在几个缺陷的磁痕。

在此基础上，再将磁痕按其长度和形状进行等级分类。多数情况下是针对某类产品进行的验收分级，不同产品有不同的分级方法。如 GB/T 9444 及 NB/T 47013 等技术标准中就根据产品加工及出现缺陷的特点对磁痕进行了分级验收。如 GB/T 9444 中根据铸钢件特点将磁痕形状规定为线形、非线形和点线形三种，基本概念与线状、圆状、分散状相似；并按产品不同要求将缺陷级别分为 7 种（其中高要求 2 种，一般 5 种）。为了对大面积检测范围的缺陷进行评定还采用了评定框（评定框尺寸为 105mm×148mm）。NB/T 47013 中也采用类似方法，但根据焊接特点，缺陷形态只有线形和圆形两种，共分为 5 级。评定框尺寸也较铸钢件小（35mm×100mm）。

分级应在确认缺陷磁痕的基础上进行。在分级的基础上再对检测结果进行评定。

2．评定

显示的评定就是对材料或工件的相关显示进行分析，按照既定的验收标准（验收技术条件）确定工件验收或拒收（排除或报废）。

验收标准是按照产品的使用要求确定的，不同产品有不同的规定。有专为某一零部件规定的验收标准，也有参照通用验收分级标准中的某一级别进行验收的标准。

验收标准评定部分一般分为三个部分：

第一，工件上评定范围内不允许存在的缺陷显示。

第二，允许存在的缺陷显示，包括其长度、面积、数量、性质及部位。

第三，超过规定允许显示的磁痕的处理办法。

为了说明以上问题，验收标准通常根据产品情况增加以下内容：

1）本验收标准的适用对象、范围及评定条件。

2）对要评定的缺陷形态的说明。如将显示分为线形、圆形、独立分散状与集中连续状或线形、非线形与点线形等形式。并对同一连线上的两个或多个缺陷，以及同一范围内的多个缺陷的分布等进行规定。

3）在某类产品通用验收标准中，为了比较大小不同面积上的缺陷，通常采用评定框方法。即人为规定一个标准面积框，并用这个面积框去评定验收工件表面任何部位的缺陷（通常选择最严重的部位）看是否符合规定要求。这种方法多用于焊接件、铸钢件等的检查。对于不符合框评定的同类工件，标准也做了相应的规定。

4）对某些不影响使用的不计入评定的细微显示进行了规定。

下面就验收标准的应用进行举例说明。

6.4.2 验收评定

1．示例一 ——塔形零件的评定

（1）钢棒塔形检查　下面是某钢棒产品塔形检查的验收技术条件（摘抄）：

GFMT 01 钢棒塔形试样验收技术条件

1.1 本技术条件适用于 $\phi16mm \leqslant D \leqslant \phi300mm$ 的热轧、锻造及冷拉钢棒用塔形试样检验发纹。

1.2 塔形试样要求

1.2.1 钢棒塔形试样车削尺寸应符合表 1 的规定。

表 1 钢棒塔形试样车削尺寸　　　　　　　　　　　　　　单位：mm

钢棒尺寸 D	第一阶梯	第二阶梯	第三阶梯	各阶梯长度
≤150	D-5	2/3D	1/3D	50
>150~250	D-16	2/3D	1/3D	50
>250~300	D-20	2/3D	1/3D	50

塔形试样如图 1 所示。

1.2.2 每批钢棒加工送检 3 个塔形试样为一组，共 9 个阶梯。

1.3 塔形试样采用通电连续法湿法进行，磁化电流（交流电）为 15D。

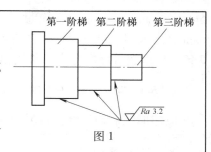

图 1

1.4 塔形试样验收要求

1.4.1 钢棒的每个塔形试样发纹应符合表 2 的规定。若每组塔形试样中任一个不符合表 2 规定要求则该批为不合格。

表 2 塔形验收条件

评定项目	允许条数和长度
每阶梯发纹条数	3 条
发纹最大长度	6mm
每阶梯发纹总长度	10mm
发纹总长度	25mm
发纹总条数	5 条

1.4.2 发纹的起算长度及计算：单个发纹起算长度为 0.6mm。在同一母线上两条发纹间距小于 2mm 时，不论其长度大小均应作为一条计算（长度包括间距尺寸）。

1.4.3 缺陷确定为裂纹不论其大小均不合格；当塔形试样发纹从一个台阶延伸到另一台阶时，也视为不合格。

1.4.4 要求仲裁塔形检验结果时，如未明确指定方法，则以酸浸法为准。

（2）标准分析与应用 从以上标准可以看出：

1）标准规定了本验收技术条件的适用范围和被检查对象——钢棒塔形的加工尺寸、检查数量要求。

2）被检查对象——钢棒塔形的磁化条件和磁化电流大小。

3）缺陷评定的具体要求：

①对缺陷性质的描述——检查 0.6mm 以上长度的发纹。

②被允许缺陷大小（长度）、数量及分布——对单个发纹的最大长度、每阶梯允许数量及阶梯总长度、整个塔形允许的数量及总长度的规定。

③对不允许存在的缺陷的规定——不允许裂纹及跨台阶发纹。

4）对其他问题的必要说明。

【例1】 对某批直径为 80mm 的钢棒进行塔形检查。三只塔形试样中有一只发现有超过 0.6mm 的发纹 5 个，分布如图 6-38 所示。其长度如下：A 为 5mm，B 为 4mm，C 为 6mm，D 为 4mm，E 为 6mm。其余两只未发现。该批材料塔形检查是否合格？说明原因。

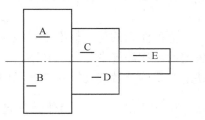

图 6-38 塔形缺陷分布

答：该批材料塔形检查符合标准要求。原因如下：每阶梯发纹最多允许 3 条，实际三阶梯为 2、2、1 条，均未超过允许值。单条发纹长度最大允许为 6mm，实际 5 条发纹长度分别为 5mm、4mm、

6mm、4mm、6mm，均未超过最大长度允许值；每阶发纹总长度分别为 9mm、10mm 和 6mm，均未超过单阶梯发纹总长度 10mm 的允许值；整个塔形发纹长度为 25mm，总条数为 5 条，均未超过标准允许的条数和长度。故符合标准要求。

2. 示例二——钢焊缝磁粉检测工艺和质量分级

以船舶工业钢焊缝检查为例，在 CB/T 3958—2004 标准中对焊缝验收做了如下规定：

8.1 缺陷指示可分为下列两类：
a）线状缺陷指示——指示的长度与指示的宽度之比大于 3 的缺陷指示。
b）圆形缺陷指示——指示的长度与指示的宽度之比不大于 3 的缺陷指示。
8.2 在同直线上，间距不大于 2mm 的两个或两个以上缺陷指示，按一个缺陷指示计算，其长度为其中各个缺陷指示的长度及其间距之和。
9 质量分级
9.1 不允许存在下列缺陷：
a）任何裂纹；
b）任何未熔合；
c）任何长度指示大于 3mm 的线状缺陷指示；
d）任何单个缺陷长度或宽度大于或等于 4mm 的圆形缺陷指示。
9.2 缺陷指示等级的评定按表 3 进行，评定区尺寸为 35mm×100mm，评定区选在缺陷指示最密集的部位。

表 3　缺陷指示的等级评定　　　　　　　　　　　　单位为毫米

评定区尺寸	等级	缺陷指示累计长度
35×100	I	<0.5
	II	0.5～2.0
	III	>2～4
	IV	>4～8
	V	>8

可以看出，标准首先对不同缺陷的磁痕形态进行了规定，对明确缺陷（如裂纹、未熔合）做了要求，对不明确缺陷的磁痕大小和范围也做了要求，并在此基础上再进行等级评定。

值得注意的是，标准中对线状缺陷的规定要严于圆形缺陷，这主要是由线状缺陷的性质决定的。在焊缝中的线状缺陷，主要有裂纹、未熔合、未焊透、条渣及链状气孔等，而圆形缺陷主要为分散气孔。从对产品的危害来说，线状缺陷远大于圆形缺陷。

3. 示例三——锻钢件的评定

在锻钢件缺陷评定中，通常按其重要性将工件各使用部位进行分区，对各区检查时要求的验收标准不同。下面举例说明：

（1）内燃机锻钢连杆验收技术标准（JB/T 6721.2—2007 摘抄）

本标准适用于气缸直径小于或等于200mm的往复式内燃机锻钢连杆的磁粉检测和评定。

5　连杆表面区域的划分

连杆表面区域的划分按表4规定及图2所示。

表4　连杆表面区域的划分

区　类	部位及线型	图　表　的　说　明
Ⅰ区	杆身部分 AD	（1）$AD = BC + 2 \times 0.1 \times BC$ （2）B、C 为杆身与大小头圆弧的交点或切点 （3）Ⅰ区的计算长度为 AD
Ⅱ区	小头部分 DE	（1）小头部分包括整个小头部分的各部位 （2）小头部分的计算长度为 DE
	大头孔内表面	大头孔内表面计算长度为大头孔内径
Ⅲ区	大头部分 FA	（1）大头部分包括除大头孔内表面以外的各部位 （2）大头部分的计算长度为 FA

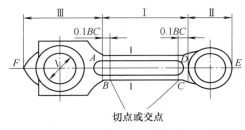 

图2　连杆表面区域的范围

6　缺陷磁痕的分类

磁痕的分类按表5的规定。

表5　连杆表面缺陷磁痕分类

类　别	磁痕划类情况
A 类	a）横向磁痕；b）擦去磁痕后用5倍放大镜可见的纵向磁痕；c）密集磁痕
B 类	长度大于2mm，擦去磁痕后用5倍放大镜不可见的纵向磁痕
C 类	长度小于或等于2mm，擦去磁痕后用5倍放大镜不可见的纵向磁痕

7　磁痕的判定

7.1　连杆的磁痕与工件流线方向夹角大于30°时为横向磁痕。

7.2　同一直线上两条缺陷磁痕相距小于或等于2mm时，按一条缺陷磁痕处理。

7.3　在10mm×10mm的正方形检测面内，缺陷磁痕多于三条者为密集缺陷磁痕。

7.4　C类磁痕不作为缺陷磁痕处理。

8　缺陷磁痕允许极限值

8.1　任何区域不允许出现分型线裂纹、热处理裂纹、磨削裂纹、腐蚀或酸洗裂纹等工艺缺陷。

8.2　杆身筋的圆角部位、大小头与杆身连接圆角处，均不允许出现缺陷磁痕。

8.3　Ⅰ区内，除允许存在长度小于1/120 Ⅰ区长度，且小于或等于4mm的平行于锻件纵向轴线、不进入杆身与大小头连接处（B、C点）的B类磁痕一处外，不允许出现缺陷磁痕。

8.4　Ⅱ区内，允许有一条或两条累计长度不超过该部分长度1/20的B类磁痕，不允许出现A类磁痕。

8.5 Ⅲ区内，允许有一条长度或两条累计长度不超过该部分长度 1/15 的 B 类磁痕，不允许出现 A 类磁痕。

8.6 在垂直于工件流线方向的同一截面上的缺陷磁痕只允许存在一条。

9 缺陷的修整

9.1 A、B 类缺陷，允许在尺寸公差范围内或连杆毛坯修整范围内修整，加工面部分允许在尺寸公差范围内修除，且修整总厚度不得超过 0.5mm。

9.2 修整后的连杆，修整部位应平整圆滑。经表面强化处理后，再次进行检测和验收。

（2）对验收标准的理解　从标准中可以看出验收规定主要有以下内容：

1）标准适应的对象。此处为气缸直径小于或等于 200mm 的往复式内燃机模锻成形钢连杆。

2）对工件表面按其重要性进行分区，各区域的范围规定（见图 2）。

3）对缺陷磁痕类别及其判定方法的说明。

4）各部分出现缺陷的验收规定。

5）对出现超标缺陷的处理。

**4. 示例四——铸钢件的评定

（1）下面是某类产品通用铸钢件验收标准（GB/T 9444—1988$^{\ominus}$摘抄）：

铸钢件磁粉探伤

本标准作为评定导磁钢铸件表面及近表面缺陷磁粉探伤质量评级用。当磁场强度等于 2.4kA/m 时，材料中磁感应强度大于 1T 的铸钢称为导磁钢。

4.1 质量等级的应用

铸钢件质量等级系指交货时的铸钢件质量等级。

允许焊补的铸钢件在焊补后，仍采用本标准的规定进行检验和评级。

4.2 一般要求

4.2.1 使用本标准时，供需双方必须规定：

a）铸钢件的检验区域。

b）检验所使用的 A 型标准试片规格。

c）铸钢件的合格等级。允许对同一铸钢件的不同检验区域规定各自的合格等级。同一检验区域允许对线形和点线形缺陷、非线形缺陷规定各自的合格等级。

4.2.2 如无特殊规定，本标准按以下要求执行：

a）不允许利用剩磁法检验；

b）不允许只在一个方向磁化和检验；

c）不需要退磁。

4.3 缺陷类型

按磁粉探伤时缺陷显示磁痕的尺寸和分布，将缺陷分为三类：线形缺陷、非线形缺陷、点线形缺陷。

4.3.1 缺陷磁痕的长度 L 与宽度 l 之比大于或等于 3，该缺陷为线形缺陷，以符号 L_m 表示。线形缺陷的长度 L 为该缺陷磁痕的最大长度距离值。

$\ominus$　本标准被 GB/T 9444—2007 代替，但新标准叙述过于简略，执行较难，为教学方便，以原标准为例。

4.3.2　缺陷磁痕的长度 L 与宽度 l 之比小于3,该缺陷为非线形缺陷,以符号 S_m 表示。非线形缺陷的长度 L 为该缺陷磁痕的最大长度距离值。非线形缺陷的面积为该缺陷的长度尺寸和与长度相垂直方向的最大缺陷磁痕尺寸之积。

4.3.3　凡缺陷磁痕间距小于2mm的三个或更多个缺陷形成的缺陷群,不论各个缺陷磁痕的大小和类型,被视为一个缺陷。围绕这个缺陷群磁痕的周界为这个缺陷的缺陷范围。

缺陷范围的长度 L 和宽度 l 之比大于或等于3,该缺陷为点线形缺陷,以符号 A_m 表示。点线形缺陷的长度 L 为这个缺陷范围的最大长度距离值。

缺陷范围的长度 L 和宽度 l 之比小于3,该缺陷为非线形缺陷,以符号 S_m 表示。其面积等于缺陷范围的长度尺寸和与长度相垂直方向的缺陷范围的最大尺寸之积。

4.3.4　不论缺陷磁痕长度大小,凡具有连贯趋势而间距小于2mm的两条线形缺陷,视为一个点线形缺陷(A_m)。其长度 L 等于该缺陷磁痕最大长度距离值。

间距小于2mm的两个非线形缺陷、一个线形缺陷和一个非线形缺陷、两个没有连贯趋势的线形缺陷,均分别以两个单独的缺陷计。

4.4　评定

4.4.1　评定框

以边长分别为105mm和148mm的矩形作为评定框。将评定框分别置于铸钢件磁粉探伤显示的线形缺陷和点线形缺陷、非线形缺陷最严重的位置,各自计算评定框内缺陷的尺寸。

处于评定框边线上的缺陷,只计算框内部分的尺寸。

4.4.2　不予考虑的缺陷

各级不予考虑的缺陷最大尺寸应符合表6的规定。小于或等于不予考虑的缺陷最大尺寸的各种类型缺陷,均不计入评定框内的总尺寸。

表6　铸钢件磁粉探伤的质量等级

质量等级		001	01	1			2			3			4			5		
表面粗糙度 Ra 值/μm		3.2		6.3			12.5			25			50			100		
不考虑的缺陷最大尺寸/mm		0.3		1.5			2			3			5			5		
非线形缺陷	最大长度/mm	1		2			4			6			10			16		
	框内最大总面积或缺陷个数	5个	10个	10mm²			35mm²			70mm²			200mm²			500mm²		
线形缺陷和点线形缺陷的最大长度、总长度/mm	铸钢件厚度范围/mm	线形或点线形总长	线形或点线形	线形	点线形	总长	线形	点线形	总长	线形	点线形	总长	线形	点线形	总长	线形	点线形	总长
	$\delta \leq 16$	0	1	2	2	4	6	4	6	10	6	10	16	10	18	28	18	25	46
	$16 < \delta \leq 50$	0	1	2	3	6	9	6	12	18	9	18	27	18	27	45	27	40	67
	$\delta > 50$	0	2	4	5	10	15	10	20	30	15	30	45	30	45	75	45	70	115
应用范围		航空或航天用铸钢件,精密铸造铸钢件,特殊应用铸钢件		其他铸钢件,根据使用状况和表面粗糙度状况选择质量等级															

4.4.3　质量等级的划分

铸钢件磁粉探伤的质量等级分为七级，见表6。

凡被确定为裂纹缺陷的铸钢件，不予验收和评级。

线形缺陷和点线形缺陷、非线形缺陷应按表6的规定分别评级。

对于铸钢件同一检验区域，允许分别规定线形缺陷和点线形缺陷、非线形缺陷不同的合格等级。如未分别规定，某质量等级的铸钢件要求线形和点线形缺陷、非线形缺陷均满足该级要求。

4.4.4　非线形缺陷的评级

根据非线形缺陷磁痕最长方向的尺寸和评定框内非线形缺陷磁痕的总面积或个数，按表6评定等级。

4.4.5　线形缺陷和点线形缺陷的评级

按铸钢件的厚度 δ，根据线形缺陷、点线形缺陷磁痕长度以及评定框内缺陷的总长度，按表6评定等级；

4.4.6　实用总评定框的改变

如检验区域的边长小于105mm，允许用以这个检验区域边长为短边而面积仍与评定框面积（15540mm²）相等的矩形作为评定框。

4.4.7　缺陷总长度和总面积的折算

如检验区域的面积小于评定框的面积，应按二者面积之比，以正比例对各级允许的非线形缺陷的总个数或面积、线形和点线形缺陷的总长度予以折算。但是，折算值分别以各级非线形缺陷允许2个或最大长度的平方值、线形缺陷的最大长度值为下限。个数折算按四舍五入取整数计。

4.5　缺陷的记录

4.5.1　按铸钢件质量等级要求属于不合格的所有缺陷磁痕的类型、位置和大小，应予以记录。

4.5.2　记录缺陷磁痕可用透明胶纸粘贴、照相或绘图方法。采用绘图方法时，不予考虑的缺陷可不绘出。

（2）标准分析与应用　可以看出，以上标准主要包括以下内容：

1）一般规定。

规定了标准的适用范围和一般要求。检查对象为导磁钢，适用于交货和修补后的质量评级。对检验要求、条件、方法也予以明确规定。

2）质量等级的划分。

共分为7个等级：001、01、1、2、3、4、5。其中001、01应用于航空、航天铸钢件，精密铸造铸钢件，特殊应用铸钢件。1~5级用于一般铸钢件。

磁粉检测必须在符合规定的表面上进行。每个等级对表面粗糙度有不同要求，从 $3.2\mu m \sim 100\mu m$。对应所要求的质量等级，即精密（表面粗糙度 Ra 为 $1.6\mu m$、$3.2\mu m$、$6.3\mu m$），光滑（表面粗糙度 Ra 为 $12.5\mu m$，$25\mu m$）；粗糙（表面粗糙度 $Ra>25\mu m$）。

针对某一铸钢件同一检测区，对不同类型缺陷允许采用不同合格等级；如未分别规定，则应满足该级要求。

3）铸钢件截面厚度划分。

分为三档：$\delta \leq 16mm$；$16mm<\delta \leq 50mm$；$\delta>50mm$

对某些类型缺陷：如线形和点线形缺陷，厚度小，限值小；厚度大，限值也大。

4）缺陷类型。

根据显示的磁痕尺寸分布，分为以下三种类型：

①线形：长宽比≥3，即L/l≥3，如图6-39所示。

②非线形：长宽比<3，即L/l<3——有一定面积，如图6-40所示。

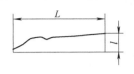

图6-39 线形显示

图6-40 非线形显示

先确定最大长度L，再定出与其相垂直的最大宽度l_m，$L×l_m=S_m$（面积）。

③点线形：缺陷群和两个缺陷之间间距<2mm构成趋向：当有三个或更多的缺陷磁痕，它们之间的间距<2mm时，构成缺陷群，不论其磁痕大小（包括不予考虑的尺寸）和类型，都看作一个缺陷，围绕这个缺陷群的周界，即为该缺陷范围。当这个缺陷（群）范围，其长度L与宽度l之比L'/l'≥3时，称为点线形，最大长度为L'。

当二个缺陷间距小于2mm时：有连续趋势的二个线形缺陷其轴线连贯就视为点线形缺陷，其长为L。

在计算累加长度时，应把点线性磁痕和非点线性磁痕都考虑在内。

对其他不符合以上条件的分别以单独缺陷计。

5）评定框。

评定框的一般规定

采用评定框对铸钢件表面进行评定。评定框尺寸为105mm×148mm的矩形。评定框任意放置于被检查部位缺陷最严重处，尽可能将缺陷围入框内。若缺陷部分在框内，只计算框内部分。如图6-41的$f_a f_b$。

受检件面积大于评定框面积，其边长小于105mm的则须另做评定框，但面积仍需保持$105×148mm^2=15540mm^2$。

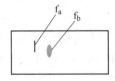

图6-41 评定框

被检件的受检面积小于$15540mm^2$应进行折算，折算计算方法为：

$$折算比例 = 被检件的受检面积 / 评定框面积(15540mm^2)$$

框内缺陷计算：以折算比例对各级允许的非线形缺陷的总个数或面积、线形和点线形缺陷的总长度予以折算。折算值分别以各级非线形缺陷允许2个或最大长度的平方值、线形缺陷的最大长度值为下限。个数折算按四舍五入取整数计。

6）对不予考虑的缺陷的解释（包括非线形、线形和点线形）。

不大于不予考虑的最大尺寸的，不列入评定框的总长度。

对于即使构成缺陷群（三个或三个以上缺陷），不管是点线形，还是非线形，只要该缺陷群长度不大于不予考虑的最大长度，也不计入评定框。

两条线形有连贯趋势，单个长度属于不予考虑尺寸，但形成点线形，长为L，若L超过不予考虑的最大长度，但不超过单个最大长度允许值，则计入框内评定其总长。

7）不同缺陷类型评定项目。

非线形考虑：单个缺陷长度，框内总面积或个数（001，01级）；

线形和点线形考虑：工件厚度，单个长度，框内总长度。

8）线形缺陷和点线形缺陷，凡被确认为裂纹的，则各质量等级均予以拒收。

【例2】 如图6-42所示3种缺陷分布，其缺陷间间距均小于2mm，这3种缺陷各是什么缺陷?

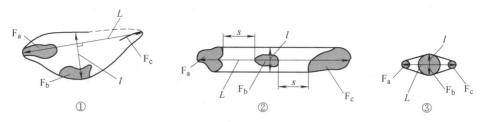

图 6-42　铸钢件显示评定

答：按图中各缺陷的分布位置，①③为非线形，②为点线形。

【例3】 某一铸钢件厚度≤16mm用评定框框定后，框内有一长度为5mm的线形缺陷，与另一条长为7mm的点线形缺陷之间间距>2mm。问：按GB/T 9444标准评定，应评为哪级并简述理由。

答：（1）线形缺陷2级单个最大长度允许4mm，现为5mm，不符合2级要求。线形缺陷3级单个最大长度允许6mm，现为5mm，符合3级要求。

（2）点线形缺陷2级单个最大长度允许6mm，现为7mm，不符合2级要求。点线形缺陷3级单个最大长度允许10mm，现为7mm，符合3级要求。

（3）按标准2级总长度为10mm，现为5mm + 7mm = 12mm，不符合2级验收，按标准3级总长度为16mm，现总长符合3级要求。

结论：根据上述3点理由，该铸钢件应评为3级。

【例4】 在铸钢件磁粉检测时要用评定框对缺陷评定。今有一铸件，检测范围尺寸为148mm × 35mm，厚度为20mm。现要求该铸件验收应不低于2级，如何使用评定框进行评定?

答：铸件评定框规定的尺寸为105mm×148mm的矩形框，面积为15540mm²。在实用中，允许根据实际铸件尺寸对矩形尺寸改变，但总面积仍为15540mm²。如果检测范围小于该面积，应进行折算。从题中可知，该铸件评定范围尺寸为148mm×35mm，面积为5180mm²，为标准评定框的1/3。由于要求铸件不低于2级。故相应2级折算具体要求如下：不考虑的缺陷最大尺寸——2mm；非线形缺陷最大长度——4mm；非线形缺陷总面积——不大于16mm²；线形缺陷的最大长度——6mm，点线形缺陷的长度——12mm，线形和点线形缺陷的总长度——不大于12mm。

⁎⁎6.4.3　磁痕评定与验收中应注意的问题

对磁痕进行正确的评定，不仅是评定产品的合格与否，还要为生产加工制造工艺提供必要的信息。因此，在评定磁痕时，不仅应对被检工件的磁痕大小及数量做出评定，还应对缺陷的性质做出评定。为此，要对工件材料及加工过程有较系统的了解。在有条件时，还要结合其他无损检测方法并利用金相分析手段对缺陷进行综合分析，这样才能对缺陷的性质、成因做出正确的判断。如果孤立地笼统地单从磁痕显示上来决定缺陷的性质，有时会造成错误的判断，给产品和生产带来不必要的损失。

例如在渗碳淬火并磨光的渗碳结构钢零件中，检测中可能遇到淬火裂纹和磨削裂纹，还有可能遇到与二者相似的渗碳裂纹。这种裂纹呈直线状、弧形状或龟裂纹，略有起皮的感觉，严重时造成块状剥落。产生这种裂纹的原因，是渗碳结构钢零件在渗碳处理后冷却过快，在热应力和组织应力作用下形成。如果不注意分析而把它忽略，将对生产带来不良影响。

又如淬火裂纹的磁痕为瘦长的细线，但也因钢种、工件截面和淬火方式等的不同显现为直线、圆弧、折线以及分叉等多种形式。如高频局部淬火因工件厚度不同其开裂形状各自相异，齿轮淬火易形成弧形裂纹，空心滑轮淬火常以棱边为中心形成不规则取向的裂纹。这些是因为热处理时端部易淬透而心部不易淬透。当奥氏体转变为马氏体时的体积变化在轴向产生很强的拉应力，当其超过断裂强度时，即形成横向淬火开裂。

对运行中的工件的缺陷，应当从它们所在的结构中的受力情况和温度及使用环境等方面进行综合分析。如行车吊钩插销孔附近往往容易产生疲劳裂纹，这是因为插销孔长期受到冲击应力，在螺扣处产生疲劳裂纹并逐步扩展。又如锻压设备中的模锻锤头、锤杆与模块经常使用在冲击交变负荷应力和较高频率下，如果受力不均匀，在长期使用中局部将超过强度极限形成疲劳裂纹，严重时还将造成设备人身事故。

总之，在磁痕的分析与评定时，不仅要注意磁痕的原始直观形态，还应注意与之相关的材料、制造工艺、使用受力过程、工件截面形状等诸方面的因素并加以综合分析，才能对检测结果做出正确的评定。

复 习 题

一、选择题

*1. 由于漏磁场吸引而在零件表面某一部位上形成的磁粉堆集叫作： （ ）

    A. 不连续性　　　B. 缺陷　　　　C. 显示　　　　D. 磁写

*2. 工件表面形成磁痕的原因可能是： （ ）

    A. 缺陷的漏磁场　　　　　　　B. 工件截面突变

    C. 材料组织及成分变化　　　　D. 以上都是

*3. 磁粉探伤中，工件表面出现了磁痕，这说明了： （ ）

    A. 磁痕出现的部位就是缺陷部位

    B. 磁痕出现的部位不是缺陷部位

    C. 为了确定磁痕是否由缺陷引起，应将磁痕擦掉，重新进行探伤检查，观察磁痕的重现性

    D. 磁痕与缺陷无关

*4. 磁痕显示的种类是： （ ）

    A. 相关显示　　　B. 非相关显示　　　C. 假显示　　　D. 以上都是

*5. 下列关于磁痕的叙述中，正确的是： （ ）

    A. 在没有缺陷的位置上出现的磁痕，一般称为伪磁痕

    B. 表面裂纹所形成的磁痕一般是很清晰而明显的

    C. 由于被磁化的试件相互接触造成的局部磁场畸变而产生的虚假磁痕称为磁写

    D. 以上都是

＊6. 工件上可能产生非相关显示的因素是：　　　　　　　　　　　　　（　　）
　　　A. 不同磁导率材料间的结合线　　　B. 工件上的孔洞
　　　C. 表面粗加工刀痕　　　　　　　　D. 以上都是

＊7. 下列关于磁痕的叙述中，正确的是：　　　　　　　　　　　　　　（　　）
　　　A. 在缺陷处出现的磁痕，一般称为相关显示
　　　B. 表面裂纹所形成的磁痕一般是很清晰而明显的
　　　C. 表面下的缺陷形成的磁痕一般比较模糊、不清晰
　　　D. 以上都是

＊8. 下列关于磁痕的叙述中，正确的是：　　　　　　　　　　　　　　（　　）
　　　A. 不是由于漏磁场原因出现的磁痕，一般称为假显示
　　　B. 工件表面形状引起的非相关显示一般会重复出现，磁痕散淡不集中
　　　C. 由于被磁化的试件相互接触造成的局部磁场畸变而产生的虚假磁痕称为磁写
　　　D. 以上都是

＊9. 磁粉检测中，容易产生漏磁场的地方是：　　　　　　　　　　　　（　　）
　　　A. 工件表面的孔与槽　　　　　　　B. 工件表面及近表面的缺陷处
　　　C. 装配件的零件连接处　　　　　　D. 以上都是

＊10. 由材料中磁的不均匀性产生的非相关显示可能是由哪种原因引起的？　（　　）
　　　A. 夹渣　　　　　　　　　　　　　B. 磨削裂纹
　　　C. 零件硬度急剧变化　　　　　　　D. 以上都有可能

＊11. 当工件表面上不存在缺陷磁痕时，情况可能是：　　　　　　　　（　　）
　　　A. 工件没有被磁化
　　　B. 使用的磁化电流值太低或磁化方向不正确
　　　C. 工件本身没有表面或近表面缺陷
　　　D. 以上都是

＊12. 关于工件表面裂纹的漏磁场：　　　　　　　　　　　　　　　　（　　）
　　　A. 裂纹的深度越大，漏磁场越小
　　　B. 裂纹的宽度一样时，深度越深，漏磁场越大
　　　C. 漏磁场随着工件磁感应强度的增加而减小
　　　D. 磁场强度增大漏磁场也随比例增大

＊13. 近表面缺陷磁痕的一般特征是：　　　　　　　　　　　　　　　（　　）
　　　A. 浓密清晰　　　　　　　　　　　B. 清晰均匀而浅淡
　　　C. 宽而模糊　　　　　　　　　　　D. 轮廓清晰

＊14. 下列缺陷中，哪种缺陷被认为是对零件使用寿命最有害的？　　　（　　）
　　　A. 近表面夹杂　　　　　　　　　　B. 近表面气孔和孔穴
　　　C. 露出表面的裂纹　　　　　　　　D. 以上都是

15. 对一个未加工的粗糙锻件进行磁粉检验时，发现一个向各个方向延伸的显示。显示看起来垂直于表面，延伸至零件深处，显示非常清晰。该显示可能是哪种缺陷？　（　　）
　　　A. 锻裂　　　　B. 折叠　　　　C. 白点　　　　D. 缝隙

16. 下列关于锻造折叠叙述中，正确的是：　　　　　　　　　　　　（　　）

　　A. 锻造折叠是外来物或工件外皮卷入基体金属产生的

　　B. 多与表面成一定角度的线状、沟状、鱼鳞状

　　C. 常出现在尺寸突变处、易过热部位或是在材料拔长过程中

　　D. 以上都正确

17. 下面哪种铸造缺陷是由于冷却不均匀产生的应力使金属表面断裂而引起的？（　　）

　　A. 疏松　　　　　　B. 热裂　　　　　　C. 气孔　　　　　　D. 夹渣

18. 由于局部过热引起的，呈网状、辐射状或平行线状的磁痕显示可能是：（　　）

　　A. 发纹　　　　　　B. 磨削裂纹　　　　C. 锻造裂纹　　　　D. 气孔

19. 一个齿轮在齿和轮毂端面淬硬磨削后进行磁粉检验。在 5 个齿和轮毂一个端面上发现单个显示，虽然显示非常清晰和明显，但是没有穿破零件边缘。这种显示可能是哪种缺陷？

（　　）

　　A. 磨削裂纹　　　　B. 夹杂　　　　　　C. 气孔　　　　　　D. 淬火裂纹

20. 下面哪种缺陷通常与焊接工艺有关？（　　）

　　A. 未焊透　　　　　B. 白点　　　　　　C. 缝隙　　　　　　D. 分层

21. 在使用中的工件上，尖锐的圆角、缺口、切槽和缝隙处最常发生的缺陷是：（　　）

　　A. 疲劳裂纹　　　　B. 结晶　　　　　　C. 缩松　　　　　　D. 脱碳

22. 下面哪种裂纹的磁痕具有呈网状或辐射状和相互平行的短曲线条，显示强烈，磁粉聚集紧密而集中，但磁粉堆集不高，磁痕细而尖，轮廓较清晰，重现性好的特征？（　　）

　　A. 疲劳裂纹　　　　B. 磨削裂纹　　　　C. 弧口裂纹　　　　D. 热影响区裂纹

23. 在磁粉检测评定中，通常按磁痕的形状和集中程度进行分级。主要分的类型有：

（　　）

　　A. 线状缺陷磁痕　　B. 圆状缺陷磁痕　　C. 分散缺陷磁痕　　D. 以上都是

24. 磁粉检测中对磁痕进行评定时，首先要考虑的是：（　　）

　　A. 保证工件不得有缺陷

　　B. 保证工件符合验收标准

　　C. 对所有可疑磁痕进行全部复验

　　D. 用其他无损检测方法对可疑磁痕进行比较

25. 磁粉检测中对磁痕进行评定所需要进行的工作是：（　　）

　　A. 确定磁痕是否是缺陷磁痕

　　B. 确定缺陷磁痕的大小、数量和性质

　　C. 按技术条件对磁痕分类

　　D. 按照验收规定确定是否验收

　　E. 以上都正确，按顺序进行

二、问答题

1. 缺陷磁痕分析与评定的意义是什么？

＊2. 非相关显示和假显示有何特点？它们是怎样产生的？

＊3. 为什么说裂纹缺陷是各种缺陷中最有害的？

4. 热加工裂纹有哪些种类？各有何特点？

5. 常见有哪几种冷加工裂纹？其磁痕显示的主要特点如何？

6. 疲劳裂纹是怎样产生的？磁痕显示有什么特征？

7. 常见的非裂纹缺陷有哪些？各有何特点？

8. 焊接接头常见有哪些缺陷？它们是怎样形成的？

9. 怎样鉴别缺陷磁痕和非缺陷磁痕？

10. 评定缺陷磁痕要评定的内容是什么？

11. 缺陷磁痕验收的技术条件一般包括哪些内容？

12. 在磁痕评定与验收中应注意哪些问题？

复习题参考答案

一、选择题

1. A； 2. D； 3. C； 4. D； 5. D； 6. D； 7. D； 8. D； 9. D； 10. C； 11. D； 12. B； 13. C； 14. C； 15. A； 16. D； 17. B； 18. B； 19. A； 20. A； 21. A； 22. B； 23. D； 24. B； 25. E。

二、问答题（略）

第 7 章　磁粉检测标准与质量控制

7.1　磁粉检测标准

7.1.1　磁粉检测标准的分类

随着无损检测技术的广泛应用，无损检测标准发展得很快。在磁粉检测方面，国内外各种标准涵盖了设备器材、检验方法、产品检查及验收、质量控制及人员要求的各个方面。这些标准是磁粉检测工作的技术法规，正确理解和执行标准是保证磁粉检测工作开展的条件。

从目前相关的标准来看，我国标准大致有以下几类：

从标准隶属范围来分，有国家标准（GB）、国家军用标准（GJB）、行业标准和企业标准；从标准内容来分，有磁粉检测设备器材标准、磁粉检测方法标准、产品检查及验收标准、检测质量控制标准、检测人员标准等。

国家标准和国家军用标准适用范围最广，但相关标准也不多。目前我国已制定的磁粉检测国家标准主要是一些通用性的规定，如：GB/T 9445《无损检测　人员资格鉴定与认证》、GB/T 12604.5《无损检测　术语　磁粉检测》、GB/T 5616《无损检测　应用导则》、GB/T 15822.1《无损检测　磁粉检测　第 1 部分：总则》、GB/T 15822.2《无损检测　磁粉检测　第 2 部分：检测介质》、GB/T 15822.3《无损检测　磁粉检测　第 3 部分：设备》等；国家军用标准与磁粉检测有关的标准有：GJB 9712《无损检测人员的资格鉴定与认证》、GJB 2028A《磁粉检测》、GJB 2029《磁粉检验显示图谱》等。另外也有一些检测技术类标准，如 GB/T 5097《无损检测　渗透检测和磁粉检测　观察条件》、GB/T 16673《无损检测用黑光源（UV-A）辐射的测量》、GB/T 9444《铸钢件磁粉检测》、GB/T 10121《钢材塔形发纹磁粉检验方法》等，可供使用时选择。

国内各行业标准中与磁粉检测相关的内容较多，其中有机械行业标准（JB）、航空行业标准（HB）、航天行业标准（QJ）、兵器行业标准（WJ）、船舶行业标准（CB）、核工业标准（EJ）、能源行业标准（NB）、铁路行业标准（TB）等。这些标准主要针对本行业的磁粉检测工作进行规定，以通用和专用检测方法及产品验收规定为主要内容，包括了磁粉检测设备和器材、磁粉检测方法、产品检查及验收等诸多方面。其中以机械行业（JB）所制定的标准最多。

一些企业为了保证产品质量，加强产品的竞争能力，根据本企业特点，编制了适用于本企业的磁粉检测标准。这些标准，往往结合产品验收，删繁就简，突出了产品特性。但应注意的是，企业标准要求不应低于国家标准和行业要求，而且也不应和具体产品的检测规程完全等同。

值得一提的是，近年来由于国内行业同世界接轨，一些企业直接采用了国际上一些先进标准。同时，为了缩小与世界先进标准的差距，有的标准直接采用或等同采用相应国家或地区的标准。经常采用的标准包括：

ISO——国际标准化组织标准、IEC——国际电工委员会标准、EN——欧洲标准化委员会标准；

ANSI——美国国家标准学会标准、ASTM——美国材料与试验协会标准、SAE——美国自动化工程师协会标准、AMS——隶属于 SAE 的美国航空航天材料规范、MIL-STD——美国军用标准；

JIS——日本工业标准；

BS——英国国家标准；

DIN——德国工业标准。

近年来，在引进、消化国外先进标准的基础上，结合我国的国情，制定或修订了一大批实用性较强的新标准。这些标准从各个方面对磁粉检测工作进行了规范和控制，是保证检测工作顺利进行的必要手段。无损检测人员应该根据具体产品情况努力掌握相关的标准，才能有效地开展无损检测工作。

7.1.2 设备器材标准

在我国，磁粉检测设备器材主要由机械行业归口管理。目前已制定的标准主要包括：GB/T 15822.2—2005《无损检测 磁粉检测 第 2 部分：检测介质》、GB/T 15822.3—2005《无损检测 磁粉检测 第 3 部分：设备》、JB/T 8290—2011《无损检测仪器 磁粉探伤机》、JB/T 6870—2005《携带式旋转磁场探伤仪 技术条件》、JB/T 7411—2012《无损检测仪器 电磁轭磁粉探伤仪技术条件》、JB/T 6063—2006《无损检测 磁粉检测用材料》、JB/T 6065—2004《无损检测 磁粉检测用试片》、JB/T 6066—2004《无损检测 磁粉检测用环形试块》、GB/T 5097—2005《无损检测 渗透检测和磁粉检测 观察条件》、GB/T 16673—1996《无损检测用黑光源（UV-A）辐射的测量》等。

以 JB/T 8290—2011《无损检测仪器 磁粉探伤机》为例，该标准原为 GB 3701，于 1998 年经清理整顿调整为行业标准，2011 年再次修订。该标准主要是针对生产厂家规定的生产磁粉探伤机的要求和检验方法。适用于交流、直流、半波整流及全波整流磁粉探伤机；不适用于电磁轭探伤仪、旋转磁场探伤仪等磁轭式磁粉探伤仪。该标准规定了磁粉探伤机的结构分为一体型和分立型，并对结构型式和规格做了规定。其中，携带式设备额定周向电流为 500~2000A，移动式设备额定周向电流为 500~8000A，固定式设备除额定周向电流为 1000~10000A 外，增加了对额定纵向磁化安匝数的要求。在设备的技术要求中，对设备工作的环境、磁化电流（安匝数）的调节、指示误差、时控装置、退磁装置、照明、磁悬液传输系统、机械结构及电气安全都做了相应的规定。还结合磁粉探伤机的使用特点，对试验方法和检验规则等做了明确的规定。以上规定，对于无损检测人员可作为选择和验收检测设备时的参考。

为了更好地掌握国外先进技术，GB/T 15822—2005 完全采用了 ISO 9934：2002 的版本。其中 GB/T 15822.2—2005《无损检测 磁粉检测 第 2 部分：检测介质》和 GB/T 15822.3—2005《无损检测 磁粉检测 第 3 部分：设备》对检测介质和检测设备做出了更为严格的要求。

器材标准主要内容是对磁粉、试片、试块及辅助测量设备的技术条件和试验方法所进行的规定。如 JB/T 6063—2006《无损检测　磁粉检测用材料》等同采用了 GB/T 15822.2。

不同标准有不同的适用范围，使用中应予以充分注意。就是同一类产品，也应注意不同品种间的差别。如试片与试块同为验证磁粉检测综合性能（系统灵敏度）的工具，但各用于的环境不同。以试片为例，JB/T 6065—2004《无损检测 磁粉检测用试片》中明确指出"A 型试片，适用于在较宽大或平整的被检表面上使用；C 型和 D 型试片，适用于在较窄小或弯曲的被检表面上使用。高灵敏度的试片，用于验证要求有较高检测灵敏度的磁粉检测综合性能；低灵敏度的试片，用于验证要求有较低检测灵敏度的磁粉检测综合性能。"同为检测综合性能的环形试块也各有差异："B 型试块，用于验证磁化电流为直流电或三相全波整流电的磁粉检测综合性能；E 型试块，用于验证磁化电流为交流电或单相半波整流电的磁粉检测综合性能。"设备器材使用的条件只有符合要求的磁粉检测范围的要求，相应的检测结果才是有效和可靠的。

另外，在一些检测方法标准中，有时也根据自己产品的特殊性对设备器材提出要求。如 HB/Z 5370《磁粉探伤-橡胶铸型法》就根据产品检测要求提出了专用材料硫化硅橡胶。一些产品专用标准也对所用检测设备提出了必要的要求，这些标准是对一般的设备器材标准进行的补充，也是对检测技术和标准发展的一个促进。

7.1.3　通用及专用检验方法标准

1. 通用检验方法标准

通用检验方法标准是综合了磁粉检测的一般技术和要求制定的，它不针对某一具体产品，但对磁粉检测的共性特点如检测原理、检验步骤、检验人员、环境条件、检测条件（设备、器材、工艺文件、磁化电流、工序安排等）一系列内容做了规定，还针对检测要求对一些检测具体环节做了详细要求。各国标准中都对通用检验方法进行了规定，我国国家标准中主要有两个标准规定了磁粉检测的通用检验方法。即 GB/T 15822.1—2005《无损检测　磁粉检测　第 1 部分：通则》和 GJB 2028A—2007《磁粉检测》。两者基本内容相同，在国防科技工业中，主要采用后者。行业标准中，HB 20158—2014《磁粉检测》（代替 HB/Z 72）基本采用 GJB 2028A—2007《磁粉检测》内容，参考了国内外一些先进标准，并做了适当的修改。另外，CB、EJ 等标准中也制订了相应的通用方法标准。

2. 专用检验方法标准

专用检验方法标准是针对通用检验方法标准而言的。在专业检验标准中，除了采用通用标准中的相关条文外，还针对本专业产品的技术要求增加了特殊的检查方法和验收技术条件，如航空发动机、火炮、船舰、车辆、锅炉、化工、压力容器等行业都针对自己产品使用的特殊性对其重要的零部件做了检查的规定并以行业标准形式予以实行。这些标准，有针对某一类型产品的，也有针对某一种特殊检查方法的。如 GB/T 26951—2011《焊缝无损检测　磁粉检测》、HB/Z 5370《磁粉探伤-橡胶铸型法》、TB 1987—2003《机车车辆对滚动轴磁粉探伤方法》、JB/T 8468—2014《锻钢件磁粉检测》、JB/T 7367—2013《圆柱螺旋压缩弹簧磁粉检测方法》、WJ 2022—1999《火炮身管磁粉探伤》、QJ20270—2012《航天产品异形件磁粉检测》等。这些标准，由于所检测的对象和方法范围比通用标准窄，在标准条文的处理上更突出自己产品和方法的特色。有的标准还与产品验收条件结合，具有更强的实用性。

以 WJ 2022—1999《火炮身管磁粉探伤》为例，该标准除贯彻执行 GJB 2028A《磁粉检测》相关内容外，还突出了火炮产品的特点。如规定火炮身管探伤检查前必须有正式探伤工艺图表，在探伤工艺图表中，应"明确规定身管磁粉探伤的时机、要求、方法、探伤部位及质量验收标准"；对临时要求进行磁粉探伤的火炮身管，也要求编制临时探伤工艺图表。就是对"临时要求"也做了界定，应为"非批量生产的产品、试射前后临时要求探伤的产品及因失效分析要求进行检查的产品等"。在检验方法上，明确规定采用"湿法"，并且"一般采用连续法"。对试块规定可以使用"带自然缺陷样件"，样件应为"一段经主管部门批准使用并带有典型缺陷的火炮身管"。在标准的详细要求中，规定了"探伤工艺参数"应"根据火炮身管的技术要求和验收标准确定"，"高膛压部位与一般部位可采用不同的磁化参数及验收标准"。由于火炮身管是承受瞬间超强高压的圆筒零件，是火炮发射装置中的关键部件，磁化规范要求采用了严格规范，并参照身管所用钢种的磁特性曲线进行计算。另外对身管磁痕显示的观察明确规定"应分段（或分片）进行"，还应对"观察面的起止位置做出标记"。除此以外，标准还针对身管材料可能出现的缺陷的磁痕特征做了介绍。并对产品的验收标准做了一般性的规定。

7.1.4 产品检查及验收标准

1. 产品检查及分级标准

产品检查及验收标准往往与专用检验方法标准相似，或作为专用检验方法标准的一个部分出现。这些标准的特点是针对某一类型产品或工艺方法规定，但明确提出了产品验收的原则（或分级要求）。由于被检测的产品更具体，所用检测方法更明确，验收条件也更加详细。如 GB/T 9444—2007《铸钢件磁粉检测》、GB/T 10121—2008《钢材塔形发纹磁粉检验方法》、GB/T 26951—2011《焊缝无损检测 磁粉检测》、NB/T 47013.4—2015《承压设备无损检测 第 4 部分：磁粉检测》、JB/T 9630.1—1999《汽轮机铸钢件 磁粉探伤及质量分级方法》等。一般企业中的产品检测标准也多属此类。

以 NB/T 47013.4—2015《承压设备无损检测 第 4 部分：磁粉检测》为例，该标准的对象是铁磁性材料制作的承压设备及与承压设备有关的支承件和结构件，内容是磁粉检测的方法及质量分级要求。标准规定了检测的一般要求和检测方法。这些要求和方法与通用检验方法类似，但更突出了承压设备检测的特点。如在设备上，除要求符合 JB/T 8290 的规定外，更突出了磁轭的提升力要求。在标准试件上，突出了试片的应用，取消了环形试块。在检验方法上，不推荐采用剩磁法。对使用交叉磁轭、焊后检测的时机等与承压容器相关的内容都做了明确规定与补充。标准根据承压容器的特点对缺陷磁痕按其特征进行了分类，并按承压容器的要求，分别对材料和焊接接头以及受压加工部件规定了磁粉检测质量的分级。由于承压容器焊接接头检查较多，NB/T 47013.4—2015 标准还将焊接接头典型的磁化方法作为资料性附录供检测使用参考。

2. 验收标准或验收技术要求

验收标准的规定随产品要求而异。有某类产品通用的，也有某一零部件专用的，通常都规定得比较具体。

验收标准通常由用户提出。有选择通用分级标准的某一级别进行验收和根据针对产品的特别规定进行验收两种类型。

在军工产品中,多数选择根据产品特殊要求对验收技术条件进行特别规定。这里不仅对允许存在的缺陷和拒收的缺陷有缺陷性质的界定,还对其长度、数量及部位与超过规定的处理办法做了详细明确的规定。

7.1.5 其他标准

除以上标准外,磁粉检测还有一些管理或综合类的标准。如对检测人员的要求,各种检测方法范围和特点,检测的质量控制等。这方面的标准有 GB/T 9445—2015《无损检测 人员资格鉴定与认证》、GB/T 12604.5—2008《无损检测 术语 磁粉检测》、GB/T 5616—2014《无损探伤 应用导则》、GJB 9712A—2008《无损检测人员资格鉴定与认证》等。

这些标准,多属于管理或资源类标准。如 GB/T 9445—2015《无损检测 人员资格鉴定与认证》规定了无损检测人员的资格鉴定与认证的原则和方法,以及对人员培训、实践经历和资格鉴定考试的最低要求。而 GB/T 5616《无损探伤 应用导则》中说明了各种常规无损检测方法的特点与应用范围,并对相应的管理做出了规定。这些标准的建立,加强了无损检测工作的管理与资源共享,是磁粉检测质量保证体系中一个完整的部分。

7.2 GJB 2028A 与 GB/T 15822 简介

7.2.1 GJB 2028A—2007《磁粉检测》介绍

GJB 2028A—2007《磁粉检测》代替了 GJB 2028—1994《磁粉检验》和 GJB 593.3—1988《无损检测质量控制规范 磁粉检验》。与该标准相似的有 HB 20158—2014《磁粉检测》和 NB/T 47013.4—2015《承压设备无损检测 第4部分:磁粉检测》等。

标准共分为 8 章,分别为范围、规范性引用文件、检测原理、术语和定义、一般要求、操作程序、质量控制和安全防护,另外有 7 个附录。

在各章内容中,主要内容集中在一般要求、操作顺序和质量控制三章中。

在一般要求中,主要对检测人员、环境、设备、材料(检测介质)、工艺规程、工艺安排和制件做了规定。应该按照相应规定满足这些检测的基本要求。在这些要求中,值得注意的是增加了对辅助仪器的使用。在附录 A 中,介绍了不同测试仪器的要求和用途。在附录 B 和附录 C 中,对磁粉和载液的要求做了具体规定。工序安排上比原标准增加了对延迟缺陷及表面电镀件的规定,这是为了更好地检测出制件中的缺陷。

操作程序这一章主要规定了具体的检测技术。基本上是按照磁粉检测的六个环节进行介绍的,即预处理—磁化—施加磁粉或磁悬液—观察和评定磁痕显示—退磁—后处理。预处理除常规方法外,增加了对磁粉探伤-橡胶铸型法检验方法的处理。而磁化一节是标准中修订较大的部分,增加了磁化电流和磁化方法的选择两条,分别对电流采用和方法选择的原则进行了规定,有利于对不同制件磁化时的分析考虑。在磁化规范上,摒弃了过去那种不问材料磁性参数变异而采用经验公式的做法,采取了给出适当的磁化范围和磁化时对磁场的最低要求的方法,这样更有利于在当今材料变化较大的情况下得到合适的磁化。但标准中不足的是对纵向磁化规范的选择中在对材料磁性及退磁场的影响方面还缺少表述。就这点来说，GB/T 15822.1 中附录 A 的规定就更为合理。

质量控制部分内容主要有：系统性能校验、综合性能试验、磁悬液试验、设备校验及光照度测量、辅助仪器校验及退磁设备校验等。主要是从设备、器材、环境等诸方面综合保证检测工作的正常进行。

2007 年版的标准做了较大的调整与改动，主要有以下内容：

1）对磁粉的性能试验做了规定，包括杂质、颜色、颗粒尺寸、悬浮性、磁吸附、灵敏度等试验，但磁性试验不再进行。

2）在磁粉检测工艺规程中增加了"包括两次操作间必要的退磁电流强度或安匝数"；并增加了带镀层制件的磁粉检测顺序。

3）在磁化方法选择中增加了应遵循的原则；在磁场强度确定中增加了确定方法，并将连续法周向磁化规范分为三个范围（主要从材料磁性及检测要求方面考虑），更符合检测的要求；在纵向磁化中增加了中填充系数线圈连续法磁化规范的计算；还修改了剩磁法适用范围和剩磁法纵向磁化规范的部分内容；

4）统一白光照度要求为 1000lx；并在设备内部短路试验中增加了 20A 零漂量的要求。

5）使用交流试块（E 型试块）进行综合性能试验时，要求 700A（有效值）至少显示 1 个孔。

6）删除了磁粉探伤-橡胶铸型法的具体操作内容。

另外，对标准的附录进行了修订。其中，附录 A～附录 D 和附录 G 为规范性附录，附录 E 和附录 F 为资料性附录。

总的说来，修订后的 GJB 2028A—2007《磁粉检测》集中了目前国内外磁粉检测标准的诸多优点，特别是美国标准的优点，较原标准有更可靠的操作性，是国防工业系统磁粉检测通用技术的一个基础标准，在实际中可以更好地贯彻。

7.2.2　GB/T 15822.1～3—2005《无损检测　磁粉检测》介绍

GB/T 15822.1～3—2005《无损检测　磁粉检测》完全采用 ISO 9934：2002 标准。它由：GB/T 15822.1-2005《无损检测　磁粉检测　第 1 部分：总则》、GB/T 15822.2—2005《无损检测　磁粉检测　第 2 部分：检测介质》、GB/T 15822.3—2005《无损检测　磁粉检测　第 3 部分：设备》三个文件组成。

GB/T 15822.1 的部分内容与 GJB 2028A 有些类似。主要章节有范围、规范性引用文件、术语和定义、人员资格鉴定与认证、安全与环境要求、检测规程、表面准备、磁化、检测介质、观察条件、综合性能检查、显示的记录与解释、退磁、清洗、检测报告，另外还有 1 个附录——各种磁化技术中达到规定切向场强所需电流的计算示例（资料性附录）。这些内容中基本与 GJB 2028A 一致，只是在附录中对磁化电流的计算方式上有所差异，特别是在纵向磁化电流计算上（GJB 2028A 中纵向电流计算也是经验公式）。GB/T 15822.2、GB/T 15822.3 这两部分内容与 GJB 2028A 及 JB/T 6063、JB/T 8290、JB/T 7411、JB/T 6870 有所不同，强调了对介质的检验方法、要求和对不同类型设备的技术数据要求。其检验方法也与 GJB 2028A 及 JB/T 6063、JB/T 8290、JB/T 7411、JB/T 6870 等标准规定不完全一致。这在针对不同用户制定技术文件时值得注意。

总的说来，GJB 2028A 和 GB/T 15822 标准分别代表了欧美磁粉检测技术水平。这二者基本上是统一的，但在一些细节上存在差异，在采用标准时应予以重视。

7.3 磁粉检测的质量控制

7.3.1 影响磁粉检测质量的因素

为了保证检测结果的可靠性，必须对检测的灵敏度和分辨率以及缺陷磁痕显示的再现性进行控制。影响磁粉检测质量的主要因素有环境条件、设备和仪器、检验用材料和标准试块、工艺要求、技术文件及对人员的要求等。归纳起来有以下方面：

1. 合适的检测环境

合适的检测环境表现在检测场地的现场管理和环境温度上。现场管理混乱、空气污浊、环境温度过高或过低都不利于检测工作的进行。

2. 适合的设备和材料

不适合的设备和材料会导致检验质量变得低劣，选择和保养好检测设备及材料是获得优良检测质量的重要因素。选择设备和材料时，应当考虑设备材料的使用特点、主要性能及应用范围。要注意设备材料的定期校验与标准化，不合格的设备和材料将大大影响检测的效果。

3. 适用的检测方法

选择适用的检测方法，即控制磁粉检测的工艺变量，包括正确分析工件的材质、磁性及加工过程，选择最能发现缺陷的磁化方法及满足检验要求的磁化规范等。在选择方法时，要很好地分析验收标准的要求，不要盲目追求过高的灵敏度或无目的地扩大缺陷检查范围。为了满足检验的要求，必要时，可采用两种或两种以上的不同磁化方法对工件实施检查。

4. 适合的操作程序

检测时应对操作的程序和检验的技术加以控制，对每一步工作都应有明确的规定，防止因操作的失误引起检测质量的降低。例如，因预清洗不当造成伪缺陷磁痕，或者是磁化不足造成缺陷不能显示等。

5. 合格的操作人员

合格的操作人员对磁粉检测的质量有着重要的影响。这里所说的合格，不仅是获得检测的资格证书，还应当真正了解磁粉检测，熟悉自己所进行检查的产品磁粉检测的全过程，能正确检查出材料缺陷并对其做出恰如其分的评价。与此同时，操作人员还应具备一定的身体条件，即视力和体力能够满足检测的要求。

7.3.2 质量控制的主要内容

1. 人员资格控制

检测人员能力的控制是通过人员资格鉴定与认证的过程来完成的。资格鉴定与认证活动由主管部门认可的认证机构统一管理和实施。

按照我国目前的通用做法，参加鉴定与认证的无损检测人员应明确其报考专业并符合报考条件。经鉴定与认证考试后由认证机构发给相应证书，并许可从事在范围内相应专业和等级的无损检测工作。按规定，无损检测人员的资格等级分为 3 个等级：Ⅰ级、Ⅱ级、Ⅲ级，其中Ⅰ级为起始级。

被认证为Ⅰ级人员应能正确使用设备，进行检测并记录检测结果，将检测结果按验收标准分级并报告结果。Ⅰ级人员不负责检测方法或检测技术的选择。

被认证为Ⅱ级的无损检测人员有资格按所制定的或者经认可的有关标准及规程，执行和指导无损检测。Ⅱ级人员应能完成以下工作：调整和校验设备；执行检测；编写和签发检测报告；按具体执行的法规、标准和技术文件解释并评定检测结果；根据无损检测法规、标准和规程编写适合于具体工作条件的无损检测工艺卡和无损检测规程；熟悉无损检测方法在具体应用中的适用性和局限性；培训、指导和监督Ⅰ级人员的工作。

从事磁粉检验的人员应定期进行视力检查，包括：不论是否经过矫正，至少有一只眼睛的近距离视力应在相距不少于 30cm 的标准 Jaeger 近距离视力检验表上读出 Jaeger 1 号或等效类型和尺寸的字母；应具有对所从事工作涉及的颜色的辨色能力，应能通过色觉检查图的辨色测试。

2. 设备与仪器控制

（1）设备要求　磁粉探伤机应能满足受检材料和零部件磁粉检验的要求，并能满足安全操作的要求。探伤机可采用固定式、移动式或便携式，所提供的电流值和安匝数应能满足受检件的要求。设备夹头应能提供足够的夹持力，保证零件与夹头间有良好的接触。固定式探伤机应配备有磁悬液槽（箱），并有循环搅拌装置，槽（箱）上装有过滤网。探伤机可采用交流、直流或脉动直流。磁化电流和磁化安匝数应可调，并有指示表指示。直流或脉动直流探伤机应配备定时装置来控制零件磁化的通电时间。

（2）设备校验　应按照标准规定对设备与仪器进行定期校验。不同行业对设备的使用要求不同，校验内容也有不同的规定。按 GJB 2028A—2007《磁粉检测》的要求，应进行校验的项目主要有：安培计读数校验；时间控制器校验；磁场快速断电校验；设备内部短路检查；电流载荷试验；静负荷检查；退磁设备性能检查等。检查与校验的方法和周期应按标准规定进行，方法如下：

1）安培计读数校验。校验时，应在输出电路中串联一个经校准的安培计，应测量一定数量不同强度的电流值，并足以覆盖检测所用的整个磁化电流间隔。测量一个值时，至少读取 3 个符合理论值的读数，并取其平均值。对每一个值，若设备安培计的测量值与校验过的安培计的读数的误差不超出±10%或不大于 50A（以大者为准），则安培计读数符合要求。

2）时间控制器校验。应采用一合适的电子计时器对时间控制器进行校验，计时器的精度要求为±0.1s。

3）磁场快速断电校验。可使用合适的示波器、磁场快速断电器或由设备生产厂家规定的其他合适方法对三相全波整流电和直流电设备的快速断电性能进行校验。

4）设备内部短路检查。设备内部短路检查按下述方法进行：将电流控制旋钮设置于1000A以上，开关拨到接触档位，夹头上不夹持任何东西，将电能施加到夹头上。指针式安培计的指针不应有偏转，数字式安培计的读数应不超过20A的零漂量。否则表明内部短路，在检测制件前应进行修理。

5）电流载荷试验。将一根长约500mm、直径约25mm的铜棒或铝棒夹持在两接触板之间。然后，把探伤机的磁化回路调节到设备的（或经常使用的）最大和最小电流值。接通电源时，电流表的指示应为所要求的电流值。若达不到最大或最小输出，则应标明设备的输出能力。安培计显示值与设备校验值误差应在±10%内。

6）静负荷检查。采用磁铁或电磁铁磁轭装置，在极间距离为75mm～150mm时，用直流电磁化提升力应大于177N；用交流电磁化提升力应大于44N。

7）退磁设备的校验。按规定的校验周期用特斯拉计直接测量线圈中心的磁场强度，强度应满足退磁的要求。

（3）仪器控制　磁粉检测中常用到不同的仪器，如测磁仪器（特斯拉计、袖珍式磁强计、弱磁场测量仪等）；测光仪器（黑光辐照计、白光照度计等）；标准电流计；磁粉、磁悬液测定装置等。这些仪器和装置，凡属于计量设备的应按照国家规定由专业部门进行检定。对不属于计量设备的装置也应进行有效的控制。

3. 材料有效性控制

（1）一般要求　磁粉检测用的辅助器材很多。常见的有检测介质——不同种类的磁粉、有机载液、水基磁悬液、有机磁悬液、反差增强剂；标准试件——A型标准试片、E型、B型试块、纵向试块、磁场指示器、自然缺陷试块及专用试件试块、用于磁粉、磁悬液在役检验的参考试块等。这些辅助器材在购进时，必须取得符合相应规范要求的合格证或合格证明文件。对自制的器材，也应有批准制造的文件和检测证明。

对使用中的材料，如磁粉和磁悬液，应进行现场质量控制工作。其中主要进行的是磁悬液浓度和污染测定。

（2）磁悬液检查

1）磁悬液浓度测试方法。采用100mL梨形沉淀管。取样前，磁悬液应至少搅拌30min，以保证可能沉淀在液槽中筛网、侧壁和槽底的磁粉完全混合。测试时，首先起动油泵打开喷枪至少30min，使槽液均匀稳定，再取100mL使用中的磁悬液样品注入梨形离心管中；将样管退磁然后使之静置60min（使用油基载液）或30min（使用水磁悬液）；水平读取管中沉淀磁粉的体积，即为磁悬液浓度。

对荧光磁粉，推荐的沉淀磁粉浓度范围是每100mL溶液应为0.1mL～0.4mL；对非荧光磁悬液，推荐的沉淀磁粉浓度范围是每100mL溶液应为1.2mL～2.4mL。如果样品浓度测试不合格，则应对磁悬液进行调配。

2）磁悬液污染。

载液污染。载液污染有两种形式：载液本身变质（如时间过久发生异味或技术指标下降）和异物侵入（粉尘、铁屑及纤维头侵入等）。对荧光磁悬液，磁粉沉淀后的载液应在黑光下检查，载液将会显示出轻微的荧光。其颜色可以通过采用相同材料配制的新鲜样品进行比较，或同初始配制并保存的未使用过的样品进行比较。如果使用过的样品与对比样品相比有明显的荧光，则磁悬液必须被更换。

磁粉污染。磁粉污染主要是长时间使用形成磁粉剩磁吸引及荧光磁粉包覆的染料脱落等。

在黑光（对荧光磁悬液）和可见光（对荧光磁悬液和非荧光磁悬液）下检查离心管上刻度部分是否存在分层、条带或颜色差异。如果有分层、条带或颜色差异则表示磁悬液被污染，若污染体积（包括分层、条带）超过沉淀磁粉体积的30%时或载液明显呈荧光，应更换磁悬液。

应定期检查荧光磁悬液和非荧光磁悬液的污染情况，如灰尘、碎屑、油脂、型砂、松散的荧光染料、水分（油磁悬液）和磁粉团聚，上述污染将影响磁粉检测工艺的性能。每次配制新磁悬液时，应取至少200mL样品装瓶并存放于避光处，用于亮度对比。

3）磁悬液的在役检查。可以采用1型或2型参考试块对使用中的磁悬液进行再役检查。检查时出现的磁粉图形应与新配制的磁悬液显示的图形相当。若缺陷显示灵敏度急剧下降，应及时查找原因，及时更换或改善使用性能下降的磁悬液。

4）水断试验。水基磁悬液应具有良好的湿润性、分散性和防腐蚀性。水断试验方法是将试件（其表面状态与所检零件相同）浸没在磁悬液中，取出后观察其表面状况。如果零件表面的磁悬液薄膜是连续而均匀地覆盖整个表面的，则说明湿润剂是足够的。如果磁悬液薄膜间断，零件部分表面裸露，而且磁悬液在零件表面形成许多分开的液滴，则说明需要添加湿润剂。一般来说，湿润光滑表面比粗糙表面需要更多的湿润剂。

4. 系统综合性能试验

综合性能试验是检测磁粉检测系统综合灵敏度的一个可靠方法。在初次使用探伤机及每班检测开始前应进行磁粉检测系统综合性能试验，以验证检测规程或磁化技术或检测介质之一的不符合性。

常用的综合性能试验方法是用试块（自然缺陷试块或人工标准缺陷试块）或试片进行的。试验时，应注意不同标准样件使用的条件和局限性。

最可靠的综合性能试验是检测一个含有已知的自然或人工不连续性类型、位置、大小和分布情况的、具有代表性的工件。被检工件应已退磁，并没有以往检测所残留的显示。

5. 检测技术文件、记录与工艺方法控制

（1）检测技术文件　磁粉检验前必须根据上级标准或客户规范要求，编制详细的磁粉检测工艺规程与工艺图表。由于磁粉检测工艺规程与工艺图表的编制是否正确和完善对检测结果有着决定性的影响，因此所编制工艺规程与工艺图表，在满足上级标准或客户规范要求的前提下，既要保证具有最佳的试验条件，还应确保操作的可重复性，并能始终如一地达到要求的试验结果和质量级别。磁粉检测工艺规程与工艺图表应由本专业Ⅱ级资格以上的人员进行编制，批准或审核应由本专业Ⅲ级人员来完成。

此外，对磁粉检验文件的控制还应注意以下几个方面：如果文件为外来文件，应对其标

识并控制其分发，同时还应确保对文件版次的可追踪性，当文件有换版或更改情形时，能及时得到最新的文件，如果是内部文件，则应严格履行审签手续，并且在发布前进行必要的评审。磁粉检验工作现场应能够得到相关文件的有效版本，应保证文件清晰、易于识别，失效和作废的文件应从工作现场及时撤出，以防止被误用。

（2）检测记录 检验记录是一种特殊类型的文件，检验记录可能是原始记录，也可能是检验报告。磁粉检验后应对检验结果及时记录，检验记录应能够追踪到具体的零件。检验记录的内容应准确、真实，不能存在歧解，填写应书写工整、内容正确完整、签署齐全。检验记录应按质量体系要求进行归档保存，并在保存期内确保保存完整，随时备查。

（3）工艺方法控制 磁粉检验工艺方法控制要素包括磁化电流、磁化方法、磁场强度与检验方法四个方面。

磁化电流控制的关键在于，所要求检测的缺陷是表面缺陷，还是近表面缺陷。当要求检测表面裂纹（如疲劳裂纹）时，采用交流电流是适合的，而当要求检测夹杂等近表面缺陷时，应首先考虑使用直流电流，对带有镀层或涂覆层零件的检测，也应考虑使用直流电流。磁化方法控制的关键在于磁化方向的选择，当零件中缺陷取向未知时或零件有要求时，为了确保任何方向缺陷的检出，每个零件应至少在两个相互近似垂直的方向进行磁化。根据零件的几何形状，可采用两个或多个方向的磁化，或采用复合磁化。磁场方向是否合适可采用人工刻槽试片来确定。

磁场强度控制的关键在于使需要检测的缺陷能够产生可识别的磁痕，为使磁痕具有一致性，零件表面的磁感应强度应被控制在合理的允许范围内。影响磁场强度的因素有零件的尺寸、形状、材料和磁化技术。因为这些因素变动范围很宽，对某一具体的零件外形在确定所施加的磁场强度时需做出综合的考虑。磁场强度的确定通常可以采用特斯拉计或高斯计进行测试或采用人工刻槽试片估计，也可以根据材料的磁特性曲线加以选择，对于形状简单的零件，可根据经验公式进行计算。磁场强度是否足够，应在首次检测前，通过使用特斯拉计或高斯计、人工刻槽试片来确定。

检验方法控制在于应根据检测的灵敏度要求、检测效率、材料的磁性、可检性进行综合考虑。一般来说，连续法检测具有最高的检测灵敏度，因而对于细小缺陷的检查应优先采用连续法。但是，连续法的检测效率低于剩磁法，当检测灵敏度要求不高，且剩磁足够时，可考虑采用剩磁法。此外，对带螺纹零件螺纹根部的检查，由于使用连续法时磁痕形成困难，应考虑采用剩磁法进行检测。

6. 检测环境的控制

（1）环境条件 磁粉检测应在宽敞、整洁且通风良好的环境中进行。磁粉检测场所应有足够的光照度。

（2）环境温度 环境温度对磁粉检验质量的影响主要体现在载液的黏度上，一般不应低于15℃。除非能够证明所用的磁粉检验载液在室温工作条件下能够满足规范对载液黏度的要求，否则应对环境的温度进行控制并记录。

（3）光照度测量

1）白光照度测试。当采用非荧光磁粉检测时，应对用于观察评判的白光光源照度进行定期测试。室内检查时，被检工件的表面的白光照度应不低于1000lx。外场检查时，若白光照度不满足上述要求时，应进行试验以验证其检测灵敏度能够满足规范要求。

白光照度测试一般要求至少每周用白光照度计测量一次。试验方法如下：打开白光灯使之预热至少 15min 的时间；打开光度计的电源开关；将光度计探头放置在需测试的位置并使探头直接正对光源；读数并记录结果。

2）紫外光辐照度测试。当采用荧光磁粉检测时，应对用于观察评判的 UV-A 源辐照度进行定期测试，当灯泡更换后也必须进行检查。当采用合适的紫外光辐照计进行测量时，距 UV-A 源滤光片表面 400mm 处，紫外辐照度应不低于 $10W/m^2$，环境光照度应不超过 20lx。用滤光片的 UV-A 源，不允许存在滤光片破裂、滤光片与外壳装配不良或因外壳破损引起黑光灯露出白光的现象。在使用 UV-A 源或测量紫外辐照度前，应预热至少 15min。使用荧光磁粉时，暗区应没有在 UV-A 源下产生反射或发出背景荧光的其他物体。UV-A 源滤光片应每天进行清洁并检查其完整性，UV-A 源线滤光片开裂或破损后必须立即更换。

UV-A 源辐照度测试一般要求至少每周采用紫外辐照计测量一次 UV-A 辐照度。测量时，还应检查滤波片是否存在划伤、漏白光、损坏以及配合不良等情况。测试方法按如下：打开 UV-A 源使之预热至少 10min；关闭所有的白光光源；分别将紫外辐照计和白光照度计探头放在距滤光片表面 400mm 处且直接对着光线，测试紫外辐照度和白光照度值；读数并记录结果。

3）环境光测试。在使用荧光磁粉时，应对暗室使用的环境光照度进行检查。测量暗室区域的环境光照度的方法如下：打开黑光灯，关闭所有白光光源，使检测室处于暗室环境；使用一经校准的白光照度计进行测量，将传感器放置于黑光灯下的检测区域，慢慢移动，读取显示的最大读数；环境光照度应不大于 20lx。

4）现场管理。在生产现场，除保持环境干净、整洁以外，还应分区域或采用零件架的形式，对待检零件、合格零件、不合格零件、返修零件进行识别，尤其对不合格品要进行严格的控制，以防止不合格零件混入合格零件中。零件的贮存应采取适当的方法避免其被损伤或污染，同时还应对不合格品加以识别与控制。

7.3.3　质量控制校验周期

磁粉检测的质量控制周期应根据检测环境和使用频度来确定。推荐采用 GJB 2028A—2007 中表 7 的规定，见本书表 7-1。根据使用结果和使用情况可以进行更多频次的测定或校验。当有可靠数据证明时，可延长测定或校验间的最大时间间隔。

所有工艺质量控制记录应在测试后及时记录归档保存以便随时备查。

表 7-1　质量控制校验周期

项　　目	周　　期
综合性能试验	每班
磁悬液浓度测定	每班
磁悬液污染测定	每班
水断试验	每班
磁悬液黏度测定	每月
安培计读数校验	六个月
时间控制器校验	六个月
磁场快速断电校验	六个月

（续）

项　目	周　期
设备内部短路检查	六个月
电流载荷试验	每月
静负荷检查	六个月
黑光辐照度	每天
白光照度	每周
环境光照度	每周
黑光辐照计	六个月
白光照度计	六个月
特斯拉计	六个月
磁强计	六个月
弱磁场测量仪	每年
退磁设备的校验	六个月

复 习 题

一、选择题

*1. 下列标准代号的含义正确的是：　　　　　　　　　　　　　　　　　　　（　　）
  A. GB/T 是推荐使用的国家标准　　　　　　B. GJB 是国家军用标准
  C. JB 是机械行业标准　　　　　　　　　　D. 以上都是

*2. 常见的磁粉检测标准有：　　　　　　　　　　　　　　　　　　　　　　（　　）
  A. 检测方法标准　　　　　　　　　　　　B. 设备器材标准
  C. 产品验收标准　　　　　　　　　　　　D. 人员管理标准
  E. 以上都是

*3. 影响磁粉检测质量的主要因素有：　　　　　　　　　　　　　　　　　　（　　）
  A. 合适的检测环境　　　　　　　　　　　B. 适合设备和材料的应用
  C. 适用检测方法的选择　　　　　　　　　D. 适合的操作程序
  E. 以上都是

*4. 每班应进行质量控制的项目是：　　　　　　　　　　　　　　　　　　　（　　）
  A. 综合性能试验　　　　　　　　　　　　B. 磁悬液浓度测定
  C. 磁悬液污染测定　　　　　　　　　　　D. 磁悬液黏度

*5. 测定磁悬液浓度应采用的器材是：　　　　　　　　　　　　　　　　　　（　　）
  A. A 型试片　　　　　　　　　　　　　　B. E 型试块
  C. 梨形沉淀管　　　　　　　　　　　　　D. 1 型试块

*6. 水基磁悬液进行水断试验的目的是：　　　　　　　　　　　　　　　　　（　　）
  A. 检查载液对试件的湿润性　　　　　　　B. 检查载液对试件的防腐蚀性
  C. 检查水磁悬液的污染情况　　　　　　　D. 以上都是

*7. 如果磁悬液中磁粉分布不均匀，则可能出现的现象是：　　　　　　　　　（　　）
  A. 工件上的磁通量将出现不均匀
  B. 显示的图像将会发生变化，显示的解释可能出错

161

C. 需要更大的磁化电流　　　　　　　　　　D. 零件根本不能被磁化

8. 校正安培计所需要的仪器是：　　　　　　　　　　　　　　　　　（　　）

　　A. 毫特斯拉计　　　　　　　　　　　　　B. 经校正的标准安培计

　　C. 示波器　　　　　　　　　　　　　　　D. 以上都可以

9. 下列对于综合性能试验的叙述中，正确的是：　　　　　　　　　（　　）

　　A. 磁粉检验系统的整体性能，包括采用的设备，材料和光照环境，应在购买后进行校验，并在此后按一定的周期进行校验

　　B. 每天、在购买设备时、怀疑工作不正常时或进行了会影响设备精度的电气维修时，都应进行综合性能试验

　　C. 采用代表性的参考试件进行校验，所用的试件在检验完后应彻底的退磁、清洗，并按检验工艺的适用情况在黑光或可见光下检查，确保残留磁粉不再存在

　　D. 以上都正确

*10. 磁粉检测中对光源检测的要求是：　　　　　　　　　　　　　（　　）

　　A. 距滤光片表面 400mm 处黑光灯的辐照度为 $10W/m^2$

　　B. 被检工件的表面的白光照度应不低于 1000lx

　　C. 黑光灯下的检测区域环境光照度应不大于 20lx

　　D. 以上都是

*11. 当发现长期使用的磁悬液中产生了结团的絮状沉淀物时，说明该磁悬液已经出现的情况是：　　　　　　　　　　　　　　　　　　　　　　　　　　（　　）

　　A. 磁粉间产生了较强的剩磁吸引　　　　　B. 已经严重被粉尘异物污染

　　C. 载液发生变质　　　　　　　　　　　　D. 可以正常使用

*12. 下列关于汞弧黑光灯使用的叙述中，正确的是：　　　　　　　（　　）

　　A. 黑光灯可以长期使用，其强度不会变化

　　B. 应尽量减少起动次数，因为黑光灯每熄灭一次寿命减少 30min 左右

　　C. 黑光灯点燃后，应该立即使用

　　D. 黑光灯熄灭后，需经 5~6min 以后才能再起动属于不正常现象

二、问答题

1. 制定无损检测标准的目的是什么？

2. 磁粉检测设备与器材标准包括哪些主要内容？

3. 磁粉检测通用检测方法标准主要针对对象是什么？

4. 简述 GJB 2028A—2007《磁粉检测》标准的适用范围？

*5. 影响磁粉探伤质量的主要因素有哪些？

*6. 为什么要控制磁粉检测的质量？控制磁粉检测的质量有哪些主要内容？

复习题参考答案

一、选择题

1. D；2. E；3. E；4. A、B；5. C；6. A；7. B；8. B；9. D；10. D；11. A；12. A。

二、问答题（略）

第8章　磁粉检测工艺卡及其编制

8.1　磁粉检测的主要技术文件

磁粉检测的技术文件主要包括：

1）用户请求进行磁粉检测的委托书；

2）被检产品对磁粉检测验收的技术要求；

3）有关磁粉检测的标准、制度和规定；

4）指导磁粉检测工作进行的检测规程和工艺图表（工艺卡）；

5）检验情况记录；

6）说明检测结果的检测报告；

7）检测设备仪器及材料的校验记录等。

其中，磁粉检测规程是实施检测方法和验收标准的技术文件，检测工艺卡是检测操作的具体作业书，是对工件进行具体检测的各个细节的技术规定。它的编制是否正确和完善对检测结果有着决定性的影响。磁粉检测规程和有关的技术文件的编制应按相关要求，由具有磁粉检测Ⅱ级或Ⅲ级资格的人员编写，并经磁粉检测Ⅲ级人员审核和批准。

8.2　工艺卡编制的一般知识

8.2.1　磁粉检测工艺卡的概念

无损检测工艺卡是叙述采用某一无损检测方法对特定检测对象实施检测的作业文件，因其多以图表形式表示，又叫作工艺图表。无损检测工艺卡应充分传达工程图样、工艺文件的有关检测要求的信息；针对相关工件纳入并细化验收标准的要求；具体指导检测人员在生产现场进行检验操作和质量评定。磁粉检测工艺卡是依据磁粉检测规程和相关标准（或用户需求），针对某一具体工件或某一检测区域要进行的磁粉检测工作编制的，要求符合相关标准，操作步骤齐全，工艺参数明确，实际操作可行。工艺卡标记的各种工艺参数和操作步骤应程序完整，示意清晰。

8.2.2　磁粉检测工艺图表中应包含的内容

各行业对工艺图表编制内容有不同的规定。以 GJB 2028A 为例，其对工艺图表内容的规定有：制件图号及名称；材料牌号、检测工序；用草图表示出制件的几何形状、磁化方向和检测部位；磁粉类型（荧光或非荧光磁粉）；磁化电流类型；检测设备；磁化方法（通电法，线圈法，中心导体法等）；检验方法（干粉法或湿粉法，连续法或剩磁法）；电流强度或安匝数及磁化电流持续时间，包括两次操作间必要的退磁电流强度或安匝数；验收要求；

退磁要求；磁痕记录和制件标志方法；工艺规程编号；工艺规程编制和审核及日期。

在编制工艺卡时，原则上应按照上述内容进行编制。在必要时，也可以增加其他相关内容。例如：检测灵敏度的标定与要求及控制方式，检测后需要复验的项目，复验比例及复验方式等。

8.2.3 磁粉检测工艺卡的种类

磁粉检测工艺卡主要分为两类：制造类工件磁粉检测工艺卡，在役工件、维修工件磁粉检测工艺卡。制造类工件的磁粉检测工艺卡主要根据制造类工件在经过热加工（锻轧、铸、焊、热处理等）、冷加工和电镀过程中产生的缺陷来编制。而在役工件、维修件磁粉检测工艺卡主要为检测疲劳裂纹来编制，一般不考虑这些工件在制造过程中产生的缺陷。

制造类磁粉检测工艺卡又分为以下几种：

1）通用性磁粉检测工艺卡：用于外形结构简单、相似，但规格较多，磁化次数较少，一般进行 1~2 次磁化的工件，如螺钉、螺母、弹簧以及小型管嘴等。

2）专用性磁粉检测工艺卡：用于外形结构较复杂，磁化次数较多的工件。

3）临时性磁粉检测工艺卡：临时增加的检测项目，例如工艺试验性项目，焊接试件、冲压成形件、爆炸成形件等可编制临时性磁粉检测工艺卡。

8.2.4 磁粉检测工艺卡的格式

磁粉检测工艺卡的格式有多种形式，应根据检测需要设计工艺卡。图 8-1 所示为一种经常使用的工艺卡形式。

表 8-1 磁粉检测工艺卡（样例）

产品代号		磁 粉 检 测 工 艺 卡						卡片编号	
零件号		零件名称		材料牌号		热处理		表面状态	
工序		检验比例		磁化设备		退磁设备		退磁要求	
磁粉		载液		磁悬液浓度	%	试块试片		照明要求	
检验方法			磁化方法			磁化规范			
验收标准									
零件示意图（受检区域及磁化方向）				检测步骤（项目、内容、耗料及工装）					
备注							编制		
							审核		
							批准		

8.3　制定工艺卡需要的条件

8.3.1　相关的技术资料

1. 磁粉检测工艺规程

无损检测规程是叙述某一无损检测方法对一类产品进行检测的技术文件，又叫检测作业指导书。无损检测规程的编写应依据检测委托书的要求，并结合被检件特性和有关标准规定，它以文字说明为主，辅以图表，内容较为具体，阐述较为详细。其用途是检查某一种产品或某一类型产品，或者是某种技术加工的特定产品。一般内容包括：适用范围；引用文件；人员资格要求；仪器设备和材料要求；校验和验证要求；制件检测前的准备要求；检测顺序要求；结果解释与评定要求；标记（标识）、报告和其他文件要求；对无损检测工艺卡的要求；检测后处理要求；其他事项等。

在编制磁粉检测工艺卡时，应以相关的检测规程为基础文件来编制。如果没有相应的工艺规程，可参照相关技术标准及验收技术条件（验收标准）来编写。

2. 验收技术条件与检测标准

检测人员应根据相关内容确定检测标准和检测方法。验收技术条件（或产品检验委托书）是产品设计人员根据产品使用条件确定的，或是由加工工艺部门根据制造中出现缺陷的情况提出的。

验收技术条件中应明确规定：不允许存在的缺陷及允许存在的缺陷，包括其长度、数量、性质及部位（分布）的内容；对缺陷磁痕的特殊评定方法（如采用评定框等）；对超过规定的缺陷的处理办法；等等。同时，验收条件应明确规定探伤方法及主要工作条件的内容，如磁化方法、检验方法、磁化规范和对缺陷显示的描述（线形、圆形等）等内容。

在没有具体验收标准时，应由提出要求的部门与检测部门协商，按 GB/T 5616 的规定，可采用或制定专用的产品检测方法和质量验收标准；或根据通用检测方法标准中的不同验收等级，选用某一等级验收产品；也可采用某一检测方法标准，并规定具体的产品验收质量要求。在没有可供采用的验收标准时，无损检测人员可协助有关部门制定验收标准。

磁粉检测前应指定采用的检测方法标准。在允许的条件下，一般能够采用通用方法探伤标准的应尽量采用通用方法探伤标准（如 GJB 2028A、HB 20158—2014 等），其次采用专业技术标准（如 NB/T 47013 等），这样不仅可以简化操作，同时也为编制工艺文件带来方便。但在一些特殊场合下，通用方法标准和专业技术标准不能准确表达检测要求的，应编制专门的检测方法文件以满足检测需要（如采用旋转磁场或特殊检测方法）。但在编制这类文件时，也应尽量采用通用方法标准或专业技术标准中的相关规定。

8.3.2　被检测的试件的概况

对被检测的试件应了解其材料、尺寸、加工工艺过程，还要了解检测部位及数量。应根据材料的成分、热处理工艺情况了解材料的磁特性，判断其是属于容易磁化还是难以磁化，以确定其磁化参数。试件的外形决定了磁化的方法、磁场大小的计算以及退磁场影响因素。分析加工工艺过程可以了解试件容易产生的缺陷及其性质，为选择磁化方法及磁场大小提供条件。至于检测部位，一方面是用户要求，另一方面也是保证重点部位缺陷不至于漏检。了解检测数量是为选择检测设备及器材提供条件。为了提高检测效率，应选择适当的设备和器材。

8.3.3　现有的检测条件

检测环境：包括场地、电源、配套设施等。

已有的检测设备：固定式设备——型号、功能、主要检测参数等，便携式设备、黑光灯、退磁设备等。

现有的器材：磁粉、载液，试块试片，辅助仪器，配套工装等。

8.3.4　其他需要的条件

如需要更好完成检测工作应增加及可能增加的条件。例如增加干粉检查、应添置的配套工装等。

8.4　工艺卡编制的一般方法

8.4.1　工艺卡的一般结构

工艺卡是以图表形式表达对检测实际工作的指导。一般可分为以下几个部分：

1）表头文字部分：包括文件编号、试件概况（制件图号/制件号及名称、材料牌号、热处理参数、表面状态等），检测条件（磁化设备、检测介质、磁化电流类型等），检测技术参数（表头文字检测程序安排、磁化方法、检验方法、磁化电流数值等），检测要求（验收要求、退磁要求）等。

2）工件磁化示意图：包括磁化方向（或磁化电流走向）、夹持方法等。

3）检测主要程序：对检测主要过程进行描述。

4）其他说明事项：需要说明的事项，如质量控制、特殊情况处理等。

5）责任：工艺规程编制和审核人及日期。

6）文件更改标记：在使用中对工艺卡局部内容修改或确认。

8.4.2　编写中的几个重要项目

1. 检测条件的确定

应根据检测时的环境条件、设备器材条件、工艺技术条件等来编制工艺卡。

1）环境条件：确定检测时的环境是室内检测还是室外检测；检测是在暗室内进行还是在明亮光线下进行。如果是在室外或光亮条件下检查，原则上应采用黑色或彩色磁粉，在试件背景与磁粉颜色对比度不高时可采用反差增强剂以加强检测效果，但此时应注意验收标准中规定的检测灵敏度要求。同时根据环境条件，选择反差合适的磁粉。如果在室内检查，并且条件允许，应优先选择荧光磁粉。

2）设备器材条件：首先应了解检测场所的现有设备和器材的检测能力，确定能否满足试件检测要求，并结合环境条件选择设备和器材。例如，对于制造中的批量检查的中小零件，多采用固定床式设备，湿法检查，有条件时还采用荧光磁粉，使用黑光灯；而在外场进行维修或大件检查时，则多选用便携式或移动式设备，普通白光照明。在采用床式设备检查时，应注意磁粉探伤机的参数能否满足检测要求。例如，对细长工件检测时，不仅要注意设备的磁化电流大小，还应考虑设备的极间距能否适应检查要求。对批量很大且形状简单的试件，为提高检测效率最好采用专用半自动化设备，或设计专用工装。

3）工艺技术条件：对一些形状特殊或检测要求较高的试件，应设计专用的工装夹具以保证检测的效果，或对现有设备进行改造以满足检测要求。

2. 检测技术和检测参数的确定

1）根据工件检测的要求，结合试件工艺状态预测可能产生的缺陷和主要缺陷的方向，从而确定主要的磁化方向、磁化方法、磁化次数。

对中小型工件，与锻压垂直的方向，主要焊缝的焊道方向，钢棒、钢管、钢板的压延方向，一般都是主要的磁化方向。主要磁化方向宜采用直接通电法。对管形工件应优先采用中心导体法，它可以检查工件的内外表面和两侧面缺陷，同时不会引起夹持变形或接触不良通电打火，造成工件损伤。磁化次数一般为1~2次，特殊工件可根据加工要求适当增加。

对结构复杂的工件，两个方向很难检测完需要检查的部位。这类情况可将工件假想成是由若干轴类、管类、板类等小单元组合而成的，然后对每个小单元按标准形状或简单形状实施相应的磁化方法和计算磁化电流。磁化次数可能会增多。

2）根据工件材料或工艺状态相应热处理的磁化曲线，确定工件检测时表面所需要的磁感应强度 $B(T)$ 及其对应的切向磁场强度 $H(kA/m)$ 值。根据查到的切向磁场强度值 $H(kA/m)$ 和工件的尺寸就可以分别按磁化规范的相关公式计算出各种磁化方法的磁化电流值，也可以采用特斯拉计或灵敏度试片对磁化时的表面磁场进行大致测试。

3）根据工件的工艺状态或工程图样规定确定验收标准并加以细化。

4）检测顺序：先检测主要磁化方向，后检测次要磁化方向。一般情况下，先进行周向磁化，再进行纵向磁化。

5）检测介质：湿法检验时粗糙度较大的工件宜选用低浓度的磁悬液；表面光亮和质量等级高的工件，宜选用浓度较高的磁悬液。对表面暗褐色的试件，最好采用荧光磁粉检查。

3. 对检测要求进行验证

应按照检测要求进行灵敏度验证：检测灵敏度一般分为高、中、低三种。在通常检测中，将中灵敏度叫作标准灵敏度，它能够发现一般的表面细小裂纹，缺陷宽度大约在 $10\mu m$，深度约为 $100\mu m$ 左右。可以参照这种规定进行检测灵敏度检查。

磁化电流值的验证：可以用相关的电磁定律公式计算磁化电流值，或用特斯拉计测量工件表面的切向磁场强度。特别是那些怀疑表面切向磁场强度达不到的部位。

也可以采用近饱和磁化方式来确定磁场大小，将制件磁化使其达到足够的磁场强度，直到制件上出现羽毛状显示，而后将此强度稍稍降低。

4. 对检测过程正确性的控制

检测过程的正确性是质量控制的重要内容，它主要包括检测条件、检测规范和检测要求。具体应按照相关标准规定进行。

8.4.3　工艺文件编制中的试验问题

重要试件必须经过工艺试验以确认其工艺参数。对一些有严格要求的试件，如飞机起落架、发动机叶片、火炮身管、炮栓等强受力器件，必须进行工艺试验；对一些需多次检查的零件，在每一次检查时都应该进行试验，以确保检测工艺参数的正确。试验方法应尽可能与日后的生产检验条件一致。

一般试件应尽可能采用标准检测方法进行。这样可以最大程度地利用现有的规范技术，节省精力，减少工作量。

8.5　编制实例

8.5.1　制造类工件工艺卡的编制

制造类工件磁粉检测的对象是生产制造过程中的产品。这些产品在制造过程中主要有以下缺陷：原材料带来的缺陷；热加工（锻轧、铸、焊、热处理等）过程中产生的缺陷；冷加工以及电镀过程中产生的缺陷。因此，在编制具体产品的工艺卡时，应根据提供的检测标准和条件，考虑缺陷的成因及方向，综合各方面因素分析，选择最佳磁化方法及磁化规范，确定有关的检测参数和检测过程。

下面结合一些具体实例进行分析。

1. 对原材料缺陷进行检查

编制钢棒（原材料）塔形零件磁粉检测工艺卡：

1）工件名称及编号：PK 产品钢棒塔形，编号 T01。

2）工件形状及尺寸：如图 8-1 所示。

3）工件材料及数量：

工件材料：30CrMnSiA（材料状态：正火 181HBS，$H_c = 280A/m$，$B_r = 1.2T$）。

数量：3 件。

4）零件加工及检验工序：

钢棒下料──→车削加工三个台阶──→磁粉检测。

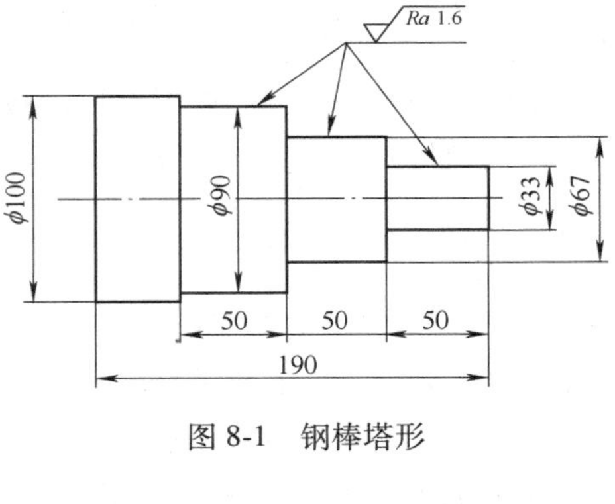

5）现有检测条件选择：

图 8-1　钢棒塔形

设备：CJW-9000A（附带交流线圈，4 匝，线圈直径为 600mm）；CEW-2000A（交直流两用。线圈尺寸：3×600，直径为 300mm，宽度为 120mm；直流磁化：1800 匝，0～11A 可调；交流退磁：中心磁场大于 28000A/m）；交流退磁线圈（带轨道通过式，中心磁场大于 28000A/m）。

磁粉：300 目黑磁粉，YC3 荧光磁粉，黑粉磁膏，球形干粉。

载液：LPK-3 油（专用磁粉检测用油）；25# 变压器油；灯用煤油；水载液。

试块及试片：B 型标准试块；E 型标准试块；A1 型 30/100 试片；C 型 15/50 试片。

照明器材：白炽灯，紫外线灯。

其他辅助器材（特斯拉计、磁强计、沉淀管等）。

辅助材料和工装等条件自定。

6）检测方法标准：GJB 2028A

7）检测验收标准：按 GFMT—01《钢棒塔形验收技术条件》进行。

分析：塔形检查属于钢材原材料进厂复验。为了检查原材料情况，通常采用金相技术对材料进行显微镜检验（金相组织检查，又称高倍检查）、试样断口目视检查（又称低倍检查）和塔形试样检查。塔形检查是检查钢棒或钢管材料中的较大材质缺陷的，这些缺陷在钢管及钢棒中多以纵向发纹形式出现。通过磁粉法或酸浸法检查就可以了解这些材料中的发纹及其他缺陷的存在情况。

塔形一般车削为三个不同直径的圆柱形台面，分别代表材料内部、中部和外部缺陷的分布情况。由此可见，塔形宜采用周向磁化方法进行检查。由于要求检查长度为 0.6mm 以上发纹（验收标准要求），故应采用连续法严格（高灵敏度）规范，交流电湿法进行检查。由于各台阶面直径差异较大，宜分段进行磁化和检查。

根据以上分析做如下选择：设备选用 CEW2000A（也可用 CJW9000A）探伤机；黑色磁粉，LPK-3 煤油，磁悬液浓度在标准推荐范围上限附近，约为 2.0mL/100mL。

本题采用通电法，磁化检查分三段进行，磁化顺序为小、中、大直径。

磁化电流选择为 $I=15D$。根据图示尺寸，电流强度分别为 500A、1000A 和 1350A。

检查按 GJB 2028A 要求进行。由于塔形检查后即失去作用，可不进行退磁操作。

表 8-2 是钢棒塔形检查使用的工艺卡形式的一种。

表 8-2 钢棒塔形磁粉检测工艺卡

产品代号：PK01		磁 粉 检 测 工 艺 卡						卡片编号：01-04	
零件号	T01	零件名称	钢棒塔形	材料牌号	30CrMnSiA	热处理	正火	表面状态	$Ra1.6$
工序号	03	检验比例	100%	磁化设备	CEW2000	退磁设备	退磁线圈	退磁要求	无
磁粉	300 目黑磁粉	载液	油	磁悬液浓度	2.0%	试块试片	E 型	照明要求	白光
检验方法	连续法		磁化方法	通电法分段磁化		磁化规范	D_1-500A、D_2-1000A、D_3-1350A		
验收标准	按 GFMT—01《钢棒塔形验收技术条件》进行								

零件示意图（受检区域及磁化方向）	检测步骤（项目、内容、耗料及工装）
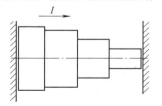	1. 预处理：用煤油清洗工件，除去表面油污和锈渍 2. 通电磁化：将工件分段进行通电湿连续法磁化，电流从小到大进行。磁化电流强度分别为 500A、1000A、1350A 3. 观察与记录：在白光下观察并进行缺陷记录（在机上观察不方便时可取下观察）

备注	每班工作前进行磁悬液浓度测试和综合性能鉴定	编制	×××（Ⅱ级）
		审核	×××（Ⅲ级）
		批准	×××

2. 对生产过程中零件进行检查

编制泵接头零件的检测工艺卡：

1）工件名称：泵接头。

2）工件形状及尺寸：如图 8-2 所示。

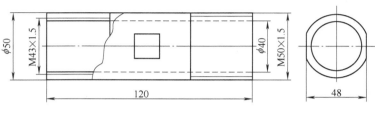

图 8-2　泵接头

3）工件材料：

40CrA，热处理工艺：860℃油淬，510℃回火；39.5HRC，$H_c = 1488A/m$，$B_r = 1.59T$。

4）加工过程：

原材料（钢管）——→ 下料——→ 调质热处理——→ 机械加工车内外圆和加工内外螺纹——→
铣平台——→ 四方平台局部高频淬火——→表面磷化处理——→磁粉检测。

5）检测标准：

按 GJB 2028A 检查，检查比例为 50%，不允许内外表面有裂纹。

分析：

从题目有关情况得知，这是一个生产中零件的检测。零件为一管形零件，检测工序是在
制作结束后的成品检测。

检测验收要求为不允许内外表面有裂纹。分析裂纹主要可能产生原因：原材料带来；热
处理产生；局部高频淬火产生。其中，原材料裂纹方向主要沿管的长度方向，而后两种处理
工序产生的裂纹方向不定，特别是高频局部淬火产生裂纹可能性最大。因此，有必要进行两
个方向（纵、横向）的磁化。

由于要求检查零件的内外表面，且零件经过表面磷化处理不能通电，周向磁化以中心导
体法为好；纵向磁化采用线圈磁化。

查该零件磁特性参数，满足剩磁法检验的条件（$B_r > 0.8T$；$H_c > 1kA/m$）。

采用连续法，电流可选交流 $(8 \sim 15)D$（为方便计算，本处选 $10D$）。因零件壁厚不大，
采用表面尺寸计算电流强度值，为 $I_1 = 10 \times 50A = 500A$。

为提高检查效率，也可采用湿法交流剩磁法检验。其周向磁化电流强度为 $I_2 = 25D = 25 \times 50A = 1250A$。

纵向磁化在线圈中进行，采用连续法时的计算为：

$IN = 45000/(L/D)$；其 $L/D = L/(D_1^2 - D_2^2)^{1/2} = 120/30 = 4$；即 $IN = (45000/4)$ 安匝 $= 11250$ 安匝。

由于磁化电流不大，可采用 CEW-2000A 探伤机进行检查，该机线圈磁化为直流线圈，
单向全波整流，匝数为 1800，最大磁化电流强度 11A，线圈中心磁场 $H > 28000A/m$。采用

连续法纵向偏置放置磁化时，磁化电流强度为 6.25A。若采用剩磁法，电流可置于最大。

由于零件已被磷化处理，表面呈黑色。故不能采用普通黑色磁粉。此处采用荧光磁粉；载液采用油基载液（无味煤油）；由于试件内外表面有螺纹，为防止螺纹处假像，磁悬液浓度采用 0.1mL/100mL。用 125W 黑光灯照明，黑光辐照度距灯 400mm 处不低于 $10W/m^2$。中心导体采用铜棒，直径为 $25\sim30mm$。

综合性能检查采用 A 型试片，规格为 15/100。退磁采用机附线圈进行退磁，退磁效果检查用磁强计检查，要求不超过 0.3mT。

整个检查按 GJB 2028A 的规定进行。工艺卡为专用工件的工艺卡。表 8-3 为参考使用的一种形式的工艺卡。

表 8-3　泵筒零件磁粉检测工艺卡

产品代号		磁　粉　检　测　工　艺　卡						卡片编号	
零件号		零件名称	泵筒接头	材料牌号	40CrA	热处理	调质	表面状态	$Ra1.6$，磷化
工序号	08	检验比例	50%	磁化设备	CEW2000	退磁设备	专用线圈	退磁要求	≤0.3mT
磁粉	14A 磁粉	载液	LPK-3 油	磁悬液浓度	$0.15\sim0.2$	试块试片	A1-15/100	照明要求	黑光灯
检验方法	周向：湿剩磁法		磁化方法	周向：中心导体法		磁化规范	$I_1=1250A$		
	纵向：连续法			纵向：线圈法			$IN=11250$ 安匝（6.25A）		
验收标准	不允许有裂纹								

零件示意图（受检区域及磁化方向）	检测步骤（项目、内容、耗料及工装）
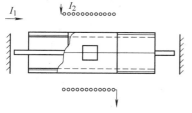	1. 预处理：用煤油和布清洗表面油污 2. 周向磁化：将工件用中心导体法通电，交流磁化电流强度 1250A，按剩磁法磁化与施加磁悬液；并在黑光灯下进行观察；观察记录评定后退磁 3. 纵向磁化：在线圈中偏置放置工件，调节直流电流强度至 6.25A，按连续法磁化与施加磁悬液，并在黑光灯下进行观察和进行记录 4. 退磁与后处理：检测结束后进行退磁（≤0.3mT）和后清洗、分类标志

备注	每班工作前进行磁悬液浓度测试和综合性能鉴定	编制	×××（Ⅱ级）
		审核	×××（Ⅲ级）
		批准	×××

3. 焊接件工艺文件的编制

焊接件工艺文件的编制可分为一般工件焊缝检测和大型构件焊缝检测两大类。对于一般重要的工件，应编制单独的检测工艺卡。而对于普通的对接、角接、搭接等焊缝，可以编制通用检测规程或编制通用工艺卡进行检测。

图 8-3 所示是造船厂常见的挂舵臂，标注"MT"的焊缝是铸钢件与普通船用 A 级钢板焊接而成，一般要求 100%MT 检查。由于挂舵臂质量有数吨，只能选用便携式磁粉探伤机，

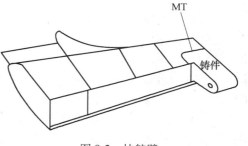

图 8-3　挂舵臂

常选用交流电磁轭法。焊缝的长度较长，相当于平板对接焊缝的操作方式。灵敏度要求中等即可，检测场地一般在室外或车间，磁粉宜采用非荧光磁粉，因铸件的焊接性比较差，容易产生焊接裂纹，特别是在铸件侧的热影响区处，观察时应倍加小心。

挂舵臂磁粉检测工艺卡编制示例见表8-4。

表8-4 挂舵臂磁粉检测工艺卡

产品代号			磁 粉 检 测 工 艺 卡					卡片编号	
零件号	—	零件名称	挂舵臂	材料牌号	铸钢/A	热处理	焊后保温	表面状态	焊后打磨
工序	焊后24h	检验比例	100%	磁化设备	MP-A-3	退磁设备	—	退磁要求	—
磁粉	黑磁粉	载液	水	磁悬液浓度	10~20g/L	试块试片	A-30/100	照明要求	≥1000lx
检验方法	连续法		磁化方法	交流电磁轭		磁化规范	提升力≥44N，试片磁痕清晰		
检验规程或标准	CB/T 3958		验收标准	CB/T 3958—2004 Ⅰ级合格（即不允许存在任何裂纹、未熔合、长度大于3mm的线状显示、单个缺陷长度或宽度大于或等于4mm的圆形显示以及在评定区35mm×100mm内缺陷指示累计长度小于0.5mm）					

零件示意图（受检区域及磁化方向） 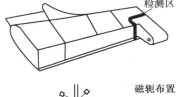	检测步骤（项目、内容、耗料及工装） 1. 预处理。清除焊缝及两侧各25mm范围内的杂物，如油污、铁屑、毛刺、氧化皮等 2. 磁化工件。交流电磁轭磁化，先用试片验证系统灵敏度 3. 采用连续法磁化和施加磁悬液。磁轭布置如左图所示 4. 观察评定。在白光下观察和记录 5. 按 CB/T3958 评定磁痕。Ⅰ级合格并记录检测结果 6. 后处理。检测完毕后清理干净

备注	1. 每一区域至少应进行两次独立的检测，即在与焊缝轴线大致呈+45°和−45°的方向上分别进行磁化 2. 相邻两检测区域之间，应有一定的交叉覆盖宽度（10mm~20mm），即b_3小于0.5倍磁极间距 3. 磁悬液中应添加润湿剂、防锈剂和消泡剂	编制	×××（Ⅱ级）
		审核	×××（Ⅲ级）
		批准	×××

4. 锻钢件工艺卡的编制

下面以某中型内燃机用锻造连杆为例编制工艺卡，其他类型可参考。

连杆是发动机中的重要零件，它连接着活塞和曲轴，其作用是将活塞的往复运动转变为曲轴的旋转运动，并把作用在活塞上的力传给曲轴以输出功率。连杆在工作中，除承受燃烧室燃气产生的压力外，还要承受纵向和横向的惯性。因此，连杆是在一个复杂的应力状态下工作的，它既承受交变的拉压应力，又承受弯曲应力。连杆的主要损坏形式是疲劳断裂和过量变形。通常疲劳断裂的部位是在连杆上的三个高应力区域。连杆的工作条件要求连杆具有较高的强度和抗疲劳性。表8-5为连杆磁粉检测的工艺卡，该连杆横截面最大尺寸100mm，长径比 L/D 为5.6。

表 8-5 连杆磁粉检测工艺卡

产品代号			磁 粉 检 测 工 艺 卡							卡片编号	
零件号	—	零件名称	连杆	材料牌号	40Cr	热处理	调质	表面状态	良好		
工序	08	检验比例	100%	磁化设备	CJW-6000	退磁设备	专用线圈	退磁要求	≤0.3mT		
磁粉	荧光 14A	载液	煤油	磁悬液浓度	0.1~0.4	试块试片	A1-15/100	照明要求	黑光		
检验方法	湿连续法		磁化方法		通电/线圈	磁化规范		通电 I =1400A；线圈 8000 安匝			
检验规程或标准	JB/T 9744《内燃机 零、部件磁粉检测》		验收标准		按 JB/T 6721.2《内燃机 连杆 第 2 部分：磁粉探伤》的规定验收						
零件示意图（受检区域及磁化方向） 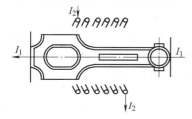					检测步骤（项目、内容、耗料及工装） 1. 预处理：用煤油和布清洗表面油污 2. 轴向通电磁化：将工件通电，磁化电流强度为 1400A，按连续法磁化与施加磁悬液；并在黑光灯下进行观察；观察记录评定后退磁 3. 纵向磁化：在线圈中偏置放置工件，调节直流电流至 8000 安匝，按连续法磁化与施加磁悬液，并在黑光灯下进行观察和记录 4. 退磁与后处理：检测结束后进行退磁（≤0.3mT）和后清洗、分类标志						
备注	每班工作前进行磁悬液浓度测试和综合性能鉴定					编制	×××（Ⅱ级）				
						审核	×××（Ⅲ级）				
						批准	×××				

对大型柴油发动机的连杆，如果不能实施整体检测的话，则应该采用触头法或磁轭法分片局部检查。检测要求应符合验收标准，检测工艺亦应符合要求。由于局部检测的局限性，检查时，对连杆零件中关键部位则更应注意覆盖和观察。

8.5.2 使用维修类工件工艺卡的编制

在役工件、维修件磁粉检测工艺卡主要是为检测疲劳裂纹来编制的，检测时一般不考虑这些工件在制造过程中产生的缺陷。下面以齿轮为例说明这类零件的工艺卡编制。

齿轮是一种广泛使用的机械零件，它的主要作用是传递转矩和调节速度。由于传递转矩，齿根承受很大的变弯曲应力，在换挡、起动或啮合不均时，齿部承受一定冲击载荷；同时，齿面相互滚动或滑动接触，承受很大的接触压应力及摩擦力的作用。

齿轮传动的失效主要表现是轮齿的失效。其失效形式有轮齿折断、齿面点蚀、齿面磨损和塑性变形等。其中轮齿折断是危害最大的缺陷。

轮齿折断主要有两种形式，疲劳折断和过载折断。疲劳折断时，轮齿像一悬臂梁，受载后齿根部分产生的弯曲应力最大。当该应力值超过材料的弯曲疲劳极限时，齿根处产生疲劳裂纹，又因为齿根过渡部分存在着应力集中，使裂纹不断扩展导致整个轮齿断裂。过载折断是由于突然过载、强烈冲击、严重磨损及安装制造误差等造成的轮齿折断。

图 8-4 所示是齿轮轮齿折断的示意。

下面以某双头齿轮零件为例具体说明这类工艺卡的编制。

双头轴齿轮实物与零件尺寸图分别如图 8-5和图 8-6 所示。

从图中可以看出，该零件为一轴形锻件，在使用中齿根处易在弯曲应力作用下产生疲劳

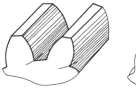 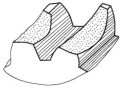

a) 疲劳断裂   b) 过载断裂

图 8-4   齿轮轮齿折断示意

裂纹，裂纹方向如图 8-4a 所示，另外，在受到冲击力的强烈作用时，轮齿部位可能出现如图 8-4b 所示的过载断裂。

图 8-5   双头轴齿轮

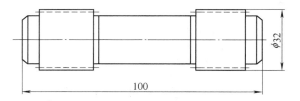

图 8-6   双头轴齿轮尺寸

采用通电法周向磁化和线圈法纵向磁化对双头轴齿轮进行磁化。由于齿轮一般采用合金钢材料调质处理制造，材料磁性多能达到剩磁检测要求，可采用剩磁检测。由于疲劳裂纹初期较小，加上零件一般呈黑色，故采用高灵敏度规范荧光磁粉检查。按照图 8-6 给出数据可以计算出：

周向交流电通电磁化，连续法 $I = 15D = 15 \times 32A = 480A$

剩磁法 $I = 25D = 25 \times 32A = 800A$

纵向三相全波电流线圈偏置放置磁化，连续法

$$I = \frac{45000}{\dfrac{L}{D}} = \frac{45000}{\dfrac{100}{32}}A = 14400A$$

根据所选的设备线圈参数即可计算出应通电的磁化电流。

具体磁粉检测工艺卡可参考表 8-1 的样式进行填写。

8.6   工艺卡编制常见错误举例

8.6.1   检测时机不当

磁粉检测的时机，对制造中的产品，一般选择在容易出现缺陷的工序之后（如热处理、磨削等）、容易掩盖缺陷的工序之前（如电镀、喷丸等）以及最终成品交验时进行；对使用中的产品，通常按一定周期或结合检修进行。也有一些产品，是临时要求进行检查的（如加工中临时出现缺陷增加检查）。一定要很好地把握检测时机。

以 8.5.1 中第 2 个例子为例，该题目中明确规定加工工序为：

①原材料（钢管）──→②下料──→③调质热处理──→④机械加工车内外圆和加工内外

螺纹──→⑤铣平台──→⑥平台局部高频淬火──→⑦表面磷化处理──→⑧磁粉检测

从工序来看，磁粉检测工序最合理的安排是在平台局部高频淬火之后及表面磷化处理之前进行，但题目中安排在最后检查，这只能说明一个原因，这是一次非正常工序安排。

在有些题目没有明确规定检测时机，这就要由编制者自己去分析了。

8.6.2　检测灵敏度要求不清

对检测灵敏度的要求实际上是按用户提出的验收技术条件来确定的。对被检测工件如果是在高应力或恶劣环境中使用的，一般都要求采用高灵敏度；如火炮身管、发动机连杆、飞机起落架、受腐蚀影响的管道接头等。高灵敏度要求检查能发现表面发纹、微细裂纹以及距表面较深的一些缺陷。在这种情况下，如果采用连续法磁化，磁化时的材料磁特性参数应选在磁化曲线的接近饱和部位。对于一般材料（中低碳钢或中低合金钢）来说，此时的磁场强度大致为4800A/m。如果用试片检测，应该采用15/100的A型试片或7/50的C型试片。对一般工件的裂纹检查，磁场强度可选在2400～3200A/m范围内，就能较好地发现裂纹缺陷了。所选择的试片，应为30/100的A型试片或15/50的C型试片，此时表面磁场大致与所选范围接近。

在实际编制中，往往出现不考虑要求随意确定检测灵敏度的情况，就造成可能对缺陷发现能力不足的情况。若有要求检查的缺陷是疲劳裂纹和发纹，则应该采用高灵敏度检查，即应采用严格规范；若要求检查的主要是表面淬火裂纹，则采用一般标准灵敏度就可以了。

8.6.3　对缺陷产生方向模糊，导致磁化方向选择错误

工艺编制与审查中，分析工件上缺陷成因和形成方向是十分重要的，它决定了检测方法的采用，是发现缺陷的关键一步。应该从材料、加工工艺和使用条件等诸多因素来进行分析。

以8.5.1中第2个例子泵接头为例，该材料为40Cr，原材料为一管材，经过车削加工和两次热处理，再进行表面防护处理（磷化）。其产生的缺陷可能是：原材料缺陷（裂纹和发纹），其方向多数与管材径向一致；另外一次普通热处理和表面局部高频淬火处理，普通热处理出现缺陷可能性较小，但局部高频处理不当则可能产生不规则方向缺陷，因此必须采用两个不同方向的磁化。按照一般情况，先进行周向磁化，再进行纵向磁化。周向应采用中心导体法，一是为了检查内部，二是为了不破坏已磷化的外表面保护层。

再以使用中的齿轮为例，该检查主要为疲劳裂纹。分析疲劳裂纹的产生的地方，主要是在齿轮齿间连接的部位。从受力分析，裂纹方向应该是沿轴圆周方向，即横向。这时首选的检测方法是纵向磁化，即把工件放在线圈或用磁轭进行磁化。必要时，可以辅助以周向磁化（通电法）。如果只采用周向磁化，就不能满足检测要求。

塔形检查要求是发纹，其方向是沿材料延展方向——纵向，采用连续法通电磁化即可。其他方法都不能满足要求。

8.6.4　磁化电流计算错误

磁粉检测中的电流是磁场产生的，磁化电流的大小决定了工件上磁化磁场的大小。确定磁化电流实际就是保证在工件上获得必要的磁场使工件得到满意的磁化。

磁化电流的计算错误主要有以下几种情况：

1）没有很好地确定检测灵敏度。如前所述，没有按照验收标准确定检测灵敏度要求，造成选用磁化电流过强或过弱，以至于缺陷不能很好显示。

2）公式混用（周向、纵向，纵向之间）。计算者未能掌握各种典型磁场的特点和计算方法，造成张冠李戴，如周向、纵向公式混用；或者是由于对不同单位制的换算不清，造成计算错误。

3）对工件上的有效磁场缺乏认识。磁化工件时的磁场应该是有效磁场，这不仅是在纵向时是这样，在周向磁化时也是这样。一般来说，线圈纵向磁化时由于退磁因子（长径比）的作用，对工件上的有效磁场影响是很大的。但在周向磁化时，工件上一些较大的人为断裂、沟槽或孔穴处也具有较大的磁阻；要注意这些部位磁场强度是否能满足磁化要求。通常应该进行试验确定。

4）对当量直径及有效直径意义及使用要求不了解。为了对不规则零件进行磁化，应该对不规则零件的尺寸进行规则化处理。也就是说，将非圆柱零件进行圆柱化处理。按照标准，在周向磁化时对非圆柱工件周长采用当量化处理，即所谓当量直径；而在纵向磁化中长径比计算时要对非圆柱工件截面直径进行等效化处理，即所谓等效（有效）直径。二者的概念是不相同的，特别是在空心零件中更是如此。计算时应按照检测要求分别采用。

注：近年来国外有的标准只采用当量直径进行计算，在实心零件时，二者误差约20%。在计算要求不高时也可以采用。

5）对形状变化较大的工件没有分别计算和分别磁化。在实际探伤中，工件往往不是标准的圆柱形。为了检测的方便，通常将它们的形状简化归一，以利于计算。这样处理，在工件形状各部分差异不大时是可以的。但在零件尺寸差异较大时，就可能造成局部磁化不足或磁化过强而影响检测效果。为了解决这一问题，应该对较大差异的部分分别计算和检测；如塔形检查。较大差异的确定一般规定为30%以内。通常是以大尺寸代替小尺寸计算以保证检测效果。

6）滥用剩磁法。磁粉检测中剩磁法检测有许多独特的优点：操作方便，效率较高而且安全卫生。得到许多地方的采用。但这一方法对试件材料磁性有严格要求，对磁化电流的波形和大小也有所讲究。同时剩磁的计算也较困难。一般说来，交流电在没有断电相位控制装置时不能采用剩磁法。在考试中，一些材料根本不满足剩磁检测要求也有人采用，如塔形检查。更有人将复合多向磁化采用剩磁法进行检测的，这更是基本概念发生错误了。

7）计算过程不认真。考试中一些人在计算磁化电流时不认真检查公式、计算过程，造成计算错误。

8.6.5　检验方法选择不当

检验方法主要是确定磁粉的施加状态，即采用干粉法还是湿粉法；在湿法检查中，是连续法还是剩磁法；湿法检查的承载液体是油还是水。通常在批量制造检测中多采用湿法和油基载液；在使用中检查或在易燃易爆场合多采用水载液检查。在检测中，连续法适用于一切铁磁材料，剩磁法只适用于部分铁磁材料；高要求高灵敏度多采用连续法检查；防锈要求高的多采用油基载液。应结合用户需求和检测实际选择检验方法。

8.6.6 复合磁化基本概念模糊

复合磁化又称为多向磁化。它能在一次磁化过程中发现试件各个方向上的缺陷，能提高工作效率，在一般检查中应用较多。使用复合磁化时要注意的是：

1）复合磁化只能采用连续法磁化；

2）复合磁化在各磁化方向上的检测灵敏度不一定一致，要经过认真计算和验证后才能正确使用；

3）复合磁化检测灵敏度要求不是最高的；

4）复合磁化对表面下的缺陷检查效果较差。

使用复合磁化时要注意设备提供的检测能力，通常用专用试块或试片进行验证。

8.6.7 设备、器材、试块或试片选择不当

工艺卡编制中对设备器材的选择错误多为对设备器材的性能了解不清。以湘仪厂生产的CEW2000 型探伤机为例，该机是交直流两用床式探伤机，人工操作方式，最大通电电流为交流 2000A（短路状态）；线圈直径为 200mm，最大磁化安匝数为 19800；设备中心高约150mm，夹头间距小于或等于 1000mm。但在检测时，由于试件长短及电阻的不同，工件上的电流最大实际不会超过 1800A 或者更小一些。但有的编制时试件长为 1.2m，电流计算为1900A 以上的仍然采用这型机器。另外，也有人选移动式或便携式设备做较大批量零件检查的。这都是不熟悉设备之故。

在器材上，磁粉和载液的选择非常重要。应注意器材使用的配套性，使用荧光磁粉一定要有黑光灯，采用中心导体法就应有适合的中心导电体。应用感应电流法检查就必须配备相应的装置。在磁悬液的配置上，除注意水液和油液之分外，还应注意磁悬液浓度的控制。检测要求较高的试件一般多为光亮件，要发现较小缺陷则磁悬液浓度一般应该较大，而检查螺纹一般又要采用较低浓度的磁悬液。此外，温度对磁悬液悬浮能力的影响也是工艺应该考虑的因素。

试块和试片的选用也应参照设备和检测对象确定。做综合性能检测时，最好采用与检测产品一致的自然缺陷试块。如果采用标准试块，应该注意交直流试块不能混用。采用灵敏度试片时，要注意标号（A 型、C 型和 D 型等）与规格，应符合检测要求。

8.6.8 磁化方向图示不清

工艺卡中有一个工件磁化示意图，图用简洁的符号语言表达了工件的简单形貌和磁化的方向及检测部位等。但在考试中，有不少人对这一表达表述不清，表现为：工件图形未按规定画法；磁化方向标示不明确，磁化方法未能准确表达等。甚至有人看错图形，将实心带螺纹工件看成是圆管零件而采用中心导体法磁化。

对于磁化示意图要求图形清晰、表达明白、文字简洁，无涂改污染。

8.6.9 检测操作过程规定错误

工艺卡应对主要操作过程进行规定，即对预处理、磁化方法、磁悬液浇洒、观察、退磁及后处理等要进行规定，特别是对一些检测中有特殊方法要求的地方应该予规定。如对需要

进行磁化的工件，要明确其检测方法及部位、主要使用工装器材以及操作中应该注意的事项。需要进行多次磁化的试件，应分别进行每次磁化的说明。

在编制中出现的主要问题如下：

1）检测程序规定不合理。如在一般情况下，对工件实施多次检测是先周向后纵向，但在横向缺陷为首选检查时，应该首先进行线圈纵向磁化检查。这时周向磁化则应安排为辅助磁化。

2）使用检测器材规定失当。如工件本身是经过磨削的高光洁工件，有人在辅助器材中规定用粗砂纸进行打磨；黑磁粉不需要黑光灯，但有人也做了规定；甚至有人用袖珍磁强计去检查表面磁场大小；等等。

3）缺乏对检测细节的认真考虑。如对某型飞机带弯头筒形活塞杆的检查中，中心导体应该采用软电缆，但有人却采用刚性铜棒制作导体，又未采用电极与工件内壁接触的保护措施，很难不烧伤工件。

4）文字啰唆，罗列一大堆检测要素，不简明扼要，缺乏重点。

8.6.10　质量控制

质量控制贯彻于磁粉检测整个过程，在工艺卡上也应有所表现。除工艺卡本身各要素要求完备正确无误外，还应该对一些在日常检查中应该进行的质量控制程序进行规定。例如：综合性能检查、磁悬液浓度及污染检查、电流表参数是否正常等都应该有所明确。

另外在编制中应对编审人员的责任，工艺卡的修订补充事项也予以注意。

8.7　磁粉检测工艺卡的管理

磁粉检测工艺卡应纳入工艺文件管理系统严格管理（编号管理和版次管理）。

磁粉检测工艺卡的更改应按有关工艺文件规定的更改程序进行，执行与编制相同的审核和批准程序。未按规定的更改程序进行的更改是无效的。

应保持磁粉检测工艺卡的严肃性与整洁性，严禁在磁粉检测规程和磁粉检测工艺卡上涂抹或添加内容。

复　习　题

1. 磁粉检测有哪些主要技术文件？

＊2. 什么是无损检测工艺卡？

3. 磁粉检测工艺图表中应包含哪些内容？

4. 制定工艺卡需要哪些条件？

5. 工艺卡一般可分为哪几个部分？

6. 磁粉检测工艺卡编写中有哪些重要项目？

第9章 磁粉检测应用

9.1 各种磁化方法的应用

磁粉检测的基本要求之一是被检查的零件能得到适当的磁化，使得缺陷所产生的漏磁场能够吸附磁粉形成磁痕显示。为此，人们发展了各种不同的磁化方法以适用于不同零件的磁化。

下面介绍几种主要的磁化方法的应用场合及其优缺点。

9.1.1 通电磁化法的应用

零件由接触电极直接通电的磁化方法有三种：零件端头接触通电、夹钳或电缆通电、支杆触头接触通电。三者的应用情况见表9-1。

表 9-1 通电磁化法的应用

应 用	优 越 性	局 限 性
零件端头接触通电法		
实心的较小零件（锻、铸件或机加零件），在固定式探伤机上通电直接检查	过程迅速而简便 通电部位全部环绕周向磁场 对表面和近表面的缺陷检查有良好的灵敏度 通电一次或数次能够容易地检查简单或比较复杂的零件	接触不良会烧伤零件 长形零件应分段进行检查，以便施加磁悬液，不宜采取过长时间通电磁化 筒形零件内壁无磁场
夹钳或电缆接触通电法		
大型铸件 实心长轴零件，如坯、棒、轴、线材等 长筒形零件，如管、空心轴等	可在较短时间内进行大面积的检查 电流从一端流向另一端，零件全长被周向磁化 所要求的电流强度与零件长度无关，零件端头无漏磁	需要特殊的大功率电源 零件端头应允许接触通电且能承受电流不过热 有效磁场仅限于外表面，内壁无磁场 零件长度增加时应增大电压提高电流
触头支杆接触通电法		
焊接件，用来发现裂纹、夹渣、未熔合和未焊透 大型铸锻件	选择触头位置，在焊区可产生局部周向磁场 支杆、电缆和电源都可携带至现场 采用半波整流及干粉法效果较好 用通常电流值，可分部检查整个表面 周向磁场可集中在产生缺陷附近区域 可现场探伤检查	一次只能检查很小面积 接触不良会引起电弧烧炸工件 检查大面积时多次通电费工费时 接触不良将引起电弧及工件过烧 使用干粉表面必须干燥

9.1.2 间接磁场（磁感应）磁化法的应用

间接磁化方法中电流不直接通过工件，通过通电导体产生磁场使工件感应磁化。主要包括中心导体法、线圈法和磁轭法。中心导体法产生周向磁场，线圈法和磁轭法产生纵向磁场。其应用情况分别见表9-2~表9-4。

表9-2　中心导体法间接磁化的应用

应　用	优　越　性	局　限　性
长筒形零件，如管、空心轴	非电接触，内表面和外表面均可进行检查，零件的全长均被周向磁化	对于直径很大或管壁很厚的零件，外表显示的灵敏度略低于内表面
用导电棒或电缆可从中穿过各式带孔短零件，如轴承环、齿轮、法兰盘孔等	质量不大的零件可穿在导电芯棒上，在环绕导体的表面产生周向磁场，不烧伤零件	导体尺寸应能承受所需电流，导体放在孔中心最理想，大直径零件要求将导体贴近零件内表面沿圆周方向磁化，磁化应旋转进行
大型阀门、壳体及类似零件	对表面缺陷有良好的灵敏度	导体应能承受所需电流，导体放在孔中心最理想，大直径零件要求将导体贴近零件内表面沿圆周方向磁化

表9-3　线圈法间接磁化的应用

应　用	优　越　性	局　限　性
中等尺寸的纵长零件，如曲轴、凸轮轴	一般来说，所有纵长方向表面都能得到纵向磁化，能有效地发现横向缺陷	零件应放在线圈中才能在一次通电中得到最大有效磁化，长形零件应分段磁化
大型锻、铸件或轴	用缠绕软电缆线的方法得到纵向磁场	由于零件形状尺寸，可能要求多次操作
各型小零件	容易而迅速地检查 采用剩磁法检查效果很好	零件 L/D 值影响磁化效果明显 零件端头探伤灵敏度低

表9-4　磁轭法间接磁化的应用

应　用	优　越　性	局　限　性
实心或空心的较小零件（锻、铸件或机加零件），在固定式探伤机上用极间法磁化直接检查	工件非电接触 所有纵长方向表面都能得到纵向磁化，能有效地发现横向缺陷 检查速度较快	长零件中间部分可能磁化不足 磁轭与工件截面相差过大可能造成磁通较大变化；磁轭与工件间的非磁物质间隙过大会造成磁通损失
大型焊接件的检查；大型工件的局部检查。采用便携式磁轭局部检查	工件非电接触。改变磁轭方向可检查各个方向上的缺陷 适用于现场及野外检查	每次检查范围太小，检测速度慢 磁极处易形成检测"盲区"

9.1.3　感应电流磁化法的应用

表9-5列出了感应电流磁化法的应用。

表9-5　感应电流磁化法的应用

应　用	优　越　性	局　限　性
环形件，检查与环形方向一致的周向缺陷	零件不直接通电；整个零件表面均有沿环形件截面的周向磁场，一次磁化可获得全部覆盖	为了增强磁路，需要多层铁心从环形件中心通过

9.2　常见工件的检查

各种机械零件，如常见的螺栓、顶杆、传动轴、排气阀、弹簧、高压紧固接头、轴承等经常需要进行磁粉检测，一些航空、航天、兵器、船舶上的零部件也需要进行磁粉检测。这些器件或制品大都用钢坯轧制或锻造成的棒材、管材或其他型材加工而成，也有一些用铸造毛坯进行切削加工而成。这些工件多数尺寸不是很大，并且有一定的生产批量，一般适用于固定式磁粉探伤机检查。

根据常见的工件的形状，可以将它们大致分为轴、管、杆、轮、盘、壳、螺纹及特殊形状几大类。检测时，应该根据它们的结构特点、使用要求、材质及加工工艺选择适当的检测方法并确定工艺参数。

下文简述几类零件的实际检测应用。

9.2.1 管、轴、杆类工件的检测

管、轴、杆等形状的工件在整个机械制品中占了很大的比例，如传动轴、丝杆、螺栓、气瓶钢筒、枪炮身管、炮弹体、活塞杆等。这类产品的特点是工件长和宽的比值较大，常以压延拉制或锻造成型。在锻轧成型中，钢锭中的气泡、夹杂物等一般都被拉长变细，折叠、拉痕等也呈纵向分布，沿轴向延伸。因此，检测这类工件时主要是以轴向通电法为主，检测管材可用中心导体法。如果加工过程中可能产生横向缺陷（如淬火裂纹、磨削裂纹等），则可辅以线圈法或磁轭法等纵向磁化的方法。不等截面的轴、杆磁化时，磁化顺序应由磁化所用的电流强度决定。工件直径小的部位磁化电流较小，应先进行磁化检查，完毕后再对工件直径较大的部位进行磁化检查，但要防止大电流磁化时在工件小截面处产生热损伤。对一些直径较大并且长度较长的工件（如口径大于 100mm 的火炮身管）轴向磁化时，应将工件按圆周和长度分段磁化及观察，观察时要注意区段的覆盖，一般圆周以每次四分之一，长度以300mm 左右为一段。观察完一段后，再对下一段进行观察。

管形工件在长度和质量都适宜的情况下采用中心导体法磁化较好。芯棒宜采用导电良好的铜或铝棒，直径约为工件内径的四分之一到二分之一，要有良好的承载能力。铁棒很少作为芯棒采用，需要采用时要注意其电阻较大，芯棒容易发烫，同时注意工件与芯棒间尽量不要接触。数个短小的工件可以一次串联在芯棒上磁化，磁化时在工件之间要留有足够的间隙，以便工件的每个部位上都能浸润到磁悬液。

使用线圈对轴类工件纵向磁化时，若 L/D 值较大且零件较长时，要注意分段磁化检查。

对一端封闭的管形零件，除用通电法外，也可用芯棒和工件接触的方法磁化。通电时，应保证导电芯棒封头的端端面有良好的接触，并且注意使工件不接触到磁化设备上接地的任何部分。

湿法进行时，可根据工件颜色选用普通磁粉或荧光磁粉。对管内壁或螺栓零件最好采用荧光磁粉。

9.2.2 齿轮、轴承类工件的检测

各种齿轮、凸轮、飞轮、滚轮，各种轴承、套筒、螺母等是另一类常见的工件。它们的特点都是空心零件，沿直径方向较大而沿长度方向较短。

这类工件多数是将钢材锻压成毛坯形状后，再经热处理和机械加工成制品的。因此，它的缺陷主要是材料经锻造、热处理及切削加工产生的，主要有折叠、夹杂、锻造裂纹、热处理裂纹和磨削裂纹等。一些用铸造毛坯的还可能有铸造缺陷，如缩孔、疏松、夹杂、铸造裂

纹等。缺陷的方向大多不固定，最好在各个面上都进行检查，其中如齿轮的齿根部、轴承的磨削面都是容易出现缺陷的地方。

工件尺寸不大时，可采用中心导体法检查。穿棒时多个工件串联在芯棒上，磁化时轴向和端面上的缺陷即可显示。如果工件直径较大，可用电缆缠绕（通过中心孔）磁化。若需要发现表面沿圆周方向的缺陷，可采用感应电流磁化，即将工件当成一个闭合导体，作为变压器的二次线圈利用二次电流就可将工件磁化。

齿轮工件磁化时，应该注意齿轮的工作表面上的磁感应强度是否适当，特别是直径及模数较大的齿轮（$m=5$ 以上），在其顶部和两齿之间的面上磁场会明显不足。为了解决这一问题，可在齿厚方向的两面上进行充磁或通电，就可以发现工件表面上的缺陷。为了提高检测效率，可设计专用夹具，如通电充磁用的导管，对齿轮部位进行检测。

由于轮类工件多为受力工件，硬度值和材料的矫顽力都较大，可根据其磁特性选择采用剩磁法检测。但是，对齿轮的轮齿部位检测时，由于形状较为复杂，磁力线方向不易控制，一般不用剩磁检测。

9.2.3 盘类工件的检测

盘类工件也是常见的机械制品，如各种联轴器、各类压盖、端盖、法兰盘、管接头等。它们的主体大多数由回转体组成，在轴线上有内孔或内腔结构，盘上布有各种连接孔、螺栓孔、螺孔等。盘件常由铸造或锻造而成，尺寸大小不等，其检查方法也不一样。尺寸较小的可在固定式探伤机上用通电和充磁方法检查，较大的，则用触头分段局部通电或用便携式磁轭分片磁化，磁化时应注意磁场方向和覆盖。各种连接孔可用中心导体法检查，检查时注意其内部及孔周围的缺陷。

9.2.4 表面有涂覆层工件的检测

表面有涂覆层工件的磁粉检测，应该根据所需要的检测灵敏度进行。一般覆盖层越厚，检测灵敏度越差。根据实验，镀铬层在 $40\mu m$ 厚度时还可以进行磁粉检测，所发现的磁痕经解剖为裂纹。表面涂漆层厚度在 $0.1mm$ 以上进行检测时所发现的为较粗大的锻造裂纹。

带有涂覆层的工件检测时，应注意表面涂覆物是否绝缘。采用通电法时，要除去电极处的绝缘层，如漆层、磷化层等。另外要考虑除去表面层是否影响工件使用。在许可的条件下，最好采用工件间接磁化的方法，即用磁轭法线圈法等形式。工件表面较暗时，应采用荧光磁粉检测或使用反差增强剂。

经喷丸处理的工件一般不能进行磁粉检测检查，因为喷丸后工件表面状态发生变化，许多缺陷被掩盖。只有对缺陷宽度较大和较深者，可以考虑进行磁粉检测，但检测灵敏度大为降低。

9.2.5 检测实例

1. 薄壁炮管的检测

薄壁火炮，如迫击炮、无后坐力炮、火箭筒等，其身管都为一圆筒形，有的上边有几个不高的台阶。这些炮身管的特点是承受的膛压大，采用优质高强度合金钢制成，主要缺陷为冶金时带来的发纹、夹杂及轧制时的折叠等，多数沿轴向分布。

由于身管是中空薄管，质量不大，故采用中心导体法检测。为防止工件偏心和操作方便，可在芯棒上装上用胶木制作的滚轮，工件套在滚轮上进行连续法磁化。检测时，用手旋转身管，一边磁化一边浇磁悬液。观察磁痕时可对工件进行分段标记，旋转观察。

炮管是承受高膛压的关键受力器件，磁化时采用严格磁化规范、湿法检查。

2. 刺刀的检测

刺刀是经锻造成形后加工的，采用优质硼钢制成。通电法磁化时，应在刀尖处加设保护接触铜套防止刀尖烧蚀。为了发现横向缺陷，可用线圈或磁轭对刺刀进行磁化。由于其剩磁较高，也可采用剩磁法检查。

磁化一般采用严格磁化规范进行。由于刺刀要进行镀铬处理，有时为了检查氢脆裂纹，在镀铬前后都要进行检测检查。

3. 炮环零件的检测

某炮底座上有一个大环零件，直径约 1.3m，壁厚约 50mm。采用局部缠绕电缆的方法可以发现环两壁及内外表面轴向上的缺陷。检查时先观察绕电缆附近的部位，然后缓慢推动所缠的电缆，逐步观察。在需要检查环圆周方向的缺陷时，可采用沿工件弧面局部通电的方法磁化，或采用磁轭对环两壁进行磁化观察。环轴向缺陷也可采用平行磁化法检查。

检查可采用标准磁化规范进行。

4. 滚柱轴承的检查

将轴承的套圈和钢柱分开，套圈可用中心导体法、感应电流法检查。钢柱用线圈法检查，检查时将钢柱沿长度方向连接在一起，用连续法磁化，用标准磁化规范确定磁化电流。

9.3 大型铸锻件的检查

9.3.1 大型铸锻件的检查特点

大型铸锻件是相对于一般中小工件而言的，如大型发电机转轴、机壳、汽轮叶片、涡轮、一般机械的箱体、火炮底盘、装甲车辆传动轴、重型汽车大梁及前后桥，以及锅炉的锅筒、储气球罐等。这些工件多数是采用铸造、锻压或焊接成形的，其特点是体积、质量较大，外形较复杂。对于这些工件的检测，应根据不同产品的制造特点，结合材料加工工艺选择合适的方法。

由于工件尺寸较大，一般中小型固定式磁粉探伤机难以发挥作用，主要采用大型及移动式或便携式探伤机检查，并以局部磁化为主。

当根据工件的特点采用触头通电或磁轭法磁化时，由于是局部磁化，应考虑检测面的覆盖。磁化规范的选择及磁场的计算按有关规定（标准）进行，在一些形状特殊的地方可以采用试片或测磁仪器来确定磁场强度的大致范围。

9.3.2 铸钢件的磁粉检测

将熔化的钢水浇注入铸型而获得的一定形状、尺寸和性能的零件毛坯的工件叫铸钢件。由于其生产成本较低，易于成形为形状复杂的工件，所以被广泛使用。铸钢件生产过程由冶炼、造型、浇注、出模、热处理等一系列环节组成。根据使用的材料，铸钢分为铸造碳钢、铸造低合金钢和铸造特种钢等。按其生产特点，又有砂铸、压铸、熔模铸造等多种方法。

大型铸件多采用砂型铸造。铸件外表面粗糙度高，内部晶粒度较粗，组织多不均匀。磁粉检测的主要缺陷有铸造裂纹、疏松、夹杂、气孔等。

检测大型铸钢件可做如下考虑：

1）砂型铸钢件体积和质量较大，壁厚也较大。检测要求一般为检出表面和近表面较大的缺陷，因此宜采用局部磁化方法，如触头通电法或便携式磁轭法。为了检测铸造裂纹和皮下气孔、夹渣等缺陷，宜采用单相半波整流电磁化，检测介质采用干磁粉以提高检测灵敏度和检测速度。

2）铸钢件由于存在内应力的影响，有些裂纹延迟开裂，所以不应铸造后立即检测，而应等一、二天后再检测。

下面以铸钢阀体和十字空心铸钢件为例，说明其检测方法。

铸钢阀体是砂型铸钢件，其外形如图 9-1 所示。由于该工件体积较大，且形状复杂、表面粗糙，要求检出近表面一定深度缺陷，所以采用移动式磁化电源，用单相半波整流电在现场对其磁化，采用干磁粉作显示介质。磁化时，用触头法分段并改变方向磁化。检测前，应做好工件的预清理，除去砂粒、油污和锈蚀，并对粗糙部分进行打磨。对一些较平坦的表面，可采用交叉磁轭进行磁化，并用中心导体法或穿电缆方法检验孔

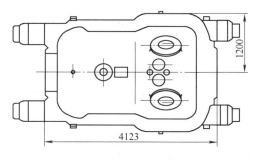

图 9-1　铸钢阀体

周围的缺陷。施加介质时，在电流接通的情况下，用喷粉器将磁粉均匀喷撒在工件上，随后用压缩空气吹走多余的磁粉，但风量要适当掌握，不要将缺陷上已形成的磁痕吹掉。

阀体上常出现的缺陷有热裂纹和冷裂纹，表现为锯齿状的线条，缩孔表现为不规则的、面积大小不等的斑点；夹杂表现为羽毛状的条纹。

对检测发现的缺陷，应进行排除，直到复查无缺陷为止。

十字空心铸件可以采用如图 9-2 所示的方法进行检查，即用软电缆以中心导体或缠绕的方式用大电流进行磁化。检查时各个电路分别单独通电，能够发现工件表面各个方向上的缺陷。

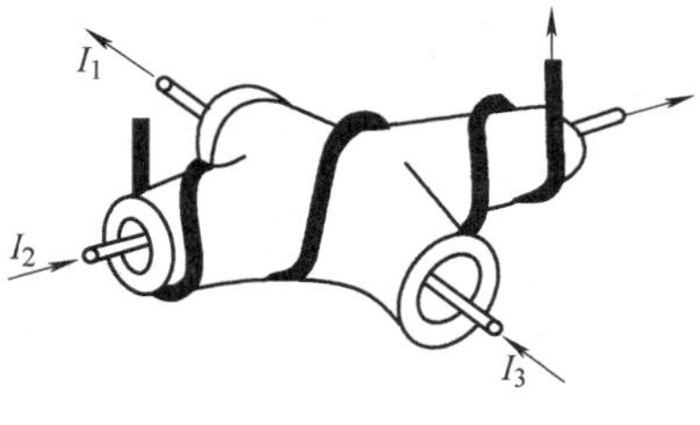

9.3.3 锻钢件的磁粉检测

锻钢件是利用锻压机械对金属坯料施加压力，使其产生塑性变形，然后再经过机械加工成为制品。锻压工艺包括轧制、挤压、拉拔、自由锻、

图 9-2　十字空心铸件的检测

模锻、板料冲压等金属塑性加工方法。其中，轧制、挤压和拉拔主要用于生产型材、板材、线材、带材等；自由锻、模锻和板料冲压总称锻压，主要用于生产毛坯或零件。

与铸钢件相比，锻钢件通过锻压消除了金属在冶炼过程中产生的疏松等缺陷，结构紧密，晶粒细小均匀，保存了完整的金属流线。锻压件的机械性能一般优于同样材料的铸件，且生产效率高。在重要的机械零件中，除形状较简单的可用轧制的板材、型材或焊接件外，多采用锻件。

锻压有自由锻、模锻、镦锻等。锻钢件的加工方式为：锻造——热处理——机械加工——表面处理等。在锻压过程中常见的主要缺陷有锻造裂纹、锻造折叠、锻造过烧。在加工表面上会发现发纹、白点、夹杂、分层等，经过加工和使用还可能出现淬火裂纹、磨削及矫正裂纹等。在使用过程中还可能产生应力疲劳引起的裂纹。

锻钢件的检测应考虑以下几个问题：

1）由于锻钢件变形大，形状复杂，容易产生各个方向和各种性质的缺陷。因此，至少应在两个方向进行磁化。

2）应着重检测分型面，在这些位置常见锻折叠、分层，有时经打磨后目视仍有黑色条状痕迹或者无痕迹，这是在"焊合"前表面有的已经氧化或者还未氧化的缘故。

3）对形状简单的锻钢件，如果批量较大，经济上又合算，还可以实现半自动化或自动化检测。

4）对中小型锻钢件可在固定式磁粉探伤机上进行通电法磁化、穿棒法磁化、线圈法磁化、磁轭法磁化等。

对一般应用的锻钢件，检测前只要经过喷砂或打磨即可得到合适的显示，但松动的氧化皮必须清除。有质量等级要求的锻钢件，预处理的表面粗糙度应与检验所要求的质量等级相适应。

下面以内燃机曲轴为例说明锻件磁粉检测的一般方法。

曲轴是发动机上的一个重要的机件，其材料是由碳素结构钢或球墨铸铁制成的，有两个重要部位（还有其他）：主轴颈，连杆颈。主轴颈被安装在缸体上，连杆颈与连杆大头孔连接，连杆小头孔与气缸活塞连接，是一个典型的曲柄滑块机构。图9-3所示为曲轴零件实物，图9-4所示为曲轴检测方法。

图9-3 曲轴

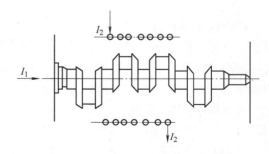

图9-4 曲轴检测方法

曲轴有模锻和自由锻两种，以模锻居多。由于曲轴形状复杂且有一定的长度，一般采用连续法轴通电方式进行周向磁化，线圈分段纵向磁化（见图9-4）。根据曲轴工作状况、探伤设备调节和曲轴工艺作业特征，对曲轴探伤采取湿法连续法磁粉检测，使用荧光磁粉、油基磁悬液。

在曲轴的检测技术条件中，对曲轴各部分按其使用的重要性进行了分区。检测时，应注意各部分对缺陷磁痕显示的要求。

曲轴拐颈和曲柄颊连接等部位在机械加工时易产生伤痕，形成疲劳源。在曲轴长期承受交变载荷、大转矩的状况下，曲轴的拐颈、曲柄颊连接处、主轴颈、曲柄颊连接等几处截面形状变化大，局部应力大，传递应力大，极易产生疲劳裂纹。因此，在主轴颈、拐颈表面，裂纹产生率较高，而且发展速度快，容易导致疲劳断裂，这些部位都是探伤的重点。

9.4　焊接件的检查

9.4.1　焊接件磁粉检测的重要性与检测范围

1. 焊接件磁粉检测的重要性

焊接技术是一种普遍应用的技术。它是在局部熔化或加热加压的情况下，利用原子之间的扩散与结合，使分离的金属材料牢固地连接起来，成为一个整体的过程。焊接技术广泛用于工业建设和军工生产中，良好的焊接接头是焊接质量的重要保证。因此，必须加强对焊接件的检测，及时发现与排除危害焊接质量的缺陷。

金属焊接方法种类很多，主要有熔焊、压焊和钎焊三大类。磁粉检测经常遇到的是熔焊。常用的熔焊方法有气焊、电弧焊、埋弧焊、电阻焊、等离子弧焊及特种焊接（激光焊、电子束焊）等。焊接结构材料包括碳素钢、各种低合金钢以及不锈钢等。

磁粉检测主要对熔焊形成的焊接接头进行检测。焊接接头形式繁多，有对接、搭接、角接、端接与 T 形接头等。

由于几何上的不连续性，力学性能上的不均匀性，焊接变形与残余应力的存在。因此，焊缝在耐高温、耐腐蚀与耐疲劳等方面都远不及母材，往往是事故的源发区。所以国内外对焊缝的性能异常与缺陷的检测都给予很大的重视。

2. 焊接接头检查范围

检查时主要检查焊缝，包括其连接部分和热影响区。焊接缺陷主要有裂纹、未熔合与未焊透、气孔、夹渣等，其中裂纹尤其是表层裂纹对焊接件危害极大。这些裂纹分布既有纵向又有横向，弧坑处、热影响区、熔合线上以及根部都有可能形成不同的裂纹。磁粉检测是检测钢制焊接件表层缺陷的最有效方法之一，对裂纹特别敏感。

根据焊接件在不同的工艺阶段可能产生的缺陷，焊接检测主要对坡口、焊接过程及焊缝的质量以及焊接过程中的机械损伤进行检查。

1）坡口检查是检查焊件母材的质量，范围是坡口和钝边，可能出现的缺陷有分层和裂纹。分层平行于钢板表面，在板厚中心附近。裂纹可能出现于分层端部或在火焰切割时产生。对坡口检查常采用触头法，但应防止电流过大而烧伤触头与工件的接触面。

2）焊接过程中的检查主要应用于多层钢板的包扎焊接或大厚度钢板的多层焊接。检查在焊接过程的中间阶段，即焊缝隆起只有一定厚度时进行，发现缺陷后将其除掉。中间过程检查时，由于工件温度较高，不能采用湿法，应该采用高温磁粉干法进行。磁化电流最好采用半波整流电。

3）焊缝表面质量检查是在焊接结束后进行。焊缝检测的目的主要是检测焊接裂纹等焊接缺陷。检测范围应包括焊缝金属及母材的热影响区，热影响区的宽度在焊缝每边大约为焊缝宽度的一半，因此要求检测的宽度应为两倍的焊缝宽度。

采用自动电弧焊的焊缝表面较平滑，可直接进行磁粉检测；手工电弧焊的焊缝比较粗糙，应进行表面清理后再进行检查。由于一般高强度钢的焊接裂纹有迟延效应（即延时开裂），焊接后不能马上检测，通常放置二至三天后再检测。

4）机械损伤部位的检测。

在容器的组装过程中，往往需要在焊接部件的某些位置焊上临时性的吊耳和夹具，施焊完毕后要去掉，在这些部位经常发现裂纹，需要检测。这种损伤部位的面积不大，一般从几平方厘米到十几平方厘米不等。

9.4.2 检测方法选择

检查焊缝的方法应根据焊接件的结构形状、尺寸、检验的内容和范围等具体情况加以选择。对中小型的焊接件如飞机零件、发动机焊接件、火炮零件、工装工具焊接件等，可采用一般工件检测方法。而对大型焊接结构如装甲车辆、轮船壳体及甲板、房屋钢梁、锅炉压力容器等，由于其尺寸质量都很大，形状也不尽相同，就要采用不同的方法。检测方法多用磁轭法和触头法。磁轭法可采用普通交直流磁轭或十字交叉旋转磁轭，有时还可采用永久磁铁制作的磁轭。对直径不太大的管道也可采用线圈或电缆缠绕方法对焊缝进行辅助磁化。

1. 磁轭检查法

磁轭法是大型设备焊缝检测常用方法之一，其优点是设备简单、操作方便。但是，磁轭只能单方向磁化工件，为了检出各个方向的缺陷，必须在同一部位至少做两次互相垂直的检测。检测焊缝纵向缺陷时，将磁轭垂直跨过焊缝放置；检测焊缝横向缺陷时，将磁轭平行焊缝放置。磁轭的磁极间距应控制在 $75 \sim 200 \mathrm{mm}$ 范围内，但磁极连线间距 L 应不小于 $75 \mathrm{mm}$，两次磁化间的两磁轭间距 b 应不大于 $L/2$，提升力要符合标准要求。

用交叉磁轭旋转磁场对焊缝表面裂纹检查可以得到满意的效果，其主要优点是灵敏可靠，检测效率也较高，在检查对接焊缝特别是锅炉压力容器检查中得到广泛应用。但是，在使用时应注意磁极端面与工件的间隙不宜过大，防止因间隙磁阻增大影响焊道上的磁通量，一般应控制在 $1.5 \mathrm{mm}$ 以下。另外，交叉磁轭的行走速度也要适宜。观察时要防止磁轭遮挡影响对缺陷的识别。同时还应注意喷洒磁悬液的方向。

2. 触头法

触头法也是单方向局部磁化的方法，其主要优点是电极间距可以调节，可根据检测部位情况及灵敏度要求确定电极间距和电流大小。对复杂的接头结构，如带有倾角小于 $90°$ 的分支连接，采用触头法往往能取得较好的效果。检测时为避免漏检，同一部位也要进行两次互相垂直的检测。使用触头法时应注意触头电极位置的放置和间距，触头位置如图9-5所示。

触头法同磁轭法一样，采用连续法进行。磁化电流可用任一种电流，但以半波整流电效果最佳。施加磁粉的方式可用干法或湿法。检测接触面应尽量平整以减小接触电阻。

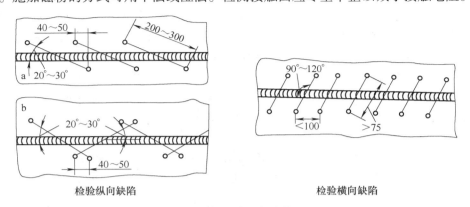

检验纵向缺陷　　　　　　　　　　检验横向缺陷

图 9-5　焊缝检测触头位置

3. 绕电缆法

绕电缆法用于检测焊缝的纵向缺陷，通过软电缆缠绕在工件上通电的方法磁化。对管道环焊缝可采用线圈法或绕电缆方法磁化。对角焊缝还可采用平行电缆方法磁化，但应注意缺陷检测的范围和检测灵敏度的控制。

9.4.3　检测实例

1. 火箭筒喷火管焊缝的检查

火箭筒是步兵用反坦克武器，材料为 30CrMnSiA，经调质处理，其尾部是一个喇叭状的喷火管，与身管用焊接方式相连，如图 9-6 所示。

检查时可用中心导体法检测纵向缺陷，用线圈法检查横向缺陷。

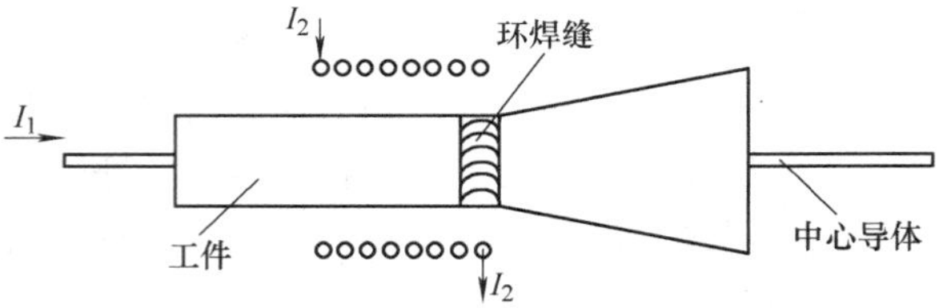

图 9-6　火箭筒喷火管焊缝的检查

2. 带摇臂轴的检查

带摇臂轴是飞机上重要的受力件（见图 9-7），材料为 30CrMnSiNi2A，焊接后进行热处理。

磁粉检测的主要操作程序如下：

焊接前，对摇臂和轴分别进行磁粉检测，合格后再焊接；焊接后，在固定式磁粉探伤机上进行两次周向磁化，并用湿式连续法检验焊缝及热影响区；热处理后，在固定式磁粉探伤机上再进行两次周向磁化，并在线圈内进行两次纵向磁化，用湿式剩磁法检验焊缝及整个工件。检测合格后，对工件退磁。

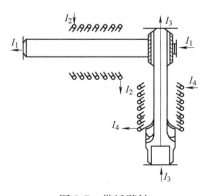

图 9-7　带摇臂轴

3. 球形压力容器的检查

球形压力容器是用于贮存气体或液体的受压容器，它由多块钢板拼焊而成，外形像一个大球，故又称球罐。

按照国家有关部门的规定，新建或使用一定时间的球罐均应进行检查。检查的部位为球罐的内、外侧所有焊缝（包括管板接头及柱腿与球皮连接处的角焊缝、热影响区和母材机械损伤部分）。

检查前，应将球罐要检查的部位分区，注上编号（如纵1、纵2、横3、横4等）并标注在球罐展开图上。预处理时将焊缝表面的焊接波纹及热影响区表面上的飞溅物用砂轮打磨平整，不得有凹凸不平和浮锈。

检测采用水磁悬液，浓度为 15g/L，其他添加剂按规定比例均匀混合。

采用交叉磁轭旋转磁场进行磁化。用 A 型试片 7/50 或 15/100 进行综合灵敏度检查。检测时注意磁极端面与工件表面之间应保持一定间隙但不宜过大，以使磁轭能在工件上移动行走又不会产生较大的漏磁场，间隙一般不超过 1.5mm。在通入磁化电流时，应同时施加磁悬液。磁化电流每次持续 0.5~2s，间歇时间不超过 1s，停施磁悬液至少 1s 后才可停止磁化。

磁轭行走速度应均匀，通常为 2~3m/min。在检查纵缝时，方向应自上而下，以免浇磁悬液时冲掉已形成的磁痕。

对进出气孔和排污孔管板接头处的角焊缝，用交叉磁轭紧靠管子边缘沿圆周方向检测。对柱腿与球皮连续处的角焊缝、点焊部位、母材机械损伤部分可采用两极式磁轭进行检查。

当采用紫外线灯进行观察时，应遵守有关的操作与安全注意事项。对磁痕的分析和评定，应按照相关标准的规定及验收技术文件进行记录和发放检测报告。

9.5 特殊工件的检查

9.5.1 特殊工件检测检查的特点

由于使用的需要，一些外形特殊如超小型、形状怪异以及有特殊要求的工件往往占了很大的比重。对这些工件的检测不能采用常规的模式，应该根据产品要求和工艺特点以及受力的部位等诸方面的因素进行综合选择。一般来说，主要应考虑以下几点：

第一，尽可能地对被检测工件的材质、加工工艺过程和使用要求做到了解，掌握其可能出现缺陷的方向。在选择磁化工艺时，充分满足磁化磁场与工件缺陷方向垂直的条件。必要时可以进行多次磁化。

第二，对形状复杂而检测面较多的工件，应采取分割方法综合考虑。考虑时应注意尽量选择较简单而行之有效的方法，并注意工件磁化时相互影响的因素。如果磁化规范计算有困难，可以采用灵敏度试片及测磁仪器进行试验。

第三，为了使工件得到最佳磁化，必须准备一些专用的小工具（如不同直径的铜棒、电缆等），在需要时还应考虑设计一些专用的磁化工装及专用设备，以期得到良好的效果。

9.5.2 检测实例

1. 弹簧零件的检查

弹簧是一种常见零件，它能发生大量的弹性变形，从而吸收冲击能量和缓和冲击与震动。弹簧主要有压缩弹簧、拉伸弹簧和扭簧三种，一般用高碳或高合金弹簧钢制成，经热处理后其硬度和剩磁都较高。由于弹簧承受交变载荷，破坏的主要原因是疲劳，弹簧上的缺陷会导致大的机械事故，所以弹簧检测极为重要。其常见的缺陷有淬火裂纹、表面拉伤、夹杂物、发纹等，运行中的弹簧还有疲劳裂纹出现。

弹簧检测常用通电法或极间磁轭法，有时也采用中心导体法。压簧检测时，常将其套在一个长度略短于弹簧的绝缘棒（塑料或胶木棒）上，用夹头夹住通电或通磁，这样可检查弹簧的纵横方向缺陷。也可以用检测机上的附加电缆装上夹钳进行夹持检测。拉簧检测时，因为拉簧一圈挨着一圈，相当于一根钢管，可采用中心导体法磁化，能发现钢丝上的横向缺陷。要发现纵向缺陷时，应在弹簧圈与圈之间加塞绝缘片后通电磁化。

弹簧检测采用湿法进行，应用剩磁法检查效果较好。弹簧检测后应进行退磁。用线圈法退磁时，应边转动边拉出。

2. 凸轮的检查

凸轮是受力的精密铸件，由轮部与杆部组成，材料为ZG35CrMnSi，形状较为特殊，如图9-8所示。

凸轮在毛坯件和热处理、机加工后进行两次磁粉检测，工件表面要喷砂清理。检测程序可做如下考虑：

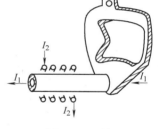

图9-8 凸轮

毛坯件用湿式连续法，热处理机加工后用湿式剩磁法。对轮子部位应采用中心导体法磁化，经常发现的缺陷是铸造裂纹和夹杂物。对杆部用轴通电法磁化，再用线圈法进行纵向磁化，在杆的根部经常发现纵向和横向裂纹。

对发现的裂纹可以打磨排除。

3. 轴和轴上的圆盘（或齿轮）的检查

在机器设备的维修检查中，常遇到一些大的穿心轴上的盘状零件（圆盘或齿轮）的检查问题。这类零件通常由锻造或铸造制成，装在轴上不易拆离。为了检查这一类零件，除用常规的通电方法检查纵向缺陷外，还可用下述方法进行其他方向缺陷的检查。检查方法如图9-9所示。在大穿心轴的两端用电缆绕成两个相反的线圈，或装上两个线圈并进行反接。这两个相反的线圈在圆盘两侧上产生纵向磁场，在圆盘侧面磁场方向将变成沿盘的直径方向。这种类型的磁场能够显示轴上的横向缺陷以及圆盘侧面上的周向缺陷。

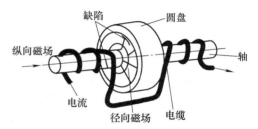

图9-9 轴上圆盘缺陷的检查

其原理是：反接线圈在轴上产生的磁场方向正好相反，在轴中段两磁场的方向相互排斥，被迫向轮上转移。这样就达到了产生径向磁场检查侧面圆周缺陷的目的。

4. 异形工件的检查

下面以某型飞机起落架外筒的检测说明这类工件检测的特点。

图 9-10 所示是该飞机起落架外筒的结构，材料为 30CrMnSiNi2A 钢，要求在制造过程中多次进行检测。

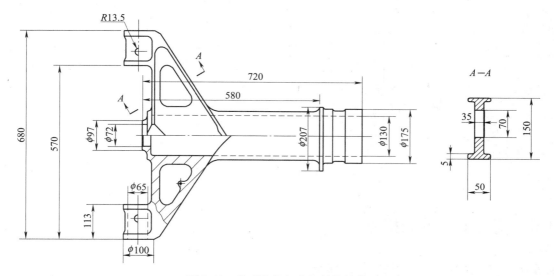

图 9-10　某型飞机起落架外筒结构

该零件较为复杂，可看成是由几个部分所组成的：直筒、三角形翼板（含下双管）等。由于该工件是一个强受力件，制作工期长，中途应几次探伤。成品应最后再进行交货检验。

根据加工情况分析，该零件经过锻、热、磨、喷丸、电镀等多种可能产生缺陷的工序，因此应针对这几道工序安排检测，而最后的检验工序最具有代表性。

检测要求为不允许存在裂纹。由于加工方法较多，裂纹存在的方向不确定性，因此应采用两个方向以上的磁化。磁化最少应安排在以下时段：热处理后，喷丸前；电镀及精磨削后，成品状态。

磁粉检测工艺安排要素如下：

分区磁化：对直筒部分进行周向和纵向磁化；对翼板部分进行周向和纵向磁化。这里值得注意的是翼板不是规则的圆柱，应对其进行圆柱直径的等效计算。

磁化设备采用带三相全波整流电的固定式探伤机。可采用大型的 10000 型探伤机，该探伤机配有直流线圈，线圈规格为：$\phi600\text{mm}\times5$。直接通电法磁化时，应注意在探伤机夹头间应配置铜编制衬垫。

磁悬液最好采用荧光磁悬液，在黑光灯下观察。可采用磁通公司 14A 荧光磁粉+LPW-3 型载液。磁悬液浓度为标准配制浓度：$0.15\sim0.25\text{mL}/100\text{mL}$。

图 9-11 所示为飞机起落架检测方法及工序安排。磁化电流可依据相关公式计算。

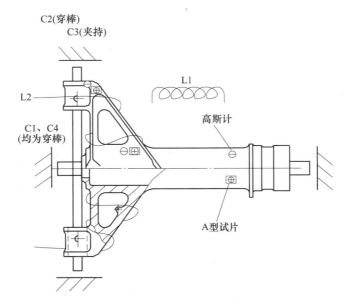

图 9-11　飞机起落架检测方法及工序安排

9.6　使用中工件的检查

9.6.1　使用中工件检查的意义和特点

使用中的工件定期维护检查很重要。一些设备工作在极其恶劣的环境中，长期经受交变应力的作用，受到有害液体或气体的腐蚀，高温高压的工作条件和骤冷骤热的工作环境都将对设备使用产生很大的影响。在这样的条件下，如果不注意对设备运行加强维护检查，一些关键部位的缺陷可能产生很大的危害，造成重大事故。如核电站的运行系统，飞机发动机、大梁和起落架，火车轮轴，轮船螺旋桨，高速柴油机曲轴，冲锻设备锻头、锤杆和模块，天车吊钩和螺母，化工高压容器，火炮身管，坦克发动机，步枪枪栓等。只有加强维护工作，定期用无损检测或其他方法对重要部件实施检查，观察有无危险性缺陷，才能保证设备和器械的正常工作。

维修件检验的特点如下：

1）疲劳裂纹是维修件的主要缺陷，应充分了解工件使用中的受力状态，应力集中部位、易开裂部位及方向。

2）维修件检测一般实施局部检查，主要检查产生疲劳裂纹的应力最大部位。

3）用磁粉检测检查时，常用触头、磁轭、线圈（及电缆）等，小的工件也可用固定式磁粉探伤机检查。

4）对一些不可接近或视力不可达部位的检查，可以采用其他检测方法辅助进行。例如，用光学内窥镜检查管形工件的内壁；对一些重要小孔，可采用橡胶铸型法检查。

5）有覆盖层的工件，根据实际情况采用特殊工艺或去掉覆盖层后检测。

6）定期检查原来就有磁痕的部位，以观察疲劳裂纹的扩展。

9.6.2 检测实例

1. 飞机大梁螺栓孔

飞机在服役过程中，机翼大梁螺栓容易产生疲劳裂纹，裂纹的方向与孔的轴线平行，集中出现在孔的受力部位。在飞机定期检测中，对螺栓孔多采用磁粉检测-橡胶铸型法来检查疲劳裂纹。螺栓孔检测部位如图 9-12 所示。检验程序大致如下：

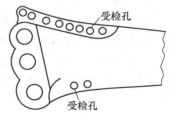

图 9-12 机翼主梁受检部位

分解螺栓，用 000 号砂布装到手电钻上对孔壁进行打磨，直到没有任何锈蚀痕迹，再用清洁抹布将孔擦拭干净；将铜棒穿入孔中，用中心导体法磁化，电流为 40D；用手指堵住孔的底部，将挥发性溶剂与黑磁粉配制的磁悬液注入孔内，直至注满，停留 10s 左右，让磁悬液流掉；彻底干燥孔壁；用胶布或软木塞、尼龙塞及蒙有塑料薄膜的橡皮塞将孔的下部堵住；将加入硫化剂的室温硫化硅橡胶注入孔中，直至灌满；将固化后的橡胶从孔中小心取出；在良好光线下用 10 倍放大镜检查橡胶铸件，或在实体显微镜下观察；退磁。

对直径较小的孔，可用注射器将橡胶液从孔底压入，固化后再进行观察。对一些机身侧翼的横孔，可制作专用夹具进行磁化和浇注。

2. 起重机吊钩的检查

吊钩（见图 9-13）是起重机承载重物的受力件，通常经锻制而成，它是在重力拉伸负荷应力下使用的。在吊钩柄部螺纹和倒角处主要受到垂直拉应力的作用；而在柄的下面部分则受到压力和倾斜拉应力的作用；在吊钩下部的弯曲处是直接承受物体重力的部分，主要是受到拉应力的作用。

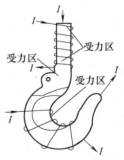

图 9-13 吊钩

吊钩的检查可采用磁轭法、触头法，也可用线圈或电缆缠绕的方法进行磁化。吊钩的疲劳裂纹与三个应力区有关并呈一定的角度分布。磁痕较明显，但无太大的规律。

3. 焊接链环的检查

链环是起重设备的重要部件，使用过程中应定期检查。检查时，将纵向磁场横加在焊缝上，可以发现焊缝及链环的缺陷。

检查时，将链环挂在起重机吊钩或吊车上，向上拉时通过一个磁化线圈。链环在线圈下部时浇上荧光磁悬液，通过线圈后即用紫外线灯进行检查。检查完一段后再进行下一段的磁化和检查。

复 习 题

＊1. 比较各种磁化方法的应用范围及其优缺点。

2. 管、轴、杆类零件磁粉检测的特点是什么？

3. 怎样检查齿轮类零件?

4. 对大型铸锻件检查时要注意哪些问题?

5. 焊接接头的磁粉检测范围主要有哪些?

6. 磁粉检测为什么不能在焊接结束后立即进行?

7. 采用旋转磁场检查球形压力容器焊缝应注意哪些问题?

8. 特殊工件检查有哪些特点?

9. 对外形复杂的零件磁粉检测应注意哪些问题?

10. 简述维修件检查的特点。

第10章　磁粉检测试验

10.1　磁粉探伤机的认识

1. 试验目的

1）了解固定式磁粉探伤机的组成，各部分的作用。

2）了解移动式和便携式探伤机（仪）的结构和应用方法。

2. 试验设备和器材

1）固定式磁粉探伤机1台。

2）移动式磁粉探伤机（仪）1台。

3）便携式磁轭（Π型及旋转磁轭）若干。

3. 试验原理

磁粉探伤机是一种能对工件完成磁化、施加磁粉或磁悬液、提供观察条件和实现退磁等功能的检测设备。由于使用对象的不同，以上功能不一定在同一台探伤机上实现。应通过对探伤机的结构和使用方法的了解，进一步掌握设备的使用。

4. 试验方法

1）对固定式磁粉探伤机进行观察，了解磁化电源、夹持装置、控制与指示装置、照明装置、磁悬液喷洒装置及退磁装置的位置及操作方法。

2）观察移动式设备的外形、控制装置并了解通电电缆安装要求及使用方法。

3）观察Π型及旋转磁轭的外形，了解其使用方法及注意事项。

5. 试验讨论

1）固定式磁粉探伤机由几个部分组成？主要有哪些功能？

2）固定式磁粉探伤机与移动式、便携式探伤机（仪）有哪些不同？

3）使用移动式、便携式设备要注意哪些问题？

10.2　磁悬液的配制与浓度及污染检查

1. 试验目的

1）掌握荧光磁悬液和非荧光磁悬液的配制方法。

2）掌握磁悬液浓度的测定方法。

3）掌握磁悬液的污染检查方法。

2. 试验设备和器材

1）未使用过的荧光磁粉 10g 和非荧光磁粉 50g；配制水磁悬液的磁膏 1 只。

2）已多次使用过并受到一定污染的磁悬液。

3）无味煤油和干净的自来水适量。

4）梨形沉淀管 2 只。

5）白光灯和黑光灯各 1 只。

6）100g 天平 1 台。

7）1000mL 量杯 1 只。

8）装磁悬液的容器（2000mL）3 只。

3. 试验原理

磁悬液是磁粉与载液按一定比例配制的混合物，要求在载液中分布均匀，不结团，在配制时应充分搅拌。磁悬液在平静时，磁粉将发生沉淀，根据沉淀的多少可以确定磁悬液的磁粉浓度。磁粉沉淀量随时间增加而增多，当达到一定时间后，将完成全部沉淀。磁粉沉淀管中的磁粉层高度与磁悬液浓度呈线性关系。

如果磁悬液受到污染，沉淀层将发生变化。污染物一般较磁粉密度小，多沉积在磁粉沉淀物上面，当达到一定体积的明显分层时，说明磁粉受到较大的污染。如果磁悬液中沉淀的磁粉出现松散的团聚现象，则说明磁粉可能被磁化。

不同种类的磁悬液污染检查应在相应的照明条件下进行。对于非荧光磁悬液，可直接在白光下进行。如果磁悬液混浊、变色或有明显的杂质，在检测中磁粉色泽减弱，说明磁悬液已被污染。对荧光磁悬液，在黑光下观察时，若沉淀管中沉淀物明显分为两层，且上层（污染层）发荧光，体积超过下层体积的 30% 时为污染。另外，在黑光下观察沉淀物之上层的液体，如明显地发出荧光，或在白光下观察磁悬液已混浊或结块，都说明磁悬液已污染。

4. 试验方法

（1）油磁悬液的配制

1）用天平称取荧光磁粉 1.5g，非荧光磁粉 20g，分别装在两个容器中。

2）每个容器中加入无味煤油 1000mL，并充分搅拌。可先加入少许煤油将磁粉调成糊状，再加入剩余煤油搅拌。

3）将搅拌均匀的磁悬液各取 100mL 分别注入梨形沉淀管中，待其沉淀 60min 后在规定灯光下进行观察。

（2）水磁悬液的配制

1）按磁膏使用说明书要求，挤出规定长度磁膏放入容器。

2）取干净自来水 1000mL 加入并充分搅拌。

3）将搅拌均匀的磁悬液各取 100mL 注入梨形沉淀管中，待其沉淀 60min 后在规定灯光下观察。

（3）磁悬液污染的检查

1）将新配制的磁悬液（荧光或非荧光的）及使用过的磁悬液（荧光或非荧光的）各100mL分别注入梨形沉淀管。

2）水磁悬液静置30min、油磁悬液静置60min后直到磁悬液中的固体物质全部沉淀下来。

3）比较新旧磁悬液的沉淀情况。

5. 试验讨论

1）荧光磁悬液和非荧光磁悬液的配制浓度和沉淀浓度有何不同？

2）怎样鉴别磁悬液是否受到污染？

10.3 综合性能试验

1. 试验目的

1）掌握使用自然缺陷试件、E型试块、B型试块和标准缺陷试片测试综合性能试验的方法。

2）了解比较使用交流电和整流电磁粉检测的深度。

3）了解荧光磁悬液和非荧光磁悬液的观察条件。

2. 试验设备和器材

1）可进行交流周向通电磁化的磁粉探伤机。

2）可进行直流周向通电磁化的磁粉探伤机。

3）带有自然缺陷（如发纹、磨裂、淬火裂纹及皮下裂纹等）的试件若干。

4）E型试块和B型试块各1个。

5）标准缺陷试片1套。

6）标准铜棒1根。

7）荧光磁悬液和非荧光磁悬液各适量。

3. 试验原理

磁粉检测的综合性能是指在选定的条件下检测时，通过自然缺陷或人工缺陷的磁粉显示图像来评价和确定磁粉探伤设备、磁粉及磁悬液和检测方法的系统综合灵敏度。

4. 试验方法

1）将带有自然缺陷的工件按规定的磁化规范磁化，分别用荧光磁悬液和非荧光磁悬液湿连续法检验，观察磁粉显示的情况。

2）将E型试块穿在标准铜棒上，夹在探伤机两磁化夹头间，并通以700~800A交流电流磁化。然后依次将1、2和3孔旋至向上正中位置，用湿连续法检验，观察试块外表面有磁痕显示的孔数。

3）将B型试块穿在标准铜棒上，夹在两磁化夹头间，分别用直流和交流电连续法磁化，用磁悬液显示小孔磁痕。磁化规范可参照表 10-1 数据。

表 10-1　综合性能试验记录表

磁悬液种类	磁化电流/A	交流电显示的孔数	直流电显示的孔数
非荧光磁粉湿法检验	1400		
	2500		
	3400		
荧光磁粉湿法检验	1400		
	2500		
	3400		

4）将标准试片贴在 E 型试块或自然试块表面，按要求磁化规范进行磁化，观察和记录试片上的磁粉显示。

5. 试验讨论

1）比较直流磁化和交流磁化的检测深度。
2）比较荧光磁悬液和非荧光磁悬液的检测灵敏度。

10.4　通电法应用及通电导体的磁场测试

1. 试验目的

1）掌握工件通电磁化的方法。
2）了解通电周向磁化时的磁场分布。
3）比较连续法与剩磁法检测的磁痕。

2. 试验设备和器材

1）带断电相位控制装置的固定式交流磁粉探伤机 1 台。
2）带有缺陷的轴类工件数件。
3）ϕ20mm×300mm 铜棒 1 根。
4）特斯拉计 1 台。
5）相应检测工件的磁粉检测工艺卡。

3. 试验原理

通电导体内部和周围存在着磁场，其形状为垂直导体轴线并以轴线各点为圆心，绕轴线旋转的同心圆。其大小和通过导体的电流成正比，和离导体的距离成反比，即

$$B = \frac{\mu I}{2\pi r}$$

式中　B——空气中的磁感应强度（T）；

　　　μ——空气的磁导率；

I——通过导体的电流（A）；

r——空间一点到导体轴线的距离（m）。

导体周围空间磁场的测量采用特斯拉计进行，其原理是通过霍尔元件上的磁场可使元件上产生电势差，且不同的磁场大小产生的电势差也不同，它们具有一定的对应关系。将该电势差接收处理后在特斯拉计上以磁场强度的形式显示出来。

周向磁化能发现与工件轴向平行的缺陷。周向磁化有连续法和剩磁法，两者操作上表现为施加磁悬液的时间不同。连续法适用于一切铁磁材料，具有最高的检测灵敏度，但容易产生干扰。剩磁法检测效率较高，但只适用于具有较大剩磁的材料。应根据检测对象和工艺要求来选择检验方法。

4. 试验方法

1）检查磁粉探伤机各开关及旋钮位置，将磁化选择开关拨到"周向"，电流调节旋钮调到起始位置。

2）打开液泵开关，让磁悬液充分搅拌。

3）将特斯拉计接通电源，连接好测量传感器（即霍尔元件）和仪器，调整仪器零点和校正点，根据测量值的预计大小，从大到小选择测量档位。

4）电流预调。将铜棒在两电极夹头间夹紧，将电流从小到大调节到工艺卡规定的电流值，并将测量传感器元件的平面垂直于磁场方向放置，测试时，应转动传感器片，找出最大磁场方向，并记录其磁场值。按表10-2中要求的电流和距离数据，依次地从小到大、从近到远进行测量。

5）取下铜棒，换上经预处理的工件并夹紧。检查磁化电流，此时电流值略有降低，再调节旋钮将电流值调整到工艺卡规定数值。再次用特斯拉计检查。

6）在磁化时施加磁悬液并进行缺陷观察和记录。

7）取下工件退磁和重新预处理。

8）重复第4、5步，将电流调整到剩磁法要求，并对工件进行磁化。

9）将磁化后的工件浇浸磁悬液后静置数分钟，待磁痕生成后立即观察并记录。

10）比较两种方法生成的磁痕。

表 10-2　通电法试验记录表

电流/A　距离/m	200	500	800	1100	1400	2000
0.01						
0.02						
0.05						
0.10						
0.20						

5. 试验讨论

1）将测量结果同用公式计算的结果对照，检验其一致性。

2）用连续法和剩磁法检测工件时有什么异同？

3）怎样正确使用特斯拉计？

10.5　触头法磁化有效磁化区的测试

1. 试验目的

了解触头法磁化的有效磁化区。

2. 试验设备和器材

1）便携式磁粉探伤仪 1 台。

2）A1 型标准试片 1 套。

3）300mm×400mm 的 20 钢板 1 块。

4）磁悬液 1 瓶。

3. 试验原理

触头法是一种局部通电磁化的方法。使用时用一对移动电极对试件进行磁化。磁化电流大小与两电极间的距离、试件的厚度、电流的类型等有关。检测范围一般在两电极连线及其附近。

4. 试验方法

1）用 A1-15/50 标准试片贴在试板表面的不同位置（至少 3 排：两触头连线长度 L 上和上下 $L/4$）。

2）用湿连续法检验，能在 A1-15/50 标准试片上清晰显示磁痕的区域为触头法磁化的有效磁化范围。

3）记录并画出触头法磁化的有效磁化区。

5. 试验讨论

1）叙述触头法的大致有效检测范围。

2）触头间距大小对检测有何影响？

10.6　便携式 Π 形电磁轭的功能测试

1. 试验目的

了解便携式 Π 形电磁轭表面切向场强测试法和提升力测试法的试验方法。

2. 试验设备和器材

1）带有可调节磁极间距的交流和直流便携式 Π 形电磁轭各 1 台。

2）特斯拉计 1 台。

3）500mm×250mm×10mm 的 20 号钢板 1 块，质量为 4.5kg、13.7kg、22.9kg 的钢板或钢条⊖各 1 块以及 0.05～0.1kg 砝码若干。

3. 试验原理

电磁轭对试件的磁化可以通过用特斯拉计测定试件表面磁场强度大小确定。也可以通过检查电磁轭的提升力的方法来验证电磁轭能否满足检测时的磁化要求。其原因是电磁力的吸力符合吸力公式：

$$F = \frac{1}{2} \frac{\Phi^2}{\mu_0 S}$$

从式中可以看出，吸力与通过磁轭的磁通的平方成正比。吸力越大，表面磁场强度也越大。

4. 试验方法

1）按图 10-1 的布置，分别将交流便携式 Π 形电磁轭的磁极间距调整到最小磁极间距 $S_{\min}$ 和最大磁极间距 $S_{\max}$，分别用特斯拉计测试钢板表面 MP 点的切向场强 H_t。在 $S_{\max}$ 时，$H_t \geq 2kA/m$（有效值）。

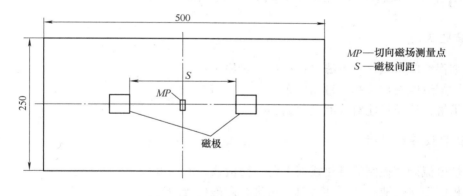

图 10-1 Π 形磁轭切向场强测量

2）通过测量便携式 Π 形电磁轭提升力的方法检查磁轭的定期功能。将电磁轭的磁极调节至规定间距时，交流磁轭的电磁吸力应能提起质量至少为 4.5kg（相当于提升力 44N）的钢条或钢板；直流磁轭在磁极间距为 50～100mm 时，电磁吸力应能提起质量至少为 13.7kg（相当于提升力 135N）的钢条或钢板，而磁极间距为 100～150mm 时，电磁吸力应能提起质量至少为 22.9kg（相当于提升力 225N）的钢条或钢板⊖。

3）记录。

①某型便携式 Π 形电磁轭试验记录见表 10-3。

⊖ 钢条或钢板的主要尺寸应大于电磁轭的极间距。

⊖ 对交叉磁轭亦可参照此试验，交叉磁轭应能提起质量为 9kg 的钢条或钢板（相当于提升力为 88N）。

表 10-3　某型便携式 II 形电磁轭试验记录表

	最小磁极间距 S_{min}/mm	最大磁极间距 S_{max}/mm
极面中心连线上的切向场强 H_t/(kA/m)		

②提升力测试记录见表 10-4。

表 10-4　提升力测试记录表

交流磁轭	规定磁极间距/mm		
	提升力/N		
直流磁轭	磁极间距/mm	50~100	100~150
	提升力/N		

5. 试验讨论

1）在两种检查"II"形电磁轭功能的方法中，哪一种更适用于现场测试？
2）在使用磁轭时，磁轭磁极与试件的间距大小对检测能力有何影响？

10.7　线圈法磁化及线圈检测有效范围的确定

1. 试验目的

1）掌握线圈法磁化的方法（连续法与剩磁法）。
2）了解通电磁化线圈的磁场分布。
3）了解工件长径比对线圈磁化的影响。

2. 试验设备和器材

1）带电流调节控制的磁化线圈 1 台（交流或直流均可）。
2）相同形状带缺陷的工件数只（可进行剩磁检测的）。
3）特斯拉计 1 台。
4）工件做连续法及剩磁法检测的工艺卡。

3. 试验原理

当电流通过螺线管时，线圈将产生纵向磁场。在短线圈和有限长线圈中，磁场是不均匀的，在中轴线上以线圈中心为最强，在横断面上以靠内壁为最强。工件放入线圈中，将会得到磁化并产生纵向磁场，能检测出工件上的横向缺陷。

线圈中磁化的工件磁场有效范围为线圈端部向外约线圈直径的一半。磁化磁场大小不仅受线圈形状参数的影响，还与工件的长径比有关。长工件比短工件容易得到磁化。

剩磁较大的工件采用线圈法做剩磁法比采用连续法速度快得多，但此时线圈中应有较大的磁化磁场。

4. 试验方法

（1）工件在线圈中的磁场测试

1）将工件沿轴向放入线圈并紧靠内壁，按工艺要求调节磁化电流。用特斯拉计检查工件端部的磁场大小并进行记录。

2）将两只工件进行串联和并联，同样调节电流并分别测出磁场大小并进行记录。

3）比较三种情况下得到的磁场数据。

（2）连续法磁化检查

1）将工件放入线圈中，按连续法工艺要求调节磁化电流。

2）对工件实施连续法磁化（磁化同时施加磁悬液），观察缺陷磁痕并进行记录。

（3）剩磁法磁化检查

1）将工件放入线圈中，按剩磁法工艺要求调节磁化电流并磁化工件。

2）取出工件并施加磁悬液，观察缺陷磁痕并进行记录。

5. 试验讨论

1）工件的长径比对磁化磁场有什么影响？

2）利用线圈进行连续法和剩磁法磁化时，哪种方法更为方便？

10.8 工件 L/D 值对纵向磁化效果的影响

1. 试验目的

1）了解工件纵向磁化时产生反磁场的原理。

2）了解工件 L/D 值对纵向磁化效果的影响。

3）掌握用 A 型试片测试技术确定反磁场影响的方法。

2. 试验设备与器材

1）带磁化线圈的磁粉探伤机 1 台。

2）试棒 4 个，用 20 号退火钢制作，规格分别为 $\phi40mm \times 400mm$（1 号）、$\phi40mm \times 160mm$（2 号）、$\phi40mm \times 80mm$（3 号）和 $\phi40mm \times 40mm$（4 号）。

3. 试验原理

具有一定长度的工件放到线圈中进行纵向磁化，因为工件中退磁因子的影响将产生反磁场，使施加的外磁场减弱。其减弱程度同工件长度 L 和工件截面直径 D 之比（L/D）有关，L/D 越大，反磁场越小；反之 L/D 越小，反磁场越大。

利用 A 型灵敏度试片进行反磁场定性认识的试验，是基于选定的 A 型试片测试的试件为同种材料和相同外径情况下，其刻槽的磁痕显示的有效磁场相对稳定的性质。这样就可从对 A 试片的磁场分析来确定反磁场的大小。

4. 试验方法

1）将 A2 试片贴于 1 号试棒外圆中间位置，试棒放置于线圈中心，与轴线相互重合。线圈通电使试棒磁化，观察试片磁痕显示直到其清晰完整，记录此时的充磁电流，并根据试验 10.7 中的公式计算线圈中心的磁场强度。

2）按以上办法分别对 2、3 和 4 号试棒测量并计算磁场，计算试验结果。

5. 试验报告要求

（1）实验结果　将实验结果填入表 10-5 中。

表 10-5　试件 L/D 值对纵向磁化的影响

试棒编号	1	2	3	4
试棒规格/mm	$\phi40\sim400$	$\phi40\sim160$	$\phi40\sim80$	$\phi40\sim40$
试棒 L/D 值	10	4	2	1
试片型号规格	A2	A2	A2	A2
试片显示电流/A				
线圈中心磁场/T				

（2）试验讨论

1）当 L/D 无限大时说明什么情况？此时磁化磁场有什么特点？

2）如何理解球形工件无法用线圈纵向充磁？

3）试讨论本试验方法中如何计算退磁因子。

10.9　检测室的白光照度和紫外辐照度的测试

1. 试验目的

1）掌握白光照度计和紫外光辐照计的使用方法。

2）熟悉检测室的白光照度或紫外辐照度的技术要求。

3）各测定一台符合技术要求的白光灯和紫外灯的辐照区域。

2. 试验仪器和材料

1）白光照度计（ST-85 型或 ST-80B 型）1 只。

2）紫外光辐照计（UV-A 型或 UVL 型）1 只。

3）检测室的白光灯或 UV-A 紫外灯 1 只。

4）硬纸板（500mm×500mm）1 块。

5）有刻度的直尺 1 把。

3. 试验原理

白光照度计和紫外光辐照计都是利用光敏器件将白光或黑光（UV-A）转换为电能进行

测量的。这种转换用专用仪器进行。通过对不同光的测量，得出白光或黑光强度的大小。

4. 试验方法

1）对使用非荧光磁粉的检测室，将白光照度计放在工件表面上，测量白光照度值，应不小于1000lx，同时测量符合上述技术要求的白光照度值的范围。

2）对使用荧光磁粉的检测室（应关闭所有的白光源），将紫外辐照计的探测器放在距紫外灯滤光片表面40cm处，测量紫外辐照度值。如果在此距离内读数超过满刻度，则应加大测试距离，使读数在近似2/3刻度处。然后移动探测器，使其平面垂直于灯光束轴线，直至获得最大读数为止，应不小于$10W/cm^2$。同时用白光照度计测量距紫外光源40cm处的白光照度值，应不大于20lx。

3）在紫外灯最大辐照度一半处，测得直径或长×宽，即紫外灯的辐照区域。

5. 试验报告要求

1）记录工件表面的白光照度值和符合技术要求的白光照度值的范围。
2）记录距紫外灯滤光片表面40cm处的紫外辐照度值和白光照度值。
3）画出该紫外灯的辐照区域。

10.10 磁痕的观察与记录

1. 试验目的

1）观察典型缺陷的磁痕及非相关显示与假显示。
2）了解保存磁痕的原理；掌握磁痕记录的主要方法。

2. 试验设备和器材

1）带裂纹缺陷磁痕的试件（非荧光磁粉显示及荧光磁粉显示）。
2）带非相关显示的试件（如带铆接装置、孔、槽的试件）。
3）透明胶带纸及四氯化碳溶剂适量。
4）电吹风1台。
5）白光灯和黑光灯各1台。
6）照相机1只。

3. 试验原理

磁粉检测得到的试件上的磁痕是判定试件是否合格的重要依据，有必要缺陷磁痕和非相关显示磁痕两种，需进行观察和识别，对工艺要求记录的磁痕进行记录和保存。常用的记录和保存方法有绘图、贴印和照相。绘图是将缺陷磁痕形态描绘在工件简图上，常用于一般工件的缺陷磁痕记录；贴印是用透明胶纸将缺陷磁痕原貌粘贴下来，并转贴在记录纸上，主要用于对较大的缺陷的形态保留，多用于非荧光磁粉磁痕的记录；照相是将缺陷用胶片或数码相机记录并印成照片或存储于计算机中，主要用于对一些典型缺陷的记录或档案保存。

4. 试验方法

（1）对缺陷磁痕的认识　选择有缺陷的工件进行磁化，观察缺陷的形态。

（2）对非相关显示及假显示的认识　选择工件上有铆接、孔、槽等缺陷的工件进行磁化，观察其显示的形态。

用细棉线放置在试件表面形成假显示，观察显示形态并进行排除。

（3）绘图法记录磁痕

1）画出应记录的试件草图（主视图及缺陷出现部位视图）。

2）将缺陷磁痕的形状、大小和位置标注在试件草图上。

（4）贴印法记录磁痕

1）对采用油磁悬液的试件，应先进行除油。方法是：对试件进行充磁，然后取四氯化碳溶液少许，缓慢滴在要保存的磁痕上及其周围，待油迹消除后取透明胶带纸覆盖在磁痕上。取下透明胶纸，将其转贴在记录纸上（四氯化碳溶液容易挥发，对人呼吸系统有刺激作用，使用时应采用抽风机将其排出）。

2）对采用水磁悬液的磁粉，在磁痕形成后，用吹风机将磁痕周围水吹干后即可用透明胶纸粘贴。

（5）用照相法记录磁痕

1）将被拍摄试件置于照相平台上并放置适当反差的背景。为了更好地了解缺陷大小，可在缺陷磁痕前放置一刻度尺。

2）对不同磁痕采用不同的光线照射。照射时，要注意光线入射方向（最好是散射光），不要在试件缺陷磁痕处形成光斑。

3）调节好相机光圈和曝光时间，使磁痕显现最清晰。

5. 试验讨论

1）三种显示（缺陷、非相关显示、假显示）有何特点？怎样进行正确识别？

2）三种记录磁痕的方法各用在什么地方？有何优缺点？

3）透明胶纸粘贴记录磁痕应注意哪些问题？

10.11　退磁试验与剩磁检查

1. 试验目的

1）了解各种退磁技术的操作方法和应用范围。

2）熟悉剩磁仪器的使用。

3）了解工件上允许剩磁的标准。

2. 试验设备和器材

1）带自动退磁交直流磁粉探伤机1台。

2）便携式磁粉探伤机1台。

3）交流退磁线圈1只。

4）毫特斯拉计1台。

5）磁强计1台。

6）具有不同磁性的试件若干。

3. 试验原理

工件在外加交变磁场的作用下，其剩磁也不断地改变方向。当外加交变磁场逐渐减少至零时，工件中的剩磁也逐渐衰减而接近于零。不同工件的剩磁大小不同，退磁方法也不一样。可以依靠磁场测量仪器测量出退磁后的剩磁来确定退磁效果。不同的工件要求的剩磁标准也不相同，如航空零件的剩磁要求为不大于0.3mT。

4. 试验方法

（1）线圈通过法退磁

1）将磁化的工件缓慢通过通有交流电的退磁线圈，到距线圈1～1.5m远处切断电流。

2）对一些难以退磁的小型工件，可在线圈中不断进行翻动，逐渐退出线圈。

（2）衰减法退磁

1）将已周向磁化的工件夹持在两电极间，将磁化开关拨到"退磁"，按动"自动退磁"，电流将自动衰减调节至零。

自动衰减退磁有交流自动衰减和直流换向自动衰减两种形式，采用不同电流磁化的工件应采用不同形式的退磁装置。

2）将纵向磁化的工件放入可调节电流大小的退磁线圈中，将电流从大到调节至零。

（3）工件磁化区域的局部分段退磁

用便携式电磁轭，直接放置到需要退磁的工件被磁化部位，将磁轭垂直工件表面慢慢提起脱离工件，至工件表面1m以外停电即可退磁。

（4）剩磁的测量方法

使用毫特斯拉计检测剩磁时，将仪器测头靠近工件需要检查的部位，不断移动或翻动测头，找出仪器最大的剩磁指示值。

使用袖珍式磁强计检测剩磁时，将仪器上带箭头部位对准工件上需要检测的部位，读出仪器指示值。

5. 试验讨论

1）比较各种退磁方法的优缺点。

2）比较不同剩磁的工件采用同一方法退磁的效果。

3）各种剩磁测量仪器的特点和使用性能如何？

4）使工件退磁的基本条件是什么？

附　　录

附录 A　磁粉检测使用的常用计量单位及换算关系

表 A-1　常用磁学量的名称、单位制及换算

磁学量	符号	单位制				单位制换算
		SI 制		CGS 制		
		单位名称	单位符号	单位名称	单位符号	
磁场强度 矫顽力 饱和磁场强度 最大磁导率时所对应的	H H_c H_{max} $H_{\mu m}$	安每米	A/m	奥斯特	Oe	$1A/m = 4\pi \times 10^{-3} Oe$ $= 1.25 \times 10^{-3} Oe$
磁感应强度 饱和磁感应强度 剩余磁感应强度	B B_{max} B_r	特斯拉 （韦每平方米）	T （Wb/m²）	高斯	Gs	$1Wb/m^2 = 1T = 10^4 Gs$
磁导率 最大磁导率 真空磁导率 相对磁导率	μ μ_{max} μ_0 μ_r	亨每米 量纲一	H/m	高斯每奥斯特	Gs/Oe	$1H/m = \pi/4 \times 10^7 Gs/Oe$
磁能积 最大磁能积	（BH） （BH）$_{max}$	千焦每立方米	kJ/m³	兆高奥	MGs·Oe	$1kJ/m^3 = 4\pi \times 10^{-2} MGs \cdot Oe$
磁极化强度	J	安每米	A/m			
磁化率	κ					
磁通量	Φ	韦	Wb	麦克斯韦	Mx	$1Wb = 10^8 Mx$
磁阻	R	安每韦	A/Wb	奥厘米每麦	Oe·cm/Mx	$1A/Wb = 4\pi \times 10^{-9}$ $Oe \cdot cm/Mx$

表 A-2　磁粉检测常用物理量的法定名称、单位制及换算

量的名称	符号	单位名称	单位符号	量的名称	符号	单位名称	单位符号
长度	$l(L)$	米	m	频率	f	赫［兹］	Hz
质量	m	千克；克	kg；g	周期	T	秒	s
时间	t	秒；分；时	s；min；h	［光］亮度	L	坎［德拉］每平方米	cd/m²
力、重力	F	牛［顿］；千牛	N；kN	发光强度	I	坎［德拉］	cd
电流	I	安；千安；微安	A；kA；mA	［光］照度	E	勒［克斯］	lx
电压	U	伏［特］；毫伏	V；mV	辐［射］ 照度	E	瓦每平方米； 微瓦每平方厘米	W/m²
电阻	R	欧［姆］	Ω	面积	S	平方米	m²
能量、功	E	焦［耳］	J	体积，容积	V	升；立方米	L；m³
功率	P	瓦［特］	W	运动黏度	v	平方米每秒	m²/s
波长	λ	米；纳米	m，nm	摄氏温度	T	摄氏度	℃

附录 B　部分常用钢材磁特性参数

表 B-1　部分常用钢材磁特性参数

序号	材料	试样状态	矫顽力 H_c/(A/m)	剩磁感应强度 B_r/T	最大相对磁导率 μ_{rm}	最大磁导率对应的磁场强度 $H_{\mu m}$/(A/m)
1	10	冷拉状态	360	0.46	542	960
2	20	材料供应状态	376	0.865	989	640
3	25	冷拉状态	856	0.625	381	1600
4	30	材料供应状态	536	0.95	964	560
5	30	860℃油淬，400℃回火	992	1.13	512	1600
6	35	材料供应状态	536	0.9	894	584
7	35	860℃油淬，500℃回火	416	1.06	965	728
8	40	正火	584	1.07	712	960
9	40	860℃油淬，460℃回火	720	1.445	620	1520
10	40	860℃油淬，300℃回火	1520	1.305	507	1760
11	45	材料供应状态	592	0.9	583	960
12	45	860℃油淬，560℃回火	1120	1.58	661	1440
13	45	860℃油淬，390℃回火	1224	1.562	715	1360
14	ZG 310-570	正火	744	0.83	462	1280
15	ZG 310-570	860℃油淬，560℃回火	1336	1.58	581	1600
16	50	材料供应状态	544	1.02	700	800
17	50	840℃油淬，500℃回火	992	1.05	510	1600
18	Q355R	材料供应状态	320	0.75	895	560
19	Q355	正火	480	1.06	850	800
20	50BA	材料供应状态	704	0.96	590	960
21	50BA	840℃油淬，500℃回火	1048	1.61	665	1600
22	40Mn2	正火	840	1.17	435	1640
23	40Mn2	850℃油淬，510℃回火	1200	1.58	678	1680
24	50Mn	材料供应状态	520	1.02	685	1000
25	21MnNiMo	880℃油淬，650℃回火	768	1.298	757	1120
26	30Mn2MoV	910℃正火，910℃油淬，610℃回火	1272	1.39	539	1760
27	40MnB	850℃油淬，400℃回火	1208	1.31	587	1520
28	30SiMnMoVA	正火	2096	0.72	157	3040
29	30SiMnMoVA	870℃水淬，700℃回火	1176	1.48	657	1440

（续）

序号	材料	试样状态	矫顽力 $H_c/(A/m)$	剩磁感 应强度 B_r/T	最大相对 磁导率 μ_{rm}	最大磁导率对 应的磁场强度 $H_{\mu m}/(A/m)$
30	20Cr	930℃渗碳，800℃油淬，200℃回火	1240	1.0	322	1120
31	40Cr	正火	1256	0.84	378	1840
32	40Cr	850℃油淬，510℃回火	1488	1.595	301	1600
33	40Cr	860℃油淬，350℃回火	1520	1.14	434	1920
34	50CrVA	材料供应状态	800	0.98	446	1280
35	50CrVA	$R_m = 1275kPa$	1120	1.58	641	1560
36	38CrSi	910℃油淬，650℃回火	736	1.5	619	1520
37	38CrSi	910℃油淬，450℃回火	1024	1.37	611	1440
38	25CrMnSiA	材料供应状态	696	1.13	735	776
39	25CrMnSiA	880℃正火，860℃油淬，460℃回火	976	1.14	515	1600
40	30CrMnSiA	正火	280	1.23	870	880
41	30CrMnSiA	880℃油淬，520℃回火	960	1.5	688	1360
42	30CrMnSiA	890℃油淬，200℃回火	2712	0.98	218	3600
43	18CrMnTi	材料供应状态	280	1.05	817	536
44	20CrMo	材料供应状态	448	1.1	1025	640
45	20CrMo	820℃油淬，200℃回火	1600	1.01	296	1600
46	35CrMoA	860℃油淬，260℃回火	1376	1.11	407	2200
47	40CrMoA	850℃油淬，590℃回火	1040	1.57	547	1120
48	60Cr2MoA	850℃油淬，440℃回火	1520	1.13	432	2160
49	30CrMnMoTiA	材料供应状态	1392	0.97	337	1920
50	30CrMnMoTiA	875℃油淬，440℃回火	1528	1.27	473	1920
51	30Cr2MoV	正火	1760	0.85	215	3000
52	30Cr2MoV	910℃正火，910℃油淬，610℃回火	1272	1.39	539	1760
53	38CrMoAlA	材料供应状态	640	0.85	471	1440
54	38CrMoAlA	940℃油淬，650℃回火	920	1.43	487	2000
55	12CrNi3A	材料供应状态	368	1.23	1119	800
56	12CrNi3A	930℃渗碳（1mm）， 880℃油淬，160℃回火	1744	0.96	263	2560
57	30CrNi3A	正火	1304	1.02	353	1440
58	30CrNi3A	830℃油淬，550℃回火	1160	1.628	684	1480
59	30CrNi3A	830℃油淬，230℃回火	2176	1.02	239	3040
60	40CrNi	860℃油淬，230℃回火	1520	1.15	355	2520
61	45CrNi	材料供应状态	1136	1.55	468	2040
62	40CrNiMoA	材料供应状态	1200	1.425	693	1200

（续）

序号	材料	试样状态	矫顽力 H_c/(A/m)	剩磁感应强度 B_r/T	最大相对磁导率 μ_{rm}	最大磁导率对应的磁场强度 $H_{\mu m}$/(A/m)
63	40CrNiMoA	860℃油淬，500℃回火	1120	1.4	613	1640
64	60CrNiMo	860℃油淬，220℃回火	2160	1.02	230	2960
65	ZG37CrNiMo	正火	1376	1.5	530	1760
66	ZG37CrNiMo	880℃油淬，610℃回火	1392	1.49	519	1720
67	20CrNi4VA	材料供应状态	440	1.24	773	960
68	45CrNiMoVA	正火	2400	1.05	221	3520
69	45CrNiMoVA	860℃油淬，440℃回火	1456	1.3	529	1856
70	45CrNiMoVA	860℃油淬，190℃回火	3088	1.06	195	3920
71	30CrNi2MoVA	材料供应状态	944	1.345	626	1360
72	30CrNi2MoVA	860℃油淬，640℃回火	1160	1.315	534	1680
73	30CrNi2MoVA	860℃油淬，220℃回火	1872	0.97	262	3040
74	18CrNiWA	850℃油淬，550℃回火	1568	0.96	295	2560
75	18CrNiWA	880℃油淬，220℃回火	1800	0.815	204	3120
76	25CrNiWA	870℃油淬，450℃回火	1520	1.059	389	2160
77	25CrNiWA	850℃油淬，200℃回火	2344	0.84	181	3440
78	18Cr2Ni4WA	材料供应状态	580	1.29	687	1200
79	18Cr2Ni4WA	880℃油淬，180℃回火	2280	0.88	205	3400
80	65Mn	材料供应状态	704	0.85	463	1360
81	65Mn	820℃油淬，400℃回火	1440	1.41	543	1936
82	60Si2A	850℃油淬，400℃回火	1200	1.39	684	1440
83	60Si2MnA	860℃油淬，420℃回火	1528	1.26	465	1920
84	65Si2MnWA	材料供应状态	1256	1.432	680	1176
85	65Si2MnWA	860℃油淬，400℃回火	1936	1.275	412	2136
86	65Si2WA	850℃油淬，420℃回火	1600	1.26	416	2160
87	65Si2WA	860℃油淬，250℃回火	2400	1.032	208	3760
88	20Cr13	正火	1200	0.7	184	1360
89	20Cr13	1050℃油淬，550℃回火	3400	0.74	113	5360
90	30Cr13	材料供应状态	560	0.78	512	1040
91	30Cr13	1050℃油淬，600℃回火	1344	1.1	426	1880
92	GCr9	材料供应状态	1040	1.23	579	1360
93	GCr9	840℃油淬，160℃回火	3680	0.86	129	4840
94	GCr15	材料供应状态	896	1.27	580	1280
95	GCr15	840℃油淬，360℃回火	1472	1.26	443	2000
96	GCr15	840℃油淬，190℃回火	3120	0.7335	107	6000

（续）

序号	材料	试样状态	矫顽力 H_c/（A/m）	剩磁感应强度 B_r/T	最大相对磁导率 μ_{rm}	最大磁导率对应的磁场强度 $H_{\mu m}$/（A/m）
97	GCr15SiMn	830℃油淬，200℃回火	3076	0.93	140	5000
98	T7	材料供应状态	736	1.21	800	840
99	T7	810℃水淬，390℃回火	1352	1.445	567	1680
100	T8	790℃油淬，400℃回火	1368	1.45	530	1840
101	T10A	正火	1040	0.865	439	1200
102	T10A	780℃水淬，210℃回火	2336	0.817	180	3120
103	T12A	材料供应状态	824	1.186	772	928
104	T12A	780℃水淬，170℃回火	2824	0.77	141	2960
105	GrW5	材料供应状态	960	1.36	630	1520
106	GrW5	810℃水淬，140℃回火	3904	0.7	90	5600
107	Cr12MoV	1050℃油淬，520℃回火	3864	0.91	136	5400

附录 C 磁粉检测部分标准目录

C.1 国内部分

1. 国家标准

GB/T 5097—2005 无损检测 渗透检测和磁粉检测 观察条件

GB/T 5616—2014 无损探伤 应用导则

GB/T 9444—2007 铸钢件 磁粉检测

GB/T 10121—2008 钢材塔形发纹磁粉检验方法

GB/T 12604.5—2008 无损检测 术语 磁粉检测

GB/T 15822.1—2005 无损检测 磁粉检测 第1部分 总则

GB/T 15822.2—2005 无损检测 磁粉检测 第2部分 检测介质

GB/T 15822.3—2005 无损检测 磁粉检测 第3部分 设备

GB/T 16673 无损检测用黑光源（UV-A）辐射的测量

GB/T 23906—2009 无损检测 磁粉检测用环形试块

GB/T 23907—2009 无损检测 磁粉检测用试片

GB/T 26951—2011 焊缝无损检测 磁粉检测

GB/T 26952—2011 焊缝无损检测 焊缝磁粉检测 验收等级

2. 行业标准

GJB 2028A—2007 磁粉检测

GJB 2029—1994 磁粉检验显示图谱

NB/T 47013.4—2015 承压设备无损检测　第4部分：磁粉检测

JB/T 5391—2007 滚动轴承　铁路机车和车辆滚动轴承零件磁粉探伤规程

JB/T 5442—2017 容积式压缩机重要零件的磁粉检测

JB/T 6012.3—2008 内燃机　进、排气门　第3部分：磁粉探伤

JB/T 6063—2006 无损检测　磁粉检测用材料

JB/T 6065—2004 无损检测　磁粉检测用试片

JB/T 6066—2004 无损检测　磁粉检测用环形试块

JB/T 6439—2008 阀门受压件磁粉探伤检验

JB/T 6721.2—2007 内燃机　连杆　第2部分：磁粉探伤

JB/T 6729—2007 内燃机　曲轴、凸轮轴磁粉探伤

JB/T 6870—2005 携带式旋转磁场探伤仪　技术条件

JB/T 6912—2008 泵产品零件无损检测　磁粉探伤

JB/T 7293.4—2010 内燃机　螺栓与螺母　第4部分：连杆螺栓　磁粉检测

JB/T 7367—2013 圆柱螺旋压缩弹簧　磁粉检测方法

JB/T 7411—2012 无损检测仪器　电磁轭磁粉探伤仪技术条件

JB/T 7406.2—1994 试验机术语　无损检测仪器

JB/T 8118.3—2011 内燃机　活塞销　第3部分　磁粉检测

JB/T 8290—2011 无损检测仪器　磁粉探伤机

JB/T 8468—2014 锻钢件磁粉检测

JB/T 9628—2017 汽轮机叶片　磁粉检测方法

JB/T 9630.1—1999 汽轮机铸钢件　磁粉探伤及质量分级方法

JB/T 9736—2013 喷油嘴偶件、柱塞偶件、出油阀偶件　磁粉探伤方法

JB/T 9744—2010 内燃机　零、部件磁粉检测

JB/T 10338—2002 滚动轴承零件磁粉探伤规程

HB20158—2014 磁粉检测

HB/Z 184—2016 磁粉检测典型显示图谱

HB20194.1—2014 湿法用干磁粉

HB20194.2—2014 磁粉检测用油基载液

HB5370—87 磁粉探伤-橡胶铸型法

QJ20270—2012 航天产品异形件磁粉检测

WJ2350—1995 装甲车辆水冷发动机曲轴钢锻件磁粉探伤评定方法

WJ2022—1999 火炮身管磁粉探伤

WJ2041—1999 炮弹弹体磁粉探伤

WJ2629—2004 枪械零件磁粉探伤方法及评定

WJ2646—2004 枪械零件磁粉检验显示图谱

CB 819—1975 柴油机零件磁粉探伤

CB/T 3958—2004 船舶钢焊缝磁粉检测、渗透检测工艺和质量分级

EJ/T 187—1980 磁粉探伤标准

EJ 501—1989 三十万千瓦水堆核电厂 磁粉检验

TB/T 1619—2010 机车车辆车轴磁粉探伤

TB/T 1987—2003 机车车辆轮对滚动轴承磁粉探伤方法

TB/T 2044—1989 车辆车轮轴荧光磁粉探伤机技术条件

TB/T 2047.1—2011 铁路用无损检测材料技术条件　第 1 部分：磁粉检测用材料

TB/T 2247—1991 机车牵引齿轮磁粉探伤验收条件

TB/T 2248—1991 机车牵引齿轮磁粉探伤方法

TB/T 2452.2—1993 整体薄壁球铁活塞无损探伤　球铁活塞磁粉探伤

TB/T 2983—2000 铁道车轮磁粉探伤

MH/T 3008—2012 航空器无损检测　磁粉检测

SY/T 6858.3—2012 油井管无损检测方法　第 3 部分：钻具螺纹磁粉检测

C.2　国外部分

ISO ——国际标准化组织标准

ISO 3059：2001 无损检测　渗透检测和磁粉检测　观察条件

ISO 4986：1992 铸钢件　磁粉检测

ISO 6933：1986 铁路车辆材料　磁粉验收检测

ISO 9934-1：2001 无损检测　磁粉检测　第 1 部分：总则

ISO 9934-2：2002 无损检测　磁粉检测　第 2 部分：检测介质

ISO 9934-3：2002 无损检测　磁粉检测　第 3 部分：设备

ISO 13664：1997 承压无缝和焊接钢管　探测管端分层缺欠的磁粉检测

ISO 17638：2003 焊缝无损检测　磁粉检测

ISO 23278：2006 焊缝无损检测　焊缝磁粉检测　验收等级

EN——欧洲标准化委员会标准

EN 1290：1998 焊缝无损检测　焊缝磁粉检测

EN 1291：1998 焊缝无损检测　焊缝磁粉检测　验收水平

EN 1330-7：2005 无损检测　术语　第 7 部分：磁粉检测

EN ISO 3059：2001 无损检测　渗透检测和磁粉检测　观察条件（ISO 3059：2001）

EN ISO 9934-1：2001 无损检测　磁粉检测　第 1 部分：总则（ISO 9934—1：2003）

EN ISO 9934-2：2002 无损检测　磁粉检测　第 2 部分：检测介质（ISO 9934—2：2002）

EN ISO 9934-3：2002 无损检测　磁粉检测　第 3 部分：设备（ISO 9934—3：2002）

EN 10228-1：1999 锻钢件无损检测　第 1 部分：磁粉检测

EN 10246-12：2000 钢管无损检测　第 12 部分：探测无缝和焊接铁磁性钢管表面缺欠的磁粉检测

EN 10246-18：2000 钢管无损检测　第 18 部分：探测无缝和焊接铁磁性钢管管端分层缺欠的磁粉检测

ASTM——美国材料与试验协会标准

ASTM E 1444—2005 磁粉检验

ASTM E709—2005 磁粉检测应用指南

ASTM A903／A903M—91 磁粉和液体渗透检验时钢铸件表面验收规范（A-1）

SAE——美国自动化工程师协会标准

SAE AS 5282 磁粉检验用工具钢环形试块

AMS——隶属于 SAE 的美国航空航天材料规范（）

AMS 3042D 湿法非荧光干磁粉

AMS 3044E 湿法荧光干磁粉

AMS 3045D 湿法油基待用式荧光磁粉

AMS 3046E 喷罐装油基载液湿法荧光磁粉

AMS2641 磁粉检验油基载液（Q／3A 83J23—2004）

JIS——日本工业标准

JIS G 0565：1992 钢铁材料磁粉探伤方法及磁分类

BTM1.2.020—81（俄罗斯）　航空零件磁粉检测法

参 考 文 献

[1] 叶代平，苏李广. 磁粉检测 [M]. 北京：机械工业出版社，2004.

[2] 叶代平. 磁粉检测Ⅱ级教材（资料）[Z]. DINDT. 2010.

[3] 宋志哲. 磁粉检测·[M]. 北京：机械工业出版社，2003.

[4] 宋志哲. 磁粉检测 [M]. 北京：中国劳动社会保障出版社，2007.

[5] 钟仕维. 磁粉检测 [Z]. 上海：无损检测学会. 2009.

[6] 兵器工业无损检测人员技术资格鉴定考核委员会. 磁粉探伤 [M]. 北京：兵器工业出版社，1999.

[7] 全国锅炉压力容器无损检测人员资格鉴定考核委员会. 磁粉探伤 [M]. 北京：中国锅炉压力容器安全杂志社，1999.

[8] 中国船级社. 船舶焊接检验指南 [M]. 北京：人民交通出版社，2008.

[9] 中国船级社. 材料与焊接规范 [M]. 北京：人民交通出版社，2009.

[10] 严大卫，等. 磁痕图谱 [Z]. 无损检测学会. 2009.

[11] 兵器工业无损检测人员技术资格鉴定考核委员. 常用钢材磁特性曲线速查手册 [M]. 北京：机械工业出版社，2003.

[12] 美国无损检测学会. 美国无损检测手册（磁粉卷）[M]. 上海：世界图书出版公司，1994.

[13] 美国金属学会. 金属手册（第11卷）：无损检测与质量控制 [M]. 8版. 北京：机械工业出版社，1988.

[14] 克劳斯. 电磁学 [M]. 安绍萱，译. 北京：人民邮电出版社，1979.

[15] 邵泽波，等. 无损检测实验指导 [M]. 长春：吉林科学技术出版社，1991.

[16] 石井勇五郎. 无损检测学 [M]. 吴义，等译. 北京：机械工业出版社，1986.

[17] 美国无损检测学会. 磁粉渗透Ⅲ级学习指南 [Z]. 蒋寒青，译. 汽轮机技术编辑部，1985.

[18] 俞大光. 电工基础（修订本）[M]. 北京：人民教育出版社，1965.

[19] 高联辉. 磁路和铁磁器件 [M]. 北京：高等教育出版社，1982.

[20] 陈笃行. 磁测量基础 [M]. 北京：机械工业出版社，1985.

[21] 张世远，路权，等. 磁性材料基础 [M]. 北京：科学出版社，1988.